Springer-Lehrbuch

Helge Toutenburg

Deskriptive Statistik

Eine Einführung mit Übungsaufgaben
und Beispielen mit SPSS

Mit Beiträgen von
Angela Dörfler und Nina Quitzau

Vierte, verbesserte Auflage

Mit 146 Abbildungen
und 34 Tabellen

 Springer

Professor Dr. Dr. Helge Toutenburg
Universität München
Institut für Statistik
Akademiestraße 1/I
80799 München
helge.toutenburg@stat.uni-muenchen.de

Die 2. Auflage erschien bei Prentice Hall, München, 1998, ISBN 3-8279-9551-3

ISBN 3-540-22233-2 Springer Berlin Heidelberg New York
ISBN 3-540-67169-2 3. Auflage Springer Berlin Heidelberg New York

Bibliografische Information Der Deutschen Bibliothek
Die Deutsche Bibliothek verzeichnet diese Publikation in der Deutschen Nationalbibliografie;
detaillierte bibliografische Daten sind im Internet über <http://dnb.ddb.de> abrufbar.

Springer. Ein Unternehmen von Springer Science+Business Media

springer.de

© Springer-Verlag Berlin Heidelberg 2000, 2004

SPIN 11014508   42/3130/DK-5 4 3 2 1 0 – Gedruckt auf säurefreiem Papier

Vorwort

In der Tagespresse und in den TV-Nachrichten sowie durch die zunehmende Verbreitung von Computern in Ausbildung und Beruf begegnen uns statistische Ausdrücke wie Trends, Mittelwerte, Häufigkeiten usw. täglich.

Der Begriff Statistik wird heute in mehreren Bedeutungen verwendet:

- synonym zum Begriff der amtlichen Statistik,
- als wissenschaftliche Disziplin,
- als praxisorientierte Methode zur Entscheidungshilfe.

Umgangssprachlich ist die Statistik die Lehre der Analyse von Massenerscheinungen. Die Statistik wird methodisch gegliedert in **deskriptive** und **induktive** Statistik. Ziel der *deskriptiven Statistik* ist die Aufbereitung und grafische Darstellung von Daten und damit die Konzentration von Datenmengen auf aussagefähige Maßzahlen und Plots. In der *induktiven Statistik* werden die notwendigen Verfahren zur statistischen Absicherung von Modellen und zur Prüfung von Hypothesen bereitgestellt.

Es gibt eine Vielzahl deutschsprachiger Bücher zur Statistik, wobei die Autoren unterschiedliche Schwerpunkte gesetzt haben – von der Darstellung spezifischer Lehrinhalte in ausgewählten Fachdisziplinen (Statistik für Soziologen, Zahnmediziner, Mediziner etc.) bis hin zu ausgefeilten Methodensammlungen (Explorative Datenanalyse) oder erweiterten Handbüchern von Standard-Software.

Das vorliegende Buch soll insbesondere

- den Stoff der Vorlesung Statistik I in wesentlichen Teilen abdecken,
- eine Verbindung zwischen den Methoden der deskriptiven Statistik und ihrer Umsetzung mit Standard-Software, hier am Beispiel von SPSS, herstellen,
- als Lehr- und Übungsmaterial durch Einschluss von Aufgaben mit Musterlösungen die Ausbildung der Studenten unterstützen.

Der Lehrstoff zum Gebiet Induktive Statistik wird in einem weiteren Band behandelt (Toutenburg, 2004). Der Autor und seine Mitarbeiter haben sich bemüht, ihre Erfahrungen aus dem Lehr- und Übungsbetrieb so umzusetzen, dass der Text den Anforderungen eines begleitenden Lehr- und Übungsmaterials gerecht wird. Die Einbeziehung von SPSS soll eine Ergänzung zum üblichen Taschenrechnereinsatz sein und den Weg zur modernen Arbeitsweise bei der Datenanalyse mit dem Computer ebnen.

Der vorliegende Band stellt eine grundlegende Überarbeitung und Erweiterung des Buches *Deskriptive Statistik*, an der Herr Dr. Christian Kastner und Herr Dr. Andreas Fieger maßgeblich beteiligt waren, dar und entstand auf Einladung des Springer Verlags, Heidelberg. Wir danken allen jetzigen sowie früheren Mitarbeitern der AG Toutenburg, die durch zahlreiche kritische Hinweise die Gestaltung des Inhalts wesentlich unterstützt haben. Weiterhin danken wir allen Tutoren, die bei der Gestaltung der Musterlösungen mitgewirkt haben. Natürlich sind wir für alle enthaltenen Fehler selbst verantwortlich.

Helge Toutenburg

Inhaltsverzeichnis

1. Grundlagen

Ausgangspunkt einer statistischen Analyse ist eine wissenschaftliche Frage- bzw. Aufgabenstellung, das Forschungsproblem. Dieses kann entweder durch Auftraggeber, wie z. B. Behörden, Verbände, Firmen usw. initiiert sein oder aus der Arbeit des Forschers entstehen. Zunächst ist es notwendig, diese Frage- bzw. Aufgabenstellung zu konkretisieren, um bei der Datenerhebung die für die Beantwortung der Fragestellung relevante Information erfassen zu können. Je höher die Qualität der erhobenen Daten ist, desto besser sind die Chancen für eine aussagekräftige statistische Analyse. Wir führen zunächst die grundlegenden Begriffe der deskriptiven Statistik ein, die bei der Konkretisierung der Fragestellung wichtig sind. Darüber hinaus geben wir einen kurzen Einblick in den Bereich der Datenerhebung und -aufbereitung.

1.1 Grundgesamtheit und Untersuchungseinheit

Bei der Konkretisierung der Aufgabenstellung ist zunächst zu klären, was die Datenbasis für die Fragestellung ist. Die Objekte, auf die sich eine statistische Analyse bezieht, heißen **Untersuchungseinheiten**. Sie werden im folgenden durch das Symbol ω dargestellt. Die Zusammenfassung aller Untersuchungseinheiten bildet die **Grundgesamtheit**, die durch das Symbol Ω dargestellt wird. $\omega \in \Omega$ bezeichnet also eine Untersuchungseinheit, die Element der Grundgesamtheit ist.

Beispiele.

- Wenn wir uns für die sozialen Verhältnisse in der Bundesrepublik Deutschland interessieren, so besteht die Grundgesamtheit Ω aus der Wohnbevölkerung der Bundesrepublik Deutschland, die Einwohner sind die Untersuchungseinheiten ω.
- Wollen wir die Wirtschaftskraft der chemischen Industrie in Europa beschreiben, so stellt jedes einzelne Unternehmen eine Untersuchungseinheit dar, die Grundgesamtheit setzt sich aus allen europäischen Unternehmen der chemischen Industrie zusammen.
- Für die Konzeption der Vorlesung Statistik I und die Planung der Klausur wollen wir Informationen über den Hörerkreis der Statistikvorlesungen

sammeln. In diesem Fall besteht die Grundgesamtheit Ω aus allen Studenten der Fächer BWL und VWL, die in diesem Semester die Vorlesung Statistik I hören. Jeder Student ist eine Untersuchungseinheit ω.

Gibt es bei den Untersuchungseinheiten einen direkten zeitlichen Bezug, so lassen sich zwei spezielle Arten von Grundgesamtheiten unterscheiden: Bestands- und Bewegungsmassen. Bei der **Bestandsmasse** wird die Grundgesamtheit Ω durch einen Zeitpunkt abgegrenzt. Die Untersuchungseinheiten ω weisen eine gewisse Verweildauer auf. Ist Ω eine **Bewegungsmasse**, so sind die Untersuchungseinheiten ω Ereignisse, die zu einem gewissen Zeitpunkt eintreten. Man spricht dann auch von einer Ereignismasse. Die Ereignisse werden in einem festgelegten Zeitintervall gemessen.

Beispiele.

- Bestandsmassen sind durch einen Zeitpunkt abgegrenzt, wie z. B.
  - Studenten der Ludwig-Maximilians-Universität München, die zu Beginn des Sommersemesters 2004 immatrikuliert sind,
  - Lagerbestand eines Computerherstellers an Multimedia-PCs am Ersten eines Monats,
  - Bevölkerung der Bundesrepublik Deutschland zum 31.12. eines Jahres.
- Bewegungsmassen sind durch einen Zeitraum abgegrenzt, wie z. B.
  - Anmeldungen für die Statistikklausur im Juli 2004,
  - Zu- und Abgänge in einem Lager für Multimedia-PCs in einem Monat,
  - Geburten in der Bundesrepublik Deutschland im Jahr 2004.

1.2 Merkmal oder statistische Variable

Ist bei einem Forschungsproblem die Grundgesamtheit festgelegt, so ist im nächsten Schritt zu klären, welche Informationen man über diese Grundgesamtheit benötigt. Bestimmte Aspekte oder Eigenschaften einer Untersuchungseinheit bezeichnet man als **Merkmal** oder statistische **Variable** X. Beide Begriffe sind gleichwertig. Meist wird der Begriff Variable im Umgang mit konkreten Zahlen, also bei der Datenerhebung und -auswertung verwendet, während der Begriff Merkmal im theoretischen Vorfeld, also bei der Begriffsbildung und bei der Planung der Erhebungstechnik verwendet wird.

Bei jeder Untersuchungseinheit ω nimmt das Merkmal X eine mögliche Ausprägung x an. Formal lässt sich dies durch folgende Zuordnung ausdrücken: Jeder Untersuchungseinheit $\omega \in \Omega$ wird durch

$$X : \Omega \to S$$
$$\omega \mapsto x$$

$$(1.1)$$

eine **Merkmalsausprägung** $x \in S$ zugeordnet. Die Merkmalsausprägungen x liegen im sogenannten **Merkmalsraum** oder **Zustandsraum** S. Der Zustandsraum S beschreibt die Menge aller möglichen Merkmalsausprägungen.

Anstelle der Zuweisungsvorschrift (1.1) schreiben wir auch kurz

$$X(\omega) = x$$

bzw.

$$X(\omega_i) = x_i$$

wenn es sich um die Untersuchungseinheit Nummer i handelt.

Beispiele.

- Altersverteilung in Deutschland. Das interessierende Merkmal X ist das 'Alter einer Person in Jahren'. Die Merkmalsausprägungen haben eine natürliche untere Grenze von 0 Jahren, die größte Merkmalsausprägung ist nicht fest vorgegeben. Da es jedoch nur wenige Einwohner gibt, die 100 Jahre und älter sind, erscheint es sinnvoll, diese zur Altersgruppe '100 Jahre und älter' zusammenzufassen. Damit ergibt sich der Merkmalsraum S als $S = \{0, 1, 2, \ldots, 98, 99, \geq 100\}$.
- Ist das Merkmal X der 'Familienstand' einer Person, so sind die möglichen Ausprägungen 'ledig', 'verheiratet', 'geschieden' oder 'verwitwet'.
- Sind wir am Merkmal 'mathematische Vorkenntnisse' von Studenten interessiert, die die Vorlesung Statistik I besuchen, so wären mögliche Ausprägungen 'keine Vorkenntnisse', 'Mathematik Grundkurs', 'Mathematik Leistungskurs' und 'Grundvorlesung Mathematik'. Da wir jedoch nicht sicher sein können, damit alle möglichen Merkmalsausprägungen erfasst zu haben, führen wir zusätzlich die Ausprägung 'Sonstige' ein. Hier sind dann alle weiteren Möglichkeiten für mathematische Vorkenntnisse zusammengefasst.

Bisher haben wir nur jeweils ein einzelnes Merkmal betrachtet. In einer Studie werden jedoch meist mehrere Merkmale gleichzeitig erhoben, die zum einen die Untersuchungseinheiten charakterisieren sollen und zum anderen die für die Fragestellung notwendige Information liefern. Damit liegen neben den univariaten Merkmalen auch mehrdimensionale Merkmale bzw. ein Merkmalsvektor vor. Der Merkmalsraum bzw. Zustandsraum S besteht dann aus allen zulässigen Kombinationen der Merkmalsausprägungen.

Beispiele.

- Erheben wir gleichzeitig die beiden Merkmale 'Familienstand' und 'Alter', so erhalten wir ein zweidimensionales Merkmal bzw. den zweidimensionalen Merkmalsvektor $X = (X_1, X_2)$, wobei X_1 den Familienstand und X_2 das Alter einer Person beschreibt. Wir gehen davon aus, dass es für Jugendliche nicht ohne weiteres möglich ist zu heiraten und legen ein Mindestheiratsalter von 18 Jahren fest. Damit sind bestimmte Kombinationen von Merkmalsausprägungen wie beispielsweise (verheiratet, 10) oder (geschieden, 15) ausgeschlossen. Der Merkmalsraum S ergibt sich dann als

$$S = \big\{ (\text{ledig}, 0), (\text{ledig}, 1), (\text{ledig}, 2), \ldots, (\text{ledig}, \geq 100),$$
$$(\text{verheiratet}, 18), (\text{verheiratet}, 19), \ldots, (\text{verheiratet}, \geq 100),$$
$$(\text{geschieden}, 18), (\text{geschieden}, 19), \ldots, (\text{geschieden}, \geq 100),$$
$$(\text{verwitwet}, 18), (\text{verwitwet}, 19), \ldots, (\text{verwitwet}, \geq 100) \big\}.$$

• Wenn wir Informationen über die Statistik I Studenten erheben, stellt beispielsweise ('Studienfach', 'Semesterzahl', 'Geschlecht') einen dreidimensionalen Merkmalsvektor dar. Der Merkmalsraum S lässt sich durch

$$S = \big\{ (\text{BWL}, 1, \text{weiblich}), (\text{BWL}, 1, \text{männlich}), (\text{BWL}, 2, \text{weiblich}), \ldots$$
$$(\text{BWL}, 6, \text{männlich}), (\text{VWL}, 1, \text{weiblich}), \ldots, (\text{VWL}, 6, \text{männlich}) \big\}$$

beschreiben, sofern nur BWL- und VWL-Studenten die Vorlesung besuchen. Da die Vorlesung Statistik I im Grundstudium gehört wird, haben wir die maximale Semesterzahl auf sechs festgelegt.

Typen von Merkmalen. Die Zuordnung (1.1), die jeder Untersuchungseinheit eine Merkmalsausprägung zuweist, kann auch als 'Messung' bezeichnet werden. 'Messung' ist hier jedoch sehr allgemein aufzufassen. Der Typ des Merkmals bzw. der Variablen resultiert dann aus der Messvorschrift, die für das Merkmal gilt. Wir unterscheiden prinzipiell zwischen **qualitativen** und **quantitativen** Merkmalen. Qualitative Merkmale werden auch als artmäßige Merkmale bezeichnet, da sie sich durch die verschiedenartigen Ausprägungen charakterisieren lassen. Quantitative Merkmale sind messbar und werden durch Zahlen erfasst. Wir bezeichnen sie daher auch als zahlenmäßige Merkmale.

Quantitative Merkmale können weiter in **diskrete** und **stetige** Merkmale unterschieden werden. Ein Merkmal ist diskret, wenn der Zustandsraum S abzählbar ist. Ein Merkmal heißt stetig, wenn S überabzählbar viele Ausprägungen beinhaltet. Die Menge der reellen Zahlen $\mathbb{R}$ oder jedes Intervall $[a, b] \in \mathbb{R}$ ist beispielsweise eine Menge mit überabzählbar vielen Werten. Die Menge der natürlichen Zahlen $\mathbb{N}$ ist abzählbar.

Beispiele.

• qualitative Merkmale
  Augenfarbe, Geschlecht oder Wohnort einer Person, Branchenzugehörigkeit eines Unternehmens, benutztes Verkehrsmittel auf dem Weg zum Arbeitsplatz, mathematische Vorkenntnisse von Statistik I Hörern, Schulnoten, Zufriedenheit mit der Studiensituation am Hochschulort, ...
• quantitative diskrete Merkmale
  Schuhgröße, Semesterzahl, Beschäftigtenzahl in Kleinbetrieben, Semesterstundenzahl eines Studenten, ...
• quantitative stetige Merkmale
  Alter einer Person, Umsatz eines Betriebs, Wohnungsmiete, benötigte Fahrzeit bis zum Arbeitsplatz, Körpergröße, ...

Anmerkung. Die Merkmale 'Schulnote' und 'Zufriedenheit mit der Studiensituation am Hochschulort' wurden als qualitative Merkmale eingestuft, da ihre Ausprägungen 'sehr gut', 'gut', ..., 'mangelhaft' qualitativ (verschiedenartig) sind. Meist ordnet man diesen Ausprägungen zusätzlich die Zahlen 1 bis 5 zu. Dabei wird nur das Ordnungsprinzip der Zahlen zur Unterscheidung der Ausprägungen übernommen, es entsteht durch diese Zuordnung aber kein quantitatives Merkmal.

Wir haben quantitative Merkmale in stetige und diskrete Merkmale unterschieden. Dabei ist zu beachten, dass wegen der endlichen Messgenauigkeit jedes stetige Merkmal tatsächlich nur diskret gemessen werden kann. Aber selbst bei einer endlichen Anzahl von Merkmalsausprägungen kann es sinnvoll sein, das Merkmal als stetig aufzufassen, wenn die Anzahl der Ausprägungen hinreichend groß ist. Derartige Fälle nennt man auch **quasistetige** Merkmale. Beispiele hierfür sind monetäre Größen, wie Preise oder Einkommen, die beliebig genau festgelegt werden können und damit stetige Merkmale sind. Da monetäre Größen aber nur in bestimmten Schritten, die durch die kleinste Geldeinheit festgelegt sind, auch ausgezahlt werden können, kann man diese Merkmale auch als diskret auffassen.

Umgekehrt kann es sinnvoll sein, stetige Merkmale in Klassen bzw. Gruppen zusammenzufassen, da man nicht am konkreten Wert interessiert ist sondern nur daran, ob die Merkmalsausprägung in einem bestimmten Wertebereich liegt. Wir sprechen dann von **klassierten** oder **gruppierten** Merkmalen.

Beispiele.

- Alter als gruppiertes Merkmal mit den Altersklassen wie 'bis 40 Jahre', '41 bis 60 Jahre', 'über 60 Jahre',
- Einkommensklassen wie 'bis 10 000 EUR', '10 000 bis 50 000 EUR', '50 000 bis 100 000 EUR', '100 000 bis 1 000 000 EUR' und 'über 1 000 000 EUR',
- Gruppen für Wohnungsmieten, z. B. 'bis 10 EUR/qm', '10 bis 20 EUR/qm', 'mehr als 20 EUR/qm'.

Eine weitere Unterscheidung quantitativer Merkmale ist die Unterteilung in **extensive** und **intensive** Merkmale. Bei einem extensiven Merkmal ist nur die Summenbildung sinnvoll, bei intensiven Merkmalen ist nur die Mittelwertsbildung sinnvoll. Beispiele für extensive Merkmale sind die 'Einwohnerzahl eines Bundeslandes' oder der 'monatliche Umsatz eines Betriebs'. Intensive Merkmale sind beispielsweise die 'Preise für bestimmte Produkte' oder die 'Tagestemperatur'. Extensive und intensive Merkmale schließen sich jedoch nicht notwendigerweise gegenseitig aus. So kann beispielsweise das Merkmal 'Lohn' sowohl als extensives Merkmal als auch als intensives Merkmal aufgefasst werden. Geht es um die Kosten, die durch Lohnzahlungen entstehen, so ist sicher nur die Summenbildung sinnvoll. Ist man aber daran interessiert, das Lohnniveau zu vergleichen, so kann dies nur anhand von Durchschnittslöhnen geschehen.

Skalierung von Merkmalen. Neben der Unterscheidung nach Merkmalstypen kann man Merkmale auch durch die Skala, auf der sie gemessen werden, unterscheiden. Je nach Art der möglichen Ausprägung eines Merkmals werden verschiedene Skalenniveaus definiert. Für die statistische Analyse ist es wichtig, auf welcher Skala die Ausprägungen gemessen werden. Die Art der Skalierung entscheidet über die Zulässigkeit von Transformationen der Merkmalsausprägungen, wie z. B. der Mittelwertbildung, und damit schließlich über die Zulässigkeit von statistischen Analyseverfahren. Wir unterscheiden folgende Skalenarten.

Nominalskala. Die Ausprägungen eines nominalskalierten Merkmals können nicht geordnet werden (zum Beispiel: Merkmal 'Geschlecht einer Person' mit den Ausprägungen 'männlich' und 'weiblich'). Der einzig mögliche Vergleich ist die Prüfung auf Gleichheit der Merkmalsausprägungen zweier Untersuchungseinheiten.

Ordinal- oder Rangskala. Die Merkmalsausprägungen können gemäß ihrer Intensität geordnet werden. Eine Interpretation der Rangordnung ist möglich, Abstände zwischen den Merkmalsausprägungen können jedoch nicht interpretiert werden.

Metrische Skala. Unter den Merkmalsausprägungen kann eine Rangordnung definiert werden, zusätzlich können Abstände zwischen den Merkmalsausprägungen gemessen und interpretiert werden. Wir können die metrisch skalierten Merkmale weiter unterteilen in:

Intervallskala. Es sind nur Differenzbildungen zwischen den Merkmalsausprägungen zulässig. Daher können nur Abstände verglichen werden.

Verhältnisskala. Es existiert zusätzlich ein natürlicher Nullpunkt. Die Bildung eines Quotienten ist zulässig, Verhältnisse sind damit sinnvoll interpretierbar.

Absolutskala. Es kommt zusätzlich eine natürliche Einheit hinzu. Die Absolutskala ist damit ein Spezialfall der Verhältnisskala.

Beispiele.

- Das Merkmal 'Farbe' ist nominalskaliert. Eine Rangordnung der Farben ist nicht möglich. Wir können nicht sagen „Rot ist besser als Blau". Das Merkmal 'Verkehrsmittel' ist ebenfalls nominalskaliert, da sich die verschiedenen Ausprägungen ebenfalls nicht ordnen lassen.
- Das Merkmal 'Schulnote' ist ein Beispiel für ein ordinalskaliertes Merkmal. Es existiert eine Rangordnung zwischen den Zensuren ('sehr gut' ist besser als 'gut', usw.). Diese Zensuren können damit auch durch die Zahlen 1 bis 5 ausgedrückt werden. Wie bereits erwähnt, wird dabei jedoch nur die Ordnungsrelation der Zahlen übernommen. Abstände sind daher nicht vergleichbar. Der Unterschied zwischen den Zensuren 'gut' und 'befriedigend' ist nicht derselbe wie der Unterschied zwischen 'ausreichend' und 'mangelhaft'.

- Das Merkmal 'Temperatur' ist metrisch skaliert. Abstände sind vergleichbar. Der Unterschied zwischen 10 °C und 20 °C ist der gleiche wie der zwischen 20 °C und 30 °C. Eine Aussage wie „Bei einer Temperatur von 20 °C ist es doppelt so warm wie bei einer Temperatur von 10 °C" ist jedoch nicht zulässig, da kein natürlicher Nullpunkt existiert. 0 °C ist kein natürlicher Nullpunkt. Daher handelt es sich um ein intervallskaliertes Merkmal.
- Das Merkmal 'Geschwindigkeit' ist ebenfalls metrisch skaliert. Zusätzlich gibt es einen natürlichen Nullpunkt. Deshalb sind Vergleiche wie „50 km/h ist doppelt so schnell wie 25 km/h" zulässig. 'Geschwindigkeit' ist damit ein verhältnisskaliertes Merkmal.
- Das Merkmal 'Semesterzahl' ist ebenfalls metrisch skaliert. Die Ausprägungen sind Anzahlen und werden daher in einer natürlichen Einheit gemessen. Es liegt also eine Absolutskala vor.

Zwischen den oben vorgestellten Skalenarten besteht eine Rangordnung, die sich auch in der Zulässigkeit der statistischen Verfahren bei den jeweiligen Skalen widerspiegelt. Das niedrigste Niveau besitzt die Nominalskala, das höchste die Verhältnis- bzw. Absolutskala. Jedes Merkmal kann auch auf einer niedrigeren Skala gemessen werden, dies ist jedoch mit einem Informationsverlust verbunden. So können wir beispielsweise das Merkmal 'Temperatur' auch auf einer Ordinalskala mit den Ausprägungen 'kalt', 'normal', 'warm' und 'heiß' messen. Die so gemessenen Temperaturangaben sind jedoch wesentlich weniger aussagekräftig als Temperaturen, die auf der Celsius-Skala gemessen wurden.

1.3 Datenerhebung

Wenn wir anhand der Fragestellung die Grundgesamtheit und die Untersuchungseinheiten definiert haben und die für die Fragestellung interessierenden Merkmale ausgewählt sind, ist im nächsten Schritt zu klären, wie die benötigte Information über die Untersuchungseinheiten beschafft werden soll. Die Beschaffung der Information bzw. die Gewinnung der Daten wird als **Erhebung** bezeichnet. Da die Qualität der aus der statistischen Analyse resultierenden Aussagen wesentlich von der Qualität der erhobenen Daten abhängt, sollte bereits bei der Konzeption der Datenbeschaffung berücksichtigt werden, welche statistischen Methoden zur Beantwortung der Fragestellung herangezogen werden können. Bei der Planung der Datenerhebung stellen sich zunächst die beiden folgenden Fragen:

- Wie werden die Daten erhoben?
- Wieviele Untersuchungseinheiten werden benötigt?

Der zweite Aspekt betrifft die Größe der Erhebung. Werden alle Untersuchungseinheiten der Grundgesamtheit erhoben, so spricht man von einer

Totalerhebung. Ein Beispiel hierfür ist die Volkszählung. Durch eine Totalerhebung erhalten wir eine vollständige Information über die Grundgesamtheit, mögliche Unsicherheiten aufgrund fehlender Informationen sind somit ausgeschlossen. Das Problem einer Totalerhebung liegt jedoch meist darin, dass es nur selten möglich ist, alle Untersuchungseinheiten zu erheben. Dies kann zum einen daran liegen, dass Untersuchungseinheiten die Erhebung verweigern, oder aber dass eine Totalerhebung aus logistischen Gründen oder aufgrund eines beschränkten Budgets nicht möglich ist. Daher werden meist nur die Merkmale für einen Teil der Grundgesamtheit – eine **Stichprobe** – erhoben. Die Auswahl der Untersuchungseinheiten, die in die Stichprobe gelangen, muss für die Grundgesamtheit repräsentativ sein. Weiterhin hängt die Qualität der statistischen Analyse auch von der Anzahl der erhobenen Untersuchungseinheiten – dem Stichprobenumfang – ab. Diese Probleme sind Inhalt der Stichprobentheorie, auf die wir im Rahmen der deskriptiven Statistik nicht weiter eingehen wollen. Der interessierte Leser sei beispielsweise auf Stenger (1986) verwiesen.

Meist werden die für die Fragestellung benötigten Informationen direkt erhoben, d. h., die Datenerhebung wird als

- Befragung,
- Beobachtung,
- Experiment

durchgeführt. Diese Art der Datenerhebung wird als **Primärerhebung** bezeichnet. Alternativ können wir aber auch auf die Daten aus anderen Erhebungen zu ähnlichen Fragestellungen, auf in der Literatur veröffentlichte Daten oder auf Daten aus anderen Quellen zugreifen. Dies bezeichnet man als **Sekundärerhebung.** Für welche Art der Datenerhebung man sich entscheidet, hängt vom zur Verfügung stehenden Budget, dem Zeitaufwand und der Anwendbarkeit ab. Die Verwendung der Daten aus Sekundärerhebungen ist zwar kostengünstig, kann aber sehr zeitaufwendig sein. Weiter muss die Sekundärstatistik auf der gleichen Grundgesamtheit beruhen, die Definition der Merkmale muss übereinstimmen und die Auswahl der Untersuchungseinheiten muss passend sein. Dies schränkt die Verwendbarkeit von Sekundärstatistiken bei der Datenerhebung häufig ein. Die Wahl zwischen Befragung, Beobachtung und Experiment hängt ebenfalls vom zur Verfügung stehenden Budget und vom Zeitaufwand ab. Daneben spielt aber vor allem das Fachgebiet, aus dem die Fragestellung kommt, eine wichtige Rolle. So überwiegen Beobachtung und Experiment in Naturwissenschaft und Technik, während in den Wirtschafts- und Sozialwissenschaften meist Befragungen durchgeführt werden. Wir beschreiben im folgenden kurz diese drei Erhebungstechniken. Eine ausführliche Darstellung und praktische Anleitung findet man z.B. in Schnell, Hill und Esser (1992).

Befragung. Die Befragung kann mündlich, schriftlich oder telefonisch durchgeführt werden. Für welche der Befragungstechniken man sich entscheidet, hängt wieder von Kriterien wie Kosten, benötigte Zeit, Stichprobenumfang usw. ab. Weitere Kriterien, die die Entscheidung beeinflussen, sind die Möglichkeit der Situationskontrolle und das Problem der Repräsentativität. Bei einer schriftlichen oder telefonischen Befragung ist eine Kontrolle der Umgebung, in der die Befragung erfolgt, nicht möglich. Darüber hinaus kann es bei einer schriftlichen Befragung passieren, dass die Person, die befragt werden soll, entweder nicht antwortet oder die Antworten mit Unterstützung anderer Personen gegeben werden. Dies führt dann in der Regel dazu, dass die eigentlich gewünschte Repräsentativität der Befragung gefährdet ist. Grundlage ist bei allen Befragungstechniken ein **Fragebogen**. Der Gestaltung dieses Fragebogens kommt dabei zentrale Bedeutung zu. Die Art der Fragestellung, die Vorgabe von Antworten, die Auswahl der Antwortmöglichkeiten, die Reihenfolge der Fragen usw. sind Punkte, die man bei der Fragebogenerstellung zu beachten hat.

Führt man eine mündliche oder telefonische Befragung durch, so kann das Interview entweder in einer standardisierten oder in einer nichtstandardisierten Form ablaufen. Bei einer nichtstandardisierten Befragung kommt dem Interviewer eine wichtige Rolle zu. Dieser kann eine Befragung entscheidend steuern, indem er dem Befragten beim Interview Zeit zur Beantwortung der Fragen lässt und die Antworten lediglich notiert, oder aber indem er durch das Drängen auf Anworten, Kommentierung der Fragen usw. das Interview steuert. Dies kann zwar auch bei einem standardisierten Vorgehen vorkommen, ist aber dann auf das Fehlverhalten des Interviewers zurückzuführen. Daran wird deutlich, dass eine unzureichende Schulung des Interviewers die Qualität der Erhebung in Frage stellen kann.

Beispiel 1.3.1. Für die Konzeption der Vorlesung Statistik I und die Planung der Klausur wollen wir Informationen über den Hörerkreis der Statistikvorlesungen sammeln. Hierzu führen wir eine Studentenbefragung unter dem Titel „Statistik für Wirtschaftswissenschaftler" durch, deren Datenmaterial wir auch in den folgenden Kapiteln beispielhaft analysieren wollen. Der für diese Studie konzipierte Fragebogen (Abbildung 1.1) lässt sich in drei Fragenkomplexe unterteilen. Zum einen sind wir an den Rahmenbedingungen für die Vorlesung interessiert. Hierzu zählen wir die Vorkenntnisse des Studenten und seine zeitliche Belastung während des Semesters. Die Vorkenntnisse werden durch die Merkmale 'mathematische Vorkenntnisse' und 'wievielter Versuch' erfragt. Die zeitliche Belastung wird durch die Merkmale 'nebenbei jobben' und die 'Zahl der Semesterwochenstunden' erhoben. Der zweite Fragenkomplex dient der Vorbereitung der Klausur, indem wir die für den jeweiligen Studenten gültige 'Prüfungsordnung' erfragen. Der letzte Komplex dient der Charakterisierung der Erhebungseinheiten, indem wir das 'Studienfach', die Wohnsituation und weitere demografische Merkmale erheben. Ein ähnlicher Teil ist in der Regel am Ende jedes Fragebogens zu finden. Da neben den Studenten der Betriebswirtschaftslehre und Volkswirtschaftslehre auch Studenten aus anderen Studienfächern an der Vorlesung teilnehmen, haben wir

Institut für Statistik
Ludwig-Maximilians-Universität München

Statistik für Wirtschaftswissenschaftler

Bitte beantworten Sie die nachfolgenden Fragen entweder durch das Ankreuzen ⊗ einer der
vorgeschlagenen Antwortmöglichkeiten oder durch Angabe eines entsprechenden Wertes.

Welches (Haupt-)Verkehrsmittel benutzen Sie für den Weg zur Uni?
- ○ Deutsche Bahn
- ○ öffentlicher Nahverkehr
- ○ Pkw, Motorrad, Mofa
- ○ Fahrrad
- ○ anderes:

Wie lange benötigen Sie für den Weg zur Uni? ...... min

Was studieren Sie?
- ○ BWL
- ○ VWL
- ○ anderes:

Für BWL- oder VWL-Studenten: Nach welcher Studienordnung studieren Sie?
- ○ alte Prüfungsordnung   ○ neue Prüfungsordnung

Ist dies Ihr erster, zweiter oder dritter Versuch in Statistik I?
- ○ 1.Versuch   ○ 2.Versuch   ○ 3.Versuch

Wann haben Sie Ihr Studium aufgenommen? WS/SS 20......

Wieviele Semesterwochenstunden haben Sie in diesem Semester? ...... SWS

Welche mathematischen Vorkenntnisse haben Sie?
- ○ keine   ○ Mathe-Grundkurs   ○ Mathe-Leistungskurs   ○ Vorlesung Mathematik

Sind Sie Bafög-Empfänger?
- ○ ja   ○ nein

Jobben Sie nebenbei?
- ○ ja   ○ nein

Wie hoch ist ihre monatliche Kaltmiete? ...... EUR (Bitte '0' eintragen, falls Sie keine Miete zahlen)

Zu Ihrer Person:
- ○ männlich   ○ weiblich

- ○ ledig   ○ verheiratet   ○ geschieden   ○ verwitwet

Alter: ...... Jahre   Körpergröße: ...... cm   Körpergewicht: ...... kg

Abb. 1.1. Fragebogen der Studentenbefragung „Statistik für Wirtschaftswissen-schaftler" (Beispiel 1.3.1)

die Antwortkategorie 'anderes' beim Studienfach hinzugenommen. Da diese Erhebung begleitend zur Vorlesung Statistik I in jedem Sommersemester durchgeführt wird, liegen uns bereits Fragebögen aus früheren Jahren vor.

Beobachtung. Die Beobachtung als Datenerhebungstechnik ist ebenso wie die Befragung systematisiert, d. h., sie ist geplant und benötigt analog zum Fragebogen ein Erhebungsinstrumentarium – das Beobachtungsprotokoll – mit dessen Hilfe das Beobachtete festgehalten werden kann. Die Erhebung wird vom Beobachter durchgeführt. Wir unterscheiden verschiedene Formen der Beobachtung, die von der Rolle des Beobachters abhängen. Wenn der Beobachter am Geschehen aktiv teilnimmt, so wird dies als teilnehmende Beobachtung bezeichnet. Eine Beobachtung, bei der sich der Beobachter nicht zu erkennen gibt, wird als verdeckte Beobachtung bezeichnet, ansonsten spricht man von einer offenen Beobachtung. Dies macht deutlich, dass sowohl der Konzeption des Beobachtungsprotokolls als auch der Schulung des Beobachters eine wichtige Rolle zukommt.

Beispiel 1.3.2. Bei einem Zulieferbetrieb der Automobilbranche ist der Ausschussanteil zu hoch. Das Unternehmen möchte daher die möglichen Ursachen erforschen. Dazu wird im ersten Schritt eine Beobachtung der laufenden Produktion durchgeführt. Mit den daraus gewonnenen Ergebnissen soll die Planung von gezielten Versuchen zur Qualitätsverbesserung ermöglicht werden. Bei dieser Beobachtungsstudie werden Merkmale wie 'Temperatur', 'Viskosität', 'Druck', 'Zusammensetzung der Rohmaterialien' usw. bei bestimmten Produktionsschritten, die Zeiten für die einzelnen Schritte und die Anzahl der guten und mangelhaften Stücke erhoben. Die Daten werden von einem am Produktionsprozess beteiligten Mitarbeiter erhoben. Es handelt sich hier also um eine offene, teilnehmende Beobachtung.

Experiment. Das Experiment wird meist in den Naturwissenschaften oder im technischen Bereich eingesetzt. Dort kann es die Planung eines neuen Produkts oder die Qualitätsverbesserung unterstützen. In diesem Zusammenhang kann die statistische Versuchsplanung sowohl der Planung des Experiments als auch der Auswertung der gewonnenen Daten dienen. Wir wollen darauf nicht weiter eingehen und verweisen beispielsweise auf Toutenburg (2002b) und Toutenburg, Gössl und Kunert (1997).

Beispiel 1.3.3. Der Zulieferbetrieb aus Beispiel 1.3.2 hat bei der Analyse der Beobachtungsstudie die Temperatur, die Viskosität und der Druck als Ursachen für den Ausschuss ermittelt. Mit Hilfe eines geplanten Experiments soll nun die optimale Einstellung gefunden werden. Dazu wird der notwendige Versuchsplan, der die verschiedenen Einstellungskombinationen festlegt, mit statistischen Methoden entwickelt. Für die drei Faktoren 'Temperatur', 'Viskosität' und 'Druck' wurden jeweils die Faktorstufen 'niedrig', 'mittel' und 'hoch', denen die Zahlen -1, 0 und 1 zugeordnet sind, festgelegt. Bei Verwendung eines Box-Behnken-Designs erhalten wir einen Versuchsplan mit 15 Läufen, deren Einstellungen in Tabelle 1.1 festgehalten sind.

Anmerkung. Nach der Festlegung der Erhebungstechnik und der Entwicklung des Erhebungsinstrumentariums muss das jeweilige Instrumentarium

Auto-Teile GmbH
Entenhausen

Produktionsprotokoll

Chargennummer: □□□□□□

Chargengröße: □□□□□□ Stück

Produktionsbeginn:

Datum: □□.□□20□□ Uhrzeit: □□:□□

Temperatur: □□,□°C

Viskosität: □□,□

Druck: □□,□bar

Produktionsende:

Datum: □□.□□20□□ Uhrzeit: □□:□□

Ausschuß: □□□□Stück

Bearbeiter: ____________________

Abb. 1.2. Beobachtungsprotokoll eines Zulieferbetriebes der Automobilbranche (Beispiel 1.3.2)

einem sogenannten **Pretest** unterzogen werden. Dabei wird der Fragebogen, das Beobachtungsprotokoll oder der Versuchsaufbau an einer geringen Anzahl von Erhebungseinheiten getestet, um sicherzustellen, dass Fragen richtig formuliert sind, die Antwortmöglichkeiten geeignet ausgewählt wurden, bei einer Beobachtung alle wichtigen Gesichtspunkte erhoben werden, die Ver-

Tabelle 1.1. Box-Behnken-Versuchsplan mit 15 Läufen (Beispiel 1.3.3)

Lauf	Temperatur	Viskosität	Druck
1	-1	-1	0
2	-1	1	0
3	1	-1	0
4	1	1	0
5	0	-1	-1
6	0	-1	1
7	0	1	-1
8	0	1	1
9	-1	0	-1
10	1	0	-1
11	-1	0	1
12	1	0	1
13	0	0	0
14	0	0	0
15	0	0	0

suchsbedingungen geeignet sind usw. Erst wenn der Pretest zum gewünschten Ergebnis führt, sollte man in die eigentliche Datenerhebung einsteigen.

1.4 Datenaufbereitung

In der Regel erheben wir die Daten zunächst mit einem Fragebogen, Beobachtungsprotokoll oder einem Versuchsplan. Im Zeitalter der EDV ist es selbstverständlich, die erhobenen Daten mit einer geeigneten Software zu verwalten. Daher müssen wir die schriftlich fixierten Daten im nächsten Schritt, der **Dateneingabe**, in eine elektronisch gespeicherte Form übertragen. Für die Dateneingabe eignen sich

- Datenbanksysteme wie dBase, Paradox, Access
- Tabellenkalkulationsprogramme wie Excel, Lotus 1-2-3
- Statistikpakete wie SPSS, SAS, SPlus
- oder auch einfache Editoren, die ASCII Dateien erzeugen.

Durch die Dateneingabe werden die Beobachtungen in einer Datenmatrix (Abbildung 1.3) gesammelt. Dabei entspricht jede Zeile einem der n erhobenen Fragebögen, Beobachtungsprotokolle oder Einstellungskombinationen des Versuchsplans für eine Untersuchungseinheit ω. Die Spalten entsprechen den erhobenen Merkmalen X. Damit stellt beispielsweise x_{12} die Ausprägung des zweiten Merkmals bei der ersten Untersuchungseinheit oder x_{2p} die Ausprägung des p-ten Merkmals bei der zweiten Untersuchungseinheit dar. Zur eindeutigen Identifikation der Untersuchungseinheiten wird meist zusätzlich ein Zuordnungs- bzw. ID-Merkmal verwendet. Dies kann am einfachsten durch eine fortlaufende Nummerierung geschehen.

$$
\begin{array}{c}
\text{ID} \quad \text{Merkmal 1} \quad \text{Merkmal 2} \quad \cdots \quad \text{Merkmal } p \\
\begin{pmatrix}
1 & x_{11} & x_{12} & \cdots & x_{1p} \\
2 & x_{21} & x_{22} & \cdots & x_{2p} \\
\vdots & \vdots & \vdots & & \vdots \\
n & x_{n1} & x_{n2} & \cdots & x_{np}
\end{pmatrix}
\end{array}
$$

Abb. 1.3. Datenmatrix

Da es nicht möglich ist, mit Zeichenketten zu rechnen, müssen qualitative Merkmale für die statistische Analyse mit einer Statistik-Software geeignet aufbereitet werden. Dazu werden den Merkmalsausprägungen Zahlen zugeordnet, die dann die entsprechende Ausprägung repräsentieren. Diesen Vorgang bezeichnet man als **Kodierung**. Bei der Datenerhebung – speziell bei der Befragung – kann es vorkommen, dass bei den Befragten jeweils einzelne Merkmale nicht erhoben wurden. Dies kann entweder bei Antwortverweigerung durch den Befragten oder auch durch Interviewerfehler entstehen. Auch diese fehlenden Werte können, wie im Fall der Antwortverweigerung, Information über die Entstehung des fehlenden Wertes beinhalten. Sie sind daher sowohl bei nominalen bzw. ordinalen wie auch bei metrisch skalierten Merkmalen geeignet zu kodieren. Dabei muss ein Wert verwendet werden, der ansonsten nicht auftreten kann, d. h., der nicht im Zustandsraum S liegt. Dies kann entweder durch das Leerlassen des Feldes in der Datenmatrix oder ein Zeichen bzw. eine Zahl geschehen, wobei für die verschiedenen Ursachen für fehlende Werte auch verschiedene Zeichen verwendet werden müssen.

Beispiel 1.4.1. Wir wollen nun die ausgefüllten Fragebögen der Statistik I Hörer aus Beispiel 1.3.1 in den Dateneditor von SPSS eingeben. Dazu müssen wir zunächst die Merkmalsausprägungen der einzelnen Fragen geeignet kodieren. Die Ausprägungen 'Deutsche Bahn', 'öffentlicher Nahverkehr', 'Pkw, Motorrad, Mofa', 'Fahrrad' und 'anderes' des Merkmals 'Verkehrsmittel' werden mit den Zahlen 1 bis 5 kodiert. Damit fassen wir alle möglichen anderen Verkehrsmittel unter einer Ausprägung zusammen. Alternativ könnte man bei der Dateneingabe jede unter 'anderes' genannte Ausprägung wie z. B. 'Inline-Skates' oder 'zu Fuß' als eigene Merkmalsausprägung auffassen und ihr eine Kodierung zuweisen. Für das metrische Merkmal 'Fahrzeit' ist keine Kodierung notwendig, die Werte können direkt eingegeben werden. Für fehlende Werte müssen wir ebenfalls eine Kodierung festlegen. Dies kann entweder für jedes Merkmal separat oder global für alle Merkmale geschehen. Wir entscheiden uns für letzteres und verwenden die Zahl '−1' als Fehlendkodierung, die nicht im Zustandsraum S des jeweiligen Merkmals liegt. Die Kodierung der anderen Merkmale sei dem Leser überlassen (Aufgabe 1.10).

Anmerkung. Im Fragebogen wird das Merkmal 'Studienbeginn' im Prinzip durch zwei Merkmale – 'Jahr des Studienbeginns' und 'Sommer- oder Win-

Tabelle 1.2. Kodierliste

Merkmal	Merkmalsausprägung	Kodierung
Verkehrsmittel	Deutsche Bahn	1
	öffentlicher Nahverkehr	2
	Pkw, Motorrad, Mofa	3
	Fahrrad	4
	anderes	5
	fehlend	-1
Fahrzeit	$1, 2, \ldots$	$1, 2, \ldots$
	fehlend	-1

tersemester' erhoben. Deshalb werden auch bei der Dateneingabe diese beiden Variablen gebildet. Damit kann dann nach Sommer-/ Wintersemester unterschieden werden, falls diese Gruppenbildung von Interesse ist. Zum anderen kann natürlich die Information beider Variablen zusammen als ein Datum betrachtet werden, um z. B. die Studiendauer zu untersuchen.

Ist die Kodierliste vollständig, so kann mit der eigentlichen Eingabe der Daten begonnen werden. Die resultierende Datenmatrix zeigt Abbildung 1.4. Der erste Student fährt mit der Deutschen Bahn, wobei er 20 Minuten bis zur Universität benötigt. Sein Körpergewicht beträgt 65 kg. Student Nr. 2 kommt mit dem Fahrrad zur Uni und benötigt für den Weg 10 Minuten. Sein Körpergewicht beträgt 70 kg. Student Nr. 3 benutzt keines der vorgeschlagenen Verkehrsmittel. Da wir nicht die detaillierte Antwort erfasst haben, haben wir keinerlei Information, um welches Verkehrsmittel es sich handelt. Wir vergeben die Kodierung '5' für 'anderes'.

$$\begin{array}{ccccc} ID & Verkehrsmittel & Fahrzeit & \cdots & Gewicht \\ 1 & 1 & 20 & \cdots & 65 \\ 2 & 4 & 10 & \cdots & 70 \\ 3 & 5 & 13 & \cdots & 85 \\ \vdots & \vdots & \vdots & & \vdots \end{array}$$

Abb. 1.4. Ausschnitt aus der Datenmatrix zur Umfrage „Statistik für Wirtschaftswissenschaftler"

Bevor wir mit der eigentlichen statistischen Auswertung der Daten beginnen, sollten wir zunächst sicherstellen, dass die Daten möglichst fehlerfrei sind, d. h., etwaige Fehler bei der Datenerhebung oder bei der Dateneingabe sollten korrigiert werden. Dies bezeichnet man als **Datenvalidierung**. Zur Datenvalidierung gibt es verschiedene Überprüfungstechniken wie z. B.:

- Kontrolle der vorkommenden Ausprägungen je Variable
- Betrachtung der Häufigkeitsverteilungen der einzelnen Variablen (Kapitel 2)

- Überprüfung der zweidimensionalen Merkmalsvektoren durch die Kreuz-validierung (Kapitel 4).

Beispiel 1.4.2. Nachdem wir die Daten aller Fragebögen unserer Studenten-befragung eingegeben haben, wollen wir sicherstellen, dass uns kein Eingabe-fehler unterlaufen ist und dass kein Student Angaben gemacht hat, die auf Grund des angegebenen Wertes offensichtlich falsch sind. Dazu betrachten wir beispielsweise die Häufigkeitsverteilung der Variablen 'Verkehrsmittel' im SPSS-Listing in Abbildung 1.5.

(Haupt-)Verkehrsmittel auf dem Weg zur Uni					
		Frequency	Percent	Valid Percent	Cumulative Percent
Valid	0	1	.4	.4	.4
	Deutsche Bahn	15	5.9	5.9	6.3
	öffentl. Nahverkehr	192	75.9	75.9	82.2
	Pkw, Motorrad, Mofa	11	4.3	4.3	86.6
	Fahrrad	24	9.5	9.5	96.0
	anderes	10	4.0	4.0	100.0
	Total	253	100.0	100.0	
Total		253	100.0		

Abb. 1.5. Häufigkeitsverteilung der Variablen 'Verkehrsmittel'

Wir stellen fest, dass die Ausprägung '0' vorkommt, obwohl diese in unse-rer Kodierliste nicht definiert ist. Da es sich hier um einen Eingabefehler han-delt, müssen wir den entsprechenden Fragebogen ermitteln und die Eingabe korrigieren. Das nächste Listing in Abbildung 1.6 zeigt uns die angegebe-nen Fahrzeiten, falls der Student die Deutsche Bahn als Hauptverkehrsmittel genannt hat.

Als Ausprägung taucht die '1' auf. Da eine Fahrzeit von einer Minute in Kombination mit dem Verkehrsmittel 'Deutsche Bahn' sehr unrealistisch ist, sollte anhand des Fragebogens zunächst die Richtigkeit der Eingaben geprüft werden. Falls kein Eingabefehler vorliegt, sollte sowohl das Verkehrsmittel als auch die Fahrzeit als fehlend (= '−1') kodiert werden, da in diesem Fall nicht klar ist, welcher Wert falsch ist.

Im Zuge der Datenaufbereitung ist es teilweise notwendig, die erhobenen Variablen zu transformieren. Bei einer **Transformation** werden die Aus-prägungen eines Merkmals mit Hilfe einer Zuordnungsvorschrift auf neue Ausprägungen des gleichen oder eines anderen Merkmals übertragen. Die bereits angesprochene Kodierung nominaler oder ordinaler Merkmale durch Zahlen kann damit als einfachste Transformation angesehen werden. Wei-tere Gründe für Transformationen, die in unserem Fall meist der besseren Interpretierbarkeit oder Vergleichbarkeit dienen, sind unterschiedliche oder

Fahrzeit zur Uni in Minuten

		Frequency	Percent	Valid Percent	Cumulative Percent
Valid	1	1	6.7	6.7	6.7
	32	1	6.7	6.7	13.3
	50	3	20.0	20.0	33.3
	60	3	20.0	20.0	53.3
	70	3	20.0	20.0	73.3
	80	2	13.3	13.3	86.7
	90	1	6.7	6.7	93.3
	120	1	6.7	6.7	100.0
	Total	15	100.0	100.0	
Total		15	100.0		

Abb. 1.6. Häufigkeitsverteilung der 'Fahrzeit' bei 'Verkehrsmittel = Deutsche Bahn'

ungeeignete Maßeinheiten. Die Art der zulässigen Transformationen hängt vom jeweiligen Skalenniveau ab.

Nominalskala. Es dürfen alle eineindeutigen Transformationen der Merkmalsausprägungen angewandt werden.

Ordinalskala. Zulässige Transformationen sind solche, die die Ordnung erhalten.

Intervallskala. Zulässige Transformationen sind von der Form

$$g(x) = a + bx, \quad b > 0. \tag{1.2}$$

Verhältnisskala. Zulässige Transformationen sind von der Form

$$g(x) = bx, \quad b > 0. \tag{1.3}$$

Hier ist ein natürlicher Nullpunkt vorhanden, der nicht verschoben werden darf, daher ist $a = 0$. Die Transformation muss sicherstellen, dass die Verhältnisse von Merkmalsausprägungen gleich bleiben.

Beispiele.

- Wir fassen die beiden Ausprägungen 'Deutsche Bahn' und 'öffentlicher Nahverkehr' des Merkmals 'Verkehrsmittel' zur Ausprägung 'öffentliches Verkehrsmittel' zusammen. Damit haben wir das Merkmal Verkehrsmittel wie folgt transformiert: 'Deutsche Bahn' ↦ 'öffentliches Verkehrsmittel'; 'öffentlicher Nahverkehr' ↦ 'öffentliches Verkehrsmittel'; 'Pkw, Motorrad, Mofa' ↦ 'Pkw, Motorrad, Mofa'; 'Fahrrad' ↦ 'Fahrrad'; 'anderes' ↦ 'anderes'. Ein Grund hierfür könnte beispielsweise sein, dass in einer früheren Erhebung nur eine gröbere Unterscheidung verwendet wurde und die Daten beider Erhebungen zusammen ausgewertet werden sollen.

- Wir messen Schulnoten auf der Notenskala von '1' bis '6' mit Zwischenstufen '+' und '−'. Eine zulässige Transformation ist gegeben durch den Übergang zur Punkteskala (15 bis 0) wie in der Kollegstufe an deutschen Gymnasien üblich.
- Die Temperatur in °F ergibt sich aus der Temperatur in °C gemäß

$$\text{Temperatur in } °F = 32 + 1.8 \text{ Temperatur in } °C$$
$$g(x) = a + b \qquad x$$

25 °C entsprechen damit $(32 + 1.8 \cdot 25)\,°F = 77\,°F$.
- Die Umrechnung von Preisen in EUR zu US\$ wird durch die Transformation

$$\text{Preis in US\$} = a \cdot \text{Preis in EUR}$$

bestimmt, wobei a der aktuelle Wechselkurs ist.

1.5 Aufgaben und Kontrollfragen

Aufgabe 1.1: Was ist bei folgenden Fragestellungen die Grundgesamtheit, was die Untersuchungseinheit?

a) Mitarbeiterzufriedenheit in einem Unternehmen
b) Notenverteilung bei der letzten Statistik I Klausur
c) Medizinische Studie zum Vergleich zweier Medikamente gegen Bluthochdruck

Aufgabe 1.2: Erklären Sie den Unterschied zwischen Bestands- und Bewegungsmassen.

Aufgabe 1.3: Handelt es sich bei folgenden Grundgesamtheiten um Bestands- oder Bewegungsmassen?

a) Anzahl der erzielten Tore in der 1. Fußball-Bundesliga in der Saison 03/04
b) Zuschauerzahl am 34. Spieltag in der Saison 03/04
c) Todesfälle in Bayern im Jahr 2003
d) Mitarbeiter eines Unternehmens im Jahr 2004
e) Mitarbeiter eines Unternehmens am 31. 12. 2004

Aufgabe 1.4: Welche Unterscheidungen gibt es für Merkmale, welche Skalenniveaus kennen Sie?

Aufgabe 1.5: Geben Sie an, auf welchem Skalenniveau die folgenden Untersuchungsmerkmale gemessen werden:

a) Augenfarbe von Personen
b) Produktionsdauer
c) Alter von Personen
d) Kalenderzeit ab Christi Geburt

e) Preis einer Ware in EUR
f) Matrikelnummer
g) Körpergröße in cm
h) Platzierung in einem Schönheitswettbewerb
i) Gewicht von Gegenständen in kg
j) Schwierigkeitsgrad einer Klettertour
k) Intensität von Luftströmungen

Aufgabe 1.6: Auf welcher Skala werden die Merkmale des Fragebogens in Beispiel 1.3.1 gemessen? Welcher Merkmalsart sind diese Merkmale zuzuordnen?

Aufgabe 1.7: Erklären Sie die verschiedenen Datenerhebungstechniken.

Aufgabe 1.8: Was ist bei der Datenaufbereitung zu beachten?

Aufgabe 1.9: Welche Art der Datenerhebung würden Sie bei den folgenden Fragestellungen verwenden? Welche Merkmale sollten erhoben werden? Geben Sie mögliche Merkmalsräume für diese Merkmale an.

a) Zufriedenheit der Mitarbeiter in einem Unternehmen
b) Einfluss der Bewässerung und der Düngung auf den Ertrag verschiedener Getreidesorten
c) Eignung neuer Spielgeräte für Kleinkinder
d) Arbeitsmarktsituation für Akademiker
e) Konjunktursituation bei Kleinbetrieben

Aufgabe 1.10: Führen Sie eine geeignete Kodierung der Merkmale des Fragebogens in Beispiel 1.3.1 durch. Wie behandeln Sie fehlende Werte?

2. Häufigkeitsverteilungen

In Kapitel 1 haben wir neben der Definition der Merkmale die Grundlagen der Datenerhebung kennengelernt. In den folgenden Kapiteln behandeln wir statistische Techniken zur Charakterisierung und Verdichtung der erhobenen Daten.

Sei ein Merkmal X erhoben worden. Betrachten wir die Merkmalsausprägung jeder Untersuchungseinheit, d. h. alle Beobachtungen $x_1, \ldots, x_n$, so erhalten wir zwar die gesamte Information der Daten, verlieren jedoch schnell – insbesondere bei einer größeren Anzahl n von Beobachtungen – die Übersicht. Deshalb besteht der Wunsch, die in den Daten enthaltene Information durch Verdichtung möglichst kompakt darzustellen.

2.1 Absolute und relative Häufigkeiten

Bei nominalen und ordinalen Merkmalen ist die Anzahl k der beobachteten Merkmalsausprägungen a_j in der Regel viel kleiner als die Anzahl n der Beobachtungen. Anstatt die n Beobachtungen $x_1, \ldots, x_n$ anzugeben, gehen wir dazu über, die **Häufigkeiten** der einzelnen Merkmalsausprägungen im Zustandsraum $S = \{a_1, \ldots, a_k\}$ festzuhalten. Die **absolute Häufigkeit** n_j ist die Anzahl der Untersuchungseinheiten, die die Merkmalsausprägung a_j, $j = 1, \ldots, k$ besitzen. Die Summe der absoluten Häufigkeiten aller Merkmalsausprägungen ergibt die Gesamtzahl n der Beobachtungen: $\sum_{j=1}^{k} n_j = n$. Es gilt formal

$$n_j = \sum_{i=1}^{n} \mathbf{1}_{\{a_j\}}(x_i), \quad j = 1, \ldots, k, \tag{2.1}$$

mit der Indikatorfunktion[1]

$$\mathbf{1}_{\{a_j\}}(x_i) = \begin{cases} 1 & \text{falls } x_i = a_j \\ 0 & \text{sonst.} \end{cases}$$

Falls wir zwei Erhebungen mit unterschiedlichem Umfang bezüglich eines Merkmals vergleichen wollen, so sind absolute Häufigkeiten ungeeignet.

---

[1] Für eine Menge A gilt: $\mathbf{1}_A(x) = 1$ wenn $x \in A$, $\mathbf{1}_A(x) = 0$ wenn $x \notin A$.

Geeigneter für den Vergleich einzelner Untersuchungen sind die **relativen Häufigkeiten** f_j, die wir aus den absoluten Häufigkeiten durch

$$f_j = f(a_j) = \frac{n_j}{n}, \quad j = 1, \ldots, k \tag{2.2}$$

gewinnen. Sie geben den Anteil der Untersuchungseinheiten in der Erhebung an, die die Ausprägung a_j besitzen. Es gilt $0 \leq f_j \leq 1$ und

$$\sum_{j=1}^{k} f_j = \sum_{j=1}^{k} \frac{n_j}{n} = \frac{1}{n} \sum_{j=1}^{k} n_j = \frac{n}{n} = 1.$$

Beispiel. Betrachten wir die Ergebnisse der Umfrage „Statistik für Wirtschaftswissenschaftler" aus Beispiel 1.3.1. Die absoluten Häufigkeiten n_j des Merkmals 'Verkehrsmittel' aller 253 Fragebögen sind in der folgenden Tabelle angegeben.

j	Merkmalsausprägung a_j	Absolute Häufigkeit n_j
1	Deutsche Bahn	15
2	öffentlicher Nahverkehr	193
3	Pkw, Motorrad, Mofa, ...	11
4	Fahrrad	24
5	anderes	10

Die relativen Häufigkeiten errechnen wir als

$$f_1 = \frac{n_1}{n} = \frac{15}{253} = 0.059$$

$$f_2 = \frac{n_2}{n} = \frac{193}{253} = 0.763$$

$$f_3 = \frac{n_3}{n} = \frac{11}{253} = 0.043$$

$$f_4 = \frac{n_4}{n} = \frac{24}{253} = 0.095$$

$$f_5 = \frac{n_5}{n} = \frac{10}{253} = 0.040$$

Beispiel 2.1.1. Zusätzlich zu den Daten der Studentenbefragung liegen die Ergebnisse der Statistik I Klausuren der Vorjahre vor, wobei jedoch keine Zuordnung der Fragebögen zu den Klausurergebnissen möglich ist. Betrachten wir das Ergebnis der Klausur des Jahres 1996, die von $n = 282$ Teilnehmern abgelegt wurde. Die möglichen Merkmalsausprägungen a_j sind durch die Noten '1' bis '5' gegeben. Wir erhalten damit folgende Tabelle der absoluten Häufigkeiten n_j:

Ausprägung a_j	1	2	3	4	5
absolute Häufigkeit n_j	21	70	87	67	37

Berechnen wir daraus die relativen Häufigkeiten, so erhalten wir folgende
Tabelle der relativen Häufigkeiten $f(a_j)$.

Ausprägung a_j	1	2	3	4	5
relative Häufigkeit $f(a_j) = f_j$	$\frac{21}{282}$	$\frac{70}{282}$	$\frac{87}{282}$	$\frac{67}{282}$	$\frac{37}{282}$
(in %)	7.4	24.8	30.9	23.8	13.1

In Abbildung 2.1 ist der SPSS-Output zu diesen Beispieldaten angegeben.
Die Spalte 'Frequency' entspricht den absoluten Häufigkeiten n_j, die Spalte
'Percent' den relativen Häufigkeiten f_j (in %).

NOTE

		Frequency	Percent	Valid Percent	Cumulative Percent
Valid	1	21	7.4	7.4	7.4
	2	70	24.8	24.8	32.3
	3	87	30.9	30.9	63.1
	4	67	23.8	23.8	86.9
	5	37	13.1	13.1	100.0
	Total	282	100.0	100.0	
Total		282	100.0		

Abb. 2.1. SPSS-Output zu den Daten in Beispiel 2.1.1

Bei stetigen Merkmalen ist die Anzahl k der beobachteten Merkmalsausprägungen sehr groß oder sogar gleich der Anzahl der Beobachtungen n,
so dass die relativen Häufigkeiten f_j in der Regel gleich $\frac{1}{n}$ sind. Damit erhalten wir eine Häufigkeitsverteilung, die nur geringe Aussagekraft hat. Um
eine interpretierbare Verteilung zu erhalten, fassen wir mehrere Merkmalsausprägungen zu einer Klasse zusammen. Die Breite der Klassen, und damit
deren Anzahl, kann sich entweder an sachlogischen Gegebenheiten orientie-
ren oder rein willkürlich sein. Um eine brauchbare Verteilung zu erhalten,
sollten etwa $k = \sqrt{n}$ Klassen gebildet werden. Wir führen dazu folgende
Bezeichnungen ein:

k	Anzahl der Klassen
e_{j-1}	untere Klassengrenze der j-ten Klasse
e_j	obere Klassengrenze der j-ten Klasse
$d_j = e_j - e_{j-1}$	Klassenbreite der j-ten Klasse
$a_j = \frac{1}{2}(e_j + e_{j-1})$	Klassenmitte der j-ten Klasse
n_j	Anzahl der Beobachtungen in der j-ten Klasse.

Damit lassen sich dann absolute und relative Häufigkeiten je Klasse gemäß
(2.1) und (2.2) berechnen, wobei wieder die Indikatorfunktion

$$\mathbf{1}_{[e_{j-1}, e_j)}(x_i) = \begin{cases} 1 \text{ wenn } x_i \text{ in die Klasse } j \text{ fällt,} \\ 0 \text{ sonst} \end{cases}$$

verwendet wird.

Beispiel 2.1.2. Wir betrachten wieder die Situation aus Beispiel 2.1.1, wählen als Merkmal jedoch nicht die 'Klausurnote', sondern die in der Klausur 'erreichten Punkte'. Bei der Klausur konnten maximal 100 Punkte erreicht werden. Die Zuordnung der Noten zu den Punktzahlen wurde wie folgt festgelegt:

Punkte	Note ungerundet	Note gerundet
[0 ; 30)	5.3	
[30 ; 40)	5.0	5
[40 ; 45)	4.7	
[45 ; 50)	4.3	
[50 ; 55)	4.0	4
[55 ; 59)	3.7	
[59 ; 63)	3.3	
[63 ; 69)	3.0	3
[69 ; 73)	2.7	
[73 ; 77)	2.3	
[77 ; 84)	2.0	2
[84 ; 88)	1.7	
[88 ; 91)	1.3	
[91 ; 96)	1.0	1
[96 ; 100]	0.7	

Die Einteilung der Klassen (z. B. [59; 63) = 59 bis unter 63 Punkte) wurde vom Prüfungsamt vorgeschrieben, d. h., es lagen sachlogische Gegebenheiten vor, die die Klasseneinteilung bestimmten. Wir haben $k = 5$ Klassen unterschiedlicher Breite bei den gerundeten Noten bzw. $k = 15$ Klassen unterschiedlicher Breite bei den ungerundeten Noten (vgl. obige Tabelle).

Ordnen wir die Punktzahlen der 282 Einzelergebnisse den entsprechenden Klassen der gerundeten Noten zu, so erhalten wir:

Note	Klasse j	e_{j-1}	e_j	d_j	a_j	n_j	f_j
5	1	0	45	45	22.5	37	0.131
4	2	45	59	14	52.0	67	0.238
3	3	59	73	14	66.0	87	0.309
2	4	73	88	15	80.5	70	0.248
1	5	88	100	12	94.0	21	0.074

Offene Klassen. Bisher sind wir davon ausgegangen, dass alle Klassengrenzen angegeben werden können. Im obigen Beispiel der Examensklausur konnten z. B. minimal 0 und maximal 100 Punkte erreicht werden. Es gibt jedoch auch Anwendungsbeispiele, bei denen dies nicht ohne weiteres möglich ist. Betrachten wir z. B. das Merkmal 'monatliches Einkommen' einer Person, so ist zwar als untere Grenze Null fest gegeben, eine Beschränkung nach oben ist jedoch nicht vorhanden. Hier wird bei der Klasseneinteilung typischerweise

die oberste Klasse durch Angaben wie 'mehr als 100 000 EUR' bestimmt. Für
die Berechnung der absoluten und der relativen Häufigkeiten stellt dies noch
kein Problem dar. Für die in den nächsten Abschnitten vorgestellten empirischen Verteilungsfunktionen und Histogramme werden jedoch auch die
Klassengrenzen e_j, die Klassenbreiten d_j und insbesondere die Klassenmitten a_j benötigt, die im Falle offener Klassen nicht mehr eindeutig definiert
sind.

2.2 Empirische Verteilungsfunktion

Läßt sich eine sinnvolle Ordnung der Merkmalsausprägungen eines Merkmals
angeben, so dient die **empirische Verteilungsfunktion** dazu, die Häufigkeitsverteilung des Merkmals beziehungsweise der Merkmalsausprägungen
zu beschreiben. Sie ist damit bei mindestens ordinalskalierten Merkmalen
zulässig. Sind nun die Beobachtungen $x_1, \ldots, x_n$ des Merkmals X der Größe
nach als $x_{(1)} \leq x_{(2)} \leq \ldots \leq x_{(n)}$ geordnet, so ist die empirische Verteilungsfunktion an der Stelle $x \in \mathbb{R}$ die kumulierte relative Häufigkeit aller
Merkmalsausprägungen a_j, die kleiner oder gleich x sind:

$$F(x) = \sum_{a_j \leq x} f(a_j).$$ (2.3)

Die empirische Verteilungsfunktion $F(x)$ ist monoton wachsend, rechtsstetig,
und es gilt stets $0 \leq F(x) \leq 1$ sowie $\lim_{x \to -\infty} F(x) = 0$, $\lim_{x \to +\infty} F(x) = 1$.
Ist das Merkmal X ordinalskaliert, so ist die empirische Verteilungsfunkti-
on eine **Treppenfunktion** (vgl. Abbildungen 2.3 und 2.4). Bei einem stetigen klassierten Merkmal, dessen Originalwerte nicht mehr vorliegen, wird
innerhalb der Klassen eine Gleichverteilung der Merkmalsausprägungen unterstellt. Dies bedeutet, dass angenommen wird, dass sich die Beobachtungen
gleichmäßig über den Bereich der jeweiligen Klasse erstrecken. Die empirische Verteilungsfunktion ist damit im Bereich einer Klasse eine Diagonale,
die die Punkte $(e_{j-1}, F(e_{j-1}))$ und $(e_j, F(e_j))$ verbindet. Wir erhalten damit
für die empirische Verteilungsfunktion einen **Polygonzug** durch die Punkte
$(0,0) = (e_0, F(e_0))$, $(e_1, F(e_1))$, $\ldots$, $(e_k, F(e_k)) = (e_k, 1)$ (vgl. Abbildung 2.5
auf Seite 28). Die empirische Verteilungsfunktion lässt sich dabei sukzessiv
berechnen durch

$$F(x) = \begin{cases} 0, & x < e_0 \\ \sum\limits_{i=1}^{j-1} f_i + \frac{f_j}{d_j}(x - e_{j-1}), & x \in [e_{j-1}, e_j) \\ 1, & x \geq e_k. \end{cases}$$ (2.4)

Stehen noch die Originalwerte eines stetigen Merkmals zur Verfügung,
so ist die empirische Verteilungsfunktion ein Polygonzug durch die Punkte,

die durch die der Größe nach geordneten Merkmalsausprägungen und die
zugehörigen Werte der empirischen Verteilungsfunktion $(a_j, F(a_j))$ gegeben
sind. Besitzen alle Beobachtungen verschiedene Merkmalsausprägungen, so
geht die empirische Verteilungsfunktion durch die Punkte $(x_{(i)}, \frac{i}{n})$. Dabei
bezeichnet $x_{(1)} \leq x_{(2)} \leq \ldots \leq x_{(n)}$ die der Größe nach geordnete Merkmals-
reihe.

Beispiel 2.2.1. Betrachten wir wieder das Klausurbeispiel (Beispiel 2.1.1).
Aus den relativen Häufigkeiten der 'Noten' berechnen wir die empirische Verteilungsfunktion $F(a_j)$

Note			
a_j	n_j	f_j	$F(a_j)$
1	21	0.074	0.074
2	70	0.248	0.322
3	87	0.309	0.631
4	67	0.238	0.869
5	37	0.131	1.000

In Abbildung 2.2 sind die Ergebnisse dieser Berechnungen mit SPSS angegeben. Dabei entsprechen die Spalten 'Frequency' den absoluten Häufigkeiten
n_j, 'Percent' den relativen Häufigkeiten f_j (in %), 'Valid Percent' den relativen Häufigkeiten f_j (in %, wobei fehlende Werte nicht berücksichtigt werden),
'Cumulative Percent' den Werten der empirischen Verteilungsfunktion $F(a_j)$
(in %).

NOTE

		Frequency	Percent	Valid Percent	Cumulative Percent
Valid	1	21	7.4	7.4	7.4
	2	70	24.8	24.8	32.3
	3	87	30.9	30.9	63.1
	4	67	23.8	23.8	86.9
	5	37	13.1	13.1	100.0
	Total	282	100.0	100.0	
Total		282	100.0		

Abb. 2.2. Ergebnisse der Berechnungen zu Beispiel 2.2.1 mit SPSS

Anmerkung. Bei der Darstellung der empirischen Verteilungsfunktion als
Treppenfunktion ist zu beachten, dass für die Anordnung der möglichen
Merkmalsausprägungen a_j auf der X-Achse eine Ordnung der Merkmalsausprägungen gegeben sein muss. Zusätzlich müssen auch Abstände zwischen
den möglichen Merkmalsausprägungen a_j definiert werden können. Im Beispiel der Schulnoten ist dies, wie in Abschnitt 1.2 beschrieben, nicht gegeben. Die Anordnung der Schulnoten auf der X-Achse ist damit bezüglich

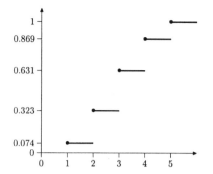

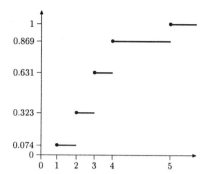

Abb. 2.3. Empirische Verteilungs-funktion des ordinalskalierten Merkmals 'Klausurnote' bei der Statistik I Klausur (Noten als X-Achsen-Skala)

Abb. 2.4. Empirische Verteilungs-funktion des ordinalskalierten Merkmals 'Klausurnote' bei der Statistik I Klausur (Punktewerte als X-Achsen-Skala)

ihrer Abstände willkürlich. In den Abbildungen 2.3 und 2.4 wird die empirische Verteilungsfunktion des Merkmals 'Klausurnote' für zwei unterschiedliche Skalierungen auf der X-Achse dargestellt. Abbildung 2.3 benutzt für die Abstände auf der X-Achse die Notenwerte, Abbildung 2.4 benutzt für die Abstände auf der X-Achse die den Notenwerten zugrundeliegenden Punktezahlen (vgl. Beispiel 2.1.2). Welche der beiden Unterteilungen gewählt wird, ist beliebig. Zum Vergleich zweier empirischer Verteilungsfunktionen – z. B. der Klausurergebnisse zweier Jahre – müssen nur jeweils die gleichen Einteilungen und Abstände gewählt werden.

Beispiel 2.2.2. Wir analysieren die Altersverteilung von 844 im Rahmen einer zahnmedizinischen Studie untersuchten Kindergartenkindern. Betrachten wir das Alter als stetiges klassiertes Merkmal, so erhalten wir mit den Werten in Tabelle 2.1 die Darstellung als Polygonzug wie in Abbildung 2.5.

Tabelle 2.1. Werte der empirischen Verteilungsfunktion des Merkmals Alter aus Beispiel 2.2.2 (vgl. Polygonzug in Abbildung 2.5)

Alter	j	e_{j-1}	e_j	n_j	f_j	$F(e_j)$
$[0;2]$	1	0	2	0	0.000	0.000
$(2;3]$	2	2	3	14	0.017	0.017
$(3;4]$	3	3	4	174	0.206	0.223
$(4;5]$	4	4	5	281	0.333	0.556
$(5;6]$	5	5	6	317	0.375	0.931
$(6;7]$	6	6	7	58	0.069	1.000

Stehen zusätzlich zu den klassierten Daten auch noch die Orginalwerte x_i zur Verfügung, so lässt sich die empirische Verteilungsfunktion wie in Abbildung 2.6 darstellen. Hierzu wird zu jeder beobachteten Merkmalsausprägung

x_i der Wert $F(x_i)$ berechnet und diese Punktepaare werden durch einen Polygonzug verbunden.

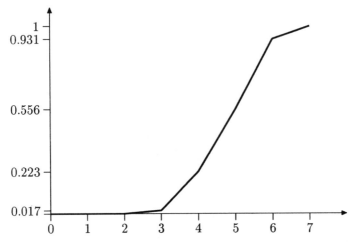

Abb. 2.5. Empirische Verteilungsfunktion des Merkmals 'Lebensalter' als stetiges klassiertes Merkmal

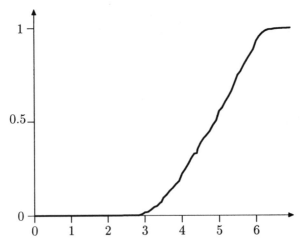

Abb. 2.6. Empirische Verteilungsfunktion des Merkmals 'Lebensalter' aus den Originalwerten x_i

Anmerkung. Betrachten wir die Abbildungen 2.5 und 2.6, so stellen wir fest, dass die oben angesprochene Annahme der Gleichverteilung innerhalb der

Klassen für die Klasse $[2; 3)$ wohl nicht erfüllt ist. In der Klasse '2 bis unter 3 Jahre' sind vornehmlich fast dreijährige Kinder enthalten.

Neben den relativen Häufigkeiten $f(a_j)$ der Ausprägungen a_j eines Merkmals X und der empirischen Verteilungsfunktion ist man oft an der relativen Häufigkeit von mehreren Ausprägungen interessiert. So kann man z. B. nach dem Anteil der Studenten fragen, die in einer Klausur eine '2' oder eine '3' erhalten haben.

Um die relative Häufigkeit des Auftretens von Merkmalsausprägungen in Intervallen $(c, d]$ bzw. $[c, d)$, $[c, d]$ oder (c, d) bestimmen zu können, führen wir folgende Definition ein:

$H(c \leq x \leq d) = $ relative Häufigkeit der Beobachtungen x mit $c \leq x \leq d$.

Unter Verwendung der empirischen Verteilungsfunktion aus (2.3) können wir somit für diskrete Merkmale folgende Regeln für relative Häufigkeiten ableiten.

$$H(x \leq a_j) = F(a_j)$$
$$H(x < a_j) = H(x \leq a_j) - f(a_j) = F(a_j) - f(a_j)$$
$$H(x > a_j) = 1 - H(x \leq a_j) = 1 - F(a_j)$$
$$H(x \geq a_j) = 1 - H(X < a_j) = 1 - F(a_j) + f(a_j)$$
$$H(a_{j_1} \leq x \leq a_{j_2}) = F(a_{j_2}) - F(a_{j_1}) + f(a_{j_1})$$
$$H(a_{j_1} < x \leq a_{j_2}) = F(a_{j_2}) - F(a_{j_1})$$
$$H(a_{j_1} < x < a_{j_2}) = F(a_{j_2}) - F(a_{j_1}) - f(a_{j_2})$$
$$H(a_{j_1} \leq x < a_{j_2}) = F(a_{j_2}) - F(a_{j_1}) - f(a_{j_2}) + f(a_{j_1})$$

Beispiel. Betrachten wir das Merkmal 'Klausurnote' aus Beispiel 2.1.1. Hier sind z. B.

$$F(2) = 0.322$$
$$F(3) = 0.631$$
$$F(4) = 0.869$$
$$f(3) = 0.309$$

und damit

$$H(3 \leq x \leq 4) = F(4) - F(3) + f(3) = 0.869 - 0.631 + 0.309 = 0.547$$

oder alternativ

$$H(2 < x \leq 4) = F(4) - F(2) = 0.869 - 0.322 = 0.547\,.$$

Die relative Häufigkeit der Klausurteilnehmer, die mindestens mit der Note '4', aber nicht besser als mit der Note '3' abgeschnitten haben, beträgt 0.547. Dies entspricht der relativen Häufigkeit der Klausurteilnehmer, die mindestens mit der Note '4', aber schlechter als mit der Note '2' abgeschnitten haben.

Für **stetige** klassierte Merkmale gilt für beliebige Werte c und d

$$H(x < d) = H(x \leq d) = F(d)$$
$$H(x > c) = 1 - H(x \leq c) = 1 - F(c)$$
$$H(c \leq x \leq d) = F(d) - F(c)$$

Die relativen Häufigkeiten $f(x)$ sind bei stetigen klassierten Merkmalen Null, da die empirische Verteilungsfunktion wegen der angenommenen Gleichverteilung innerhalb der Klassen ein „Polygonzug" ist, der keine Sprungstellen besitzt.

Beispiel 2.2.3. Betrachten wir das klassierte Merkmal 'Kaltmiete' aus der Studentenbefragung (vgl. Beispiel 1.3.1) mit den Klassen $[0; 100)$, $[100; 200)$, $[200; 300)$, $[300; 400)$, $[400; 500]$. Die Werte der empirischen Verteilungsfunktion an den Klassengrenzen sind in Tabelle 2.2 angegeben.

Tabelle 2.2. Empirische Verteilungsfunktion des klassierten Merkmals 'Kaltmiete'

Intervall $[e_{j-1}; e_j)$	$f([e_{j-1}; e_j))$	$F(e_j)$
$[0; 100)$	0.103	0.103
$[100; 200)$	0.213	0.316
$[200; 300)$	0.075	0.391
$[300; 400)$	0.490	0.881
$[400; 500)$	0.119	1.0

Mit (2.4) erhalten wir hier z. B.

$$F(225) = 0.103 + 0.213 + \frac{0.075}{300 - 200}(225 - 200)$$
$$= 0.316 + 0.019 = 0.335$$
$$F(325) = 0.103 + 0.213 + 0.075 + \frac{0.490}{400 - 300}(325 - 300)$$
$$= 0.391 + 0.123 = 0.514$$

und damit für $H(225 \leq x \leq 325) = F(325) - F(225) = 0.514 - 0.335 = 0.179$. Das heißt, 17.9 % der Studenten zahlen eine Kaltmiete zwischen 225 und 325 EUR.

2.3 Grafische Darstellung

Die Häufigkeitstabelle stellt eine erste Möglichkeit zur Veranschaulichung der Daten dar. Meist wird jedoch eine grafische Darstellungsform verwendet, da diese leichter verständlich ist und die Information 'auf einen Blick' liefert. Es sollte dabei jedoch stets im Auge behalten werden, dass Grafiken auch leicht fehlinterpretiert werden können, insbesondere wenn nicht die gesamte in der Grafik enthaltene Information (wie z. B. die Achsenskalierung) berücksichtigt wird. In den folgenden Abschnitten werden die wichtigsten grafischen Darstellungsformen vorgestellt.

2.3.1 Stab- oder Balkendiagramme

Die einfachste grafische Darstellungsmöglichkeit ist das Stab- oder Balkendiagramm. Dieser Diagrammtyp lässt sich sinnvoll nur für diskrete Merkmale verwenden. Jeder Merkmalsausprägung wird ein Strich oder Balken zugeordnet, dessen Länge der absoluten oder relativen Häufigkeit entspricht (vgl. Abbildung 2.7). Die Anordnungsreihenfolge der Balken ist bei nominalen Merkmalen beliebig. Bei mindestens ordinalskalierten Merkmalen existiert eine 'natürliche' Anordnungsreihenfolge der Merkmalsausprägungen, falls die Kodierung entsprechend gewählt wird.

Beispiel. Betrachten wir das Merkmal 'Vorkenntnisse in Mathematik' der Umfrage „Statistik für Wirtschaftswissenschaftler" (Beispiel 1.3.1). Wenn wir davon ausgehen, dass die möglichen Merkmalsausprägungen 'keine Vorkenntnisse', 'Grundkurs Mathematik', 'Leistungskurs Mathematik', 'Vorlesung Mathematik' in dem Sinne geordnet sind, dass 'Grundkurs Mathematik' geringere Vorkenntnisse als 'Leistungskurs Mathematik' und 'Leistungskurs Mathematik' geringere Vorkenntnisse als 'Vorlesung Mathematik' bedeutet, so können wir das Merkmal 'Vorkenntnisse in Mathematik' als ordinales Merkmal auffassen. Die Anordnung der Balken in Abbildung 2.7 ist hier also nicht beliebig.

2.3.2 Kreisdiagramme

Kreisdiagramme eignen sich zur Darstellung von Häufigkeiten diskreter oder klassierter Merkmale. Die Aufteilung des Kreises in die einzelnen Sektoren, die die Merkmalsausprägungen repräsentieren, ist dabei proportional zu den absoluten bzw. relativen Häufigkeiten. Die Größe eines Kreissektors, also sein Winkel, kann damit aus der relativen Häufigkeit f_j gemäß Winkel $= f_j \cdot 360°$ bestimmt werden.

Beispiel. In Abbildung 2.8 ist ein Kreisdiagramm des nominalen Merkmals 'Verkehrsmittel' der Umfrage „Statistik für Wirtschaftswissenschaftler" dargestellt. Etwa 3/4 der befragten Studenten benutzen den öffentlichen Nahverkehr, das Fahrrad ist das zweithäufigste Verkehrsmittel, die restlichen Verkehrsmittel werden in etwa gleich häufig verwendet.

2.3.3 Stamm-und-Blatt-Diagramme

Das Stamm-und-Blatt-Diagramm (stem-and-leaf plot) stellt die einfachste Möglichkeit dar, metrische Daten zu veranschaulichen. Merkmalsausprägungen eines metrischen Merkmals werden dabei der Größe nach geordnet und in

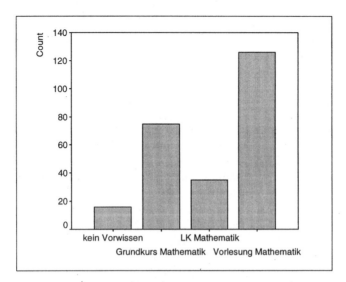

Abb. 2.7. Balkendiagramm des Merkmals 'Vorkenntnisse in Mathematik'

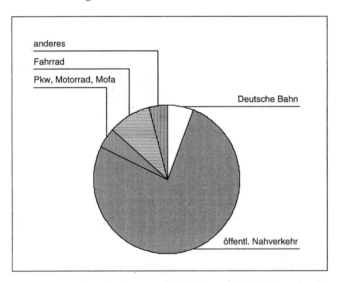

Abb. 2.8. Kreisdiagramm des Merkmals 'Verkehrsmittel'

einen Stamm- und einen Blattanteil zerlegt. Gleiche Merkmalsausprägungen werden nicht durch ihre Häufigkeit sondern direkt wiedergegeben. Damit ist es möglich, auch die Verteilung innerhalb von Klassen zu betrachten. Abbildung 2.9 zeigt ein derartiges Stamm-und-Blatt-Diagramm. Eine detaillierte Beschreibung kann etwa in Tukey (1977) und Polasek (1994) gefunden werden.

Für die Erstellung eines Stamm-und-Blatt-Diagramms gehen wir in folgenden Schritten vor:

1. Wir sortieren die Daten nach dem Wert der Merkmalsausprägungen und erhalten die geordneten Daten $x_{(1)}, \ldots, x_{(n)}$ mit dem kleinsten beobachteten Wert $x_{(1)}$ und dem größten beobachteten Wert $x_{(n)}$. Damit steht der Wertebereich der Merkmalsausprägungen, gegeben durch $x_{(1)}$ und $x_{(n)}$, fest. $X_{(i)}$ heißt auch i–te Ordnungsstatistik.
2. Wir unterteilen den Wertebereich in Intervalle gleicher Breite, wobei wir die Breite jeweils als das 0.5–, 1–, oder 2–fache einer Zehnerpotenz wählen.
3. Die beobachteten Merkmalsausprägungen werden in einen Stamm- und einen Blattanteil zerlegt.
4. Die so gefundenen Werte sowie die zugehörigen Häufigkeiten werden aufgetragen.

Beispiel 2.3.1. Die Erstellung eines Stamm-und-Blatt-Diagramms wollen wir nun an einem Beispiel demonstrieren. Wir betrachten das Merkmal 'Monatliche Kaltmiete' der Umfrage „Statistik für Wirtschaftswissenschaftler" (Beispiel 1.3.1). Die 157 beobachteten Merkmalsausprägungen nehmen Werte im Bereich von 130 bis 445 an. Die der Größe nach geordneten Werte (mit dem Faktor 2 multipliziert) und ihre Häufigkeiten sind

x_i	Anzahl	x_i	Anzahl	x_i	Anzahl	x_i	Anzahl
260	1	390	6	630	2	760	9
270	3	400	4	640	2	770	1
280	2	410	1	650	4	780	6
290	1	420	2	660	2	790	7
300	4	430	4	670	4	800	1
310	3	440	1	680	4	810	6
320	7	470	1	690	6	820	2
330	5	490	1	700	4	830	1
340	3	540	1	710	1	840	4
350	5	560	1	720	1	850	1
360	5	570	1	730	8	860	3
370	5	580	2	740	1	870	1
380	4	620	1	750	1	890	1

Wir unterteilen den Wertebereich in die gleichbreiten Intervalle $[250; 300)$, $[300; 350), \ldots, [850; 900)$. Damit erhalten wir den Stamm der Breite 50:

2	.	*für das Intervall*	[250; 300)
3	.	*für das Intervall*	[300; 350)
3	.	*für das Intervall*	[350; 400)
4	.	*für das Intervall*	[400; 450)
4	.	*für das Intervall*	[450; 500)
5	.	*für das Intervall*	[500; 550)
5	.	*für das Intervall*	[550; 600)
6	.	*für das Intervall*	[600; 650)
6	.	*für das Intervall*	[650; 700)
7	.	*für das Intervall*	[700; 750)
7	.	*für das Intervall*	[750; 800)
8	.	*für das Intervall*	[800; 850)
8	.	*für das Intervall*	[850; 900)

Gleiche Ausprägungen werden mehrfach eingetragen. Links neben dem Stamm wird schließlich noch die Anzahl der Werte jeder Zeile des Diagramms angegeben. Um aus dem Diagramm die Ursprungswerte ablesen zu können, muss noch die Einheit angegeben werden (hier 2 für die Multiplikation der Werte des Stamms mit 10^2, im SPSS-Chart 2.9 ist dies die Angabe 'Stem width: 100'). Die beobachteten Werte werden dann als Blätter eingetragen, wobei jeweils ein Wert direkt angegeben wird. So wird z. B. die Ausprägung '260' durch eine '6' hinter der zweiten '2' des Stamms wiedergegeben (2 . 6). Mit obigen Beispieldaten erhalten wir dann das vollständige Stamm-und-Blatt-Diagramm wie in Abbildung 2.9.

```
monatliche Kaltmiete Stem-and-Leaf Plot

 Frequency    Stem &  Leaf

     7.00       2 .  6777889
    22.00       3 .  0000111222222233333444
    25.00       3 .  5555566666777778888999999
    12.00       4 .  000012233334
     2.00       4 .  79
     1.00       5 .  4
     4.00       5 .  6788
     5.00       6 .  23344
    20.00       6 .  55556677778888999999
    15.00       7 .  000012333333334
    24.00       7 .  566666666678888889999999
    14.00       8 .  01111112234444
     6.00       8 .  566679

 Stem width:      100
 Each leaf:       1 case(s)
```

Abb. 2.9. Stamm-und-Blatt-Diagramm des Merkmals 'monatliche Kaltmiete'

Anmerkung. Bei der Erstellung eines Stamm-und-Blatt-Diagramms mit SPSS werden gegebenenfalls mehrere Beobachtungen zu einem Wert zusammengefasst. Dies wird in der Legende des Diagramms angegeben. Im SPSS-Diagramm in Abbildung 2.10 geschieht dies durch 'Each leaf: 2 case(s)'. Entstehen dadurch unvollständige Blätter, d. h. Blätter, die nur aus einer Beobachtung bestehen, bzw. Blätter, die verschiedene Ausprägungen repräsentieren, so werden sie durch ein eigenes Zeichen dargestellt und dies wird in der Legende angegeben ('& denotes fractional leaves.'). Zusätzlich ist noch anzumerken, dass bei der SPSS-Ausgabe sogenannte 'extreme Werte', d. h., sehr kleine oder sehr große Werte gesondert ausgegeben werden (vgl. hierzu die Definition von Box-Plots in Abschnitt 3.4).

```
Körpergröße in cm Stem-and-Leaf Plot

Frequency    Stem &  Leaf

   2.00 Extremes    (=<152)
    .00    15 .
   4.00    15 .  &&
  14.00    16 .  00224&
  24.00    16 .  5556778999
  41.00    17 .  0000001122233334444
  50.00    17 .  55555556666678888888999
  55.00    18 .  0000000000000011222233334444
  40.00    18 .  5555555555666777889
   7.00    19 .  02&
   2.00    19 .  &

Stem width:       10
Each leaf:     2 case(s)
& denotes fractional leaves.
```

Abb. 2.10. Stamm-und-Blatt-Diagramm des Merkmals 'Körpergröße in cm'

2.3.4 Histogramme

Liegt ein metrisches, stetiges Merkmal vor, so kann die Häufigkeitsverteilung nicht von vornherein durch ein Balkendiagramm dargestellt werden, da hier im allgemeinen sehr viele Balken entstehen würden, die fast alle die Höhe $1/n$ hätten. Um eine sinnvolle Häufigkeitsverteilung zu erhalten, muss das Merkmal zunächst, wie in Abschnitt 2.1 beschrieben, klassiert werden. Die hieraus resultierende Häufigkeitsverteilung kann dann in einem Histogramm grafisch veranschaulicht werden (vgl. Abbildung 2.11). Die Histogrammflächen sind proportional zu den relativen Häufigkeiten f_j, die Höhe h_j des Rechtecks über der j-ten Klasse berechnet sich somit gemäß

$$h_j = \frac{f_j}{d_j},$$

mit der Klassenbreite $d_j = e_j - e_{j-1}$. Sind alle Klassen gleich breit, so ist die Höhe proportional zur relativen Häufigkeit; das Histogramm ist dann äquivalent zum Balkendiagramm.

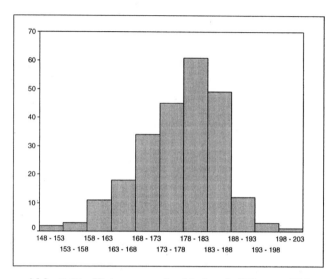

Abb. 2.11. Histogramm des Merkmals 'Körpergröße'

Anmerkung. Bei Verwendung von SPSS zur Histogrammdarstellung kann die Festlegung der Klassengrenzen variiert werden. Damit ist eine interaktive explorative Analyse der Verteilung eines Merkmals möglich. SPSS-Histogramme lassen jedoch nur gleich breite Klassen zu. Damit sind die Rechteckshöhen h_j stets proportional zu den relativen und absoluten Häufigkeiten. Ist die Klassenbreite gleich 1, so ist die Rechteckshöhe gleich der relativen Häufigkeit. SPSS-Histogramme tragen im Gegensatz zu der oben gegebenen Definition an der y-Achse die absoluten Häufigkeiten der Klassen ein. Da die relativen und die absoluten Häufigkeiten zueinander proportional sind, bleibt die Gestalt des Histogramms jedoch unberührt.

2.3.5 Kerndichteschätzer

Kerndichteschätzer stellen gewissermaßen eine Verallgemeinerung des Konzepts von Histogrammen dar. Bei Histogrammen sind die Klassenbreiten und besonders die Klassengrenzen entscheidend für die Form des Histogramms. Ein weiterer Nachteil des Histogramms besteht darin, dass eine stetige Funktion als Treppenfunktion dargestellt wird. Rosenblatt (1956) behandelt eine Methode, die anstelle fester Klasseneinteilungen variable Klasseneinteilungen verwendet, um diesen Problemen zu begegnen. Seine 'gleitenden Histogramme' sind durch die relativen Häufigkeiten $f_n(x)$ an der Stelle x,

$$f_n(x) = \frac{F_n(x + h_n) - F_n(x - h_n)}{2h_n}, \quad h_n > 0$$

definiert. Die Größe h_n bezeichnet die sogenannte Bandbreite, die die Klassenbreite ersetzt. Eine Verallgemeinerung der gleitenden Histogramme sind die sogenannten Kerndichteschätzer, deren allgemeine Definition durch

$$\hat{f}_n(x) = \frac{1}{nh} \sum_{i=1}^{n} K\left(\frac{x - x_i}{h}\right), \quad h > 0, \tag{2.5}$$

mit dem Kern K und der Bandbreite h gegeben ist. Beispiele für K sind die folgenden Funktionen (vgl. Abbildung 2.12):

$$K(x) = \begin{cases} \frac{1}{2} \text{ falls } -1 \leq x \leq 1 \\ 0 \text{ sonst} \end{cases} \quad \text{(Rechteckskern)}$$

$$K(x) = \begin{cases} 1 - |x| \text{ für } |x| < 1 \\ 0 \qquad \text{ sonst} \end{cases} \quad \text{(Dreieckskern)}$$

$$K(x) = \begin{cases} \frac{3}{4}(1 - x^2) \text{ für } |x| < 1 \\ 0 \qquad\quad \text{ sonst} \end{cases} \quad \text{(Epanechnikow-Kern)}$$

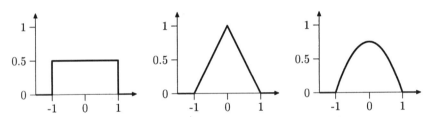

Abb. 2.12. Rechteckskern, Dreieckskern und Epanechnikow-Kern

Für alle Funktionen $K(x)$, die als Kern Verwendung finden können, muss gelten, dass

- sie symmetrisch um Null sind, $K(-x) = K(x)$,
- sie stets Werte größer oder gleich Null annehmen, $K(x) \geq 0$,
- die Fläche unter der Funktion Eins ergibt, $\int K(x)\, dx = 1$.

Beispiel 2.3.2. Wir betrachten das Merkmal 'Körpergröße' der Umfrage „Statistik für Wirtschaftswissenschaftler", das wir bereits in Beispiel 2.3.1 untersucht haben. Dieses Merkmal nimmt Werte im Bereich von 150 bis 198 an. Die Kerndichteschätzungen mit dem Rechteckskern, dem Dreieckskern und dem Epanechnikow-Kern sind in Abbildung 2.13 dargestellt. Die Histogrammdarstellung dieser Daten ist bereits in Abbildung 2.11 angegeben.

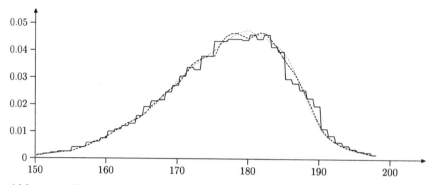

Abb. 2.13. Kerndichteschätzungen für das Merkmal 'Körpergröße': Rechteckskern (durchgezogene Linie), Dreieckskern (gepunktete Linie) und Epanechnikow-Kern (gestrichelte Linie) bei Bandbreite $h = 5\,\mathrm{cm}$

2.4 Aufgaben und Kontrollfragen

Aufgabe 2.1: In welchen Situationen ist die Darstellung einer Häufigkeitsverteilung anhand von absoluten Häufigkeiten sinnvoll, wann sind relative Häufigkeiten zu bevorzugen?

Aufgabe 2.2: Bei einer Statistikklausur sind 18 Aufgaben zu bearbeiten, wobei pro Aufgabe ein Punkt erzielt werden kann. Als *nicht bestanden* gilt eine Klausur, wenn ein Kandidat weniger als fünf Punkte erreicht. Die Korrektur einer Klausur ergab folgende Häufigkeitsverteilung der erreichten Punktezahlen a_j:

a_j	0	1	2	3	4	5	6	7	8	9	10	11	12	13	14	15	16	17	18
n_j	4	1	1	0	7	5	6	4	7	7	17	22	13	16	1	5	2	2	0

a) Stellen Sie die Häufigkeitsverteilung mit den absoluten Häufigkeiten grafisch dar.

b) Stellen Sie die empirische Verteilungsfunktion grafisch dar.

c) Wie groß ist der Anteil der Studenten, die die Klausur nicht bestanden haben?

Aufgabe 2.3: Worin unterscheiden sich Balkendiagramm und Histogramm?

Aufgabe 2.4: In einer Befragung im Jahr 1999 wurde bei 22 100 Privathaushalten das Monatseinkommen ermittelt. Die folgende Tabelle zeigt die Häufigkeitsverteilung:

Monatseinkommen			Anzahl der Haushalte
	unter	1 200 DM	4 500
1 200 DM	bis unter	1 800 DM	5 200
1 800 DM	bis unter	3 000 DM	5 000
3 000 DM	bis unter	5 000 DM	2 700
5 000 DM	bis unter	10 000 DM	3 400
10 000 DM	und mehr		1 300

a) Berechnen Sie die empirische Verteilungsfunktion und stellen Sie diese grafisch dar.

b) Wie groß ist der Anteil der Privathaushalte mit einem Monatseinkommen von

- bis zu 1 500 DM?
- mehr als 5 400 DM?
- zwischen 1 500 DM und 3 500 DM?

Aufgabe 2.5: In einer medizinischen Untersuchung wurde an einer Gruppe von 200 Personen eine Schlankheitsdiät getestet. Das Ergebnis der Diät ist in der folgenden Tabelle festgehalten:

Gewichtsverlust pro Monat				$F(x)$
0	bis unter	2	Pfund	0.25
2	bis unter	4	Pfund	0.65
4	bis unter	8	Pfund	0.75
8	bis unter	12	Pfund	0.95
12	bis unter	20	Pfund	1.00

a) Berechnen Sie die absoluten Häufigkeiten des Merkmals 'Gewichtsverlust'.

b) Wieviel % der Personen haben mindestens 9 Pfund pro Monat abgenommen?

c) Wieviel % der Personen haben zwischen 2 und 6 Pfund pro Monat abgenommen?

Aufgabe 2.6: Eine empirisch ermittelte Verteilung der Dauer von Telefongesprächen im Stadtbereich, welche nicht länger als 8 Minuten dauern, ist in folgender Abbildung dargestellt:

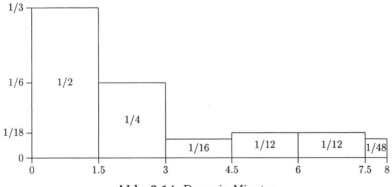

Abb. 2.14. Dauer in Minuten

a) Wie nennt man diese Art von Diagramm? Gibt die Höhe der Rechtecke in diesem Diagramm einen Hinweis auf die relative Häufigkeit von Gesprächen einer bestimmten Dauer? Begründen Sie Ihre Antwort.

b) Wir betrachten nun Gespräche im Stadtbereich, die höchstens 8 Minuten dauern und im Zeitraum von 9 bis 18 Uhr stattfinden. Bis zum 31.12.1995 kostete ein solches Telefongespräch 23 Pfennig. Zum 1.1.1996 wurde die Gebührenstruktur geändert: Im Stadtbereich kostet ein Gespräch von bis zu 90 Sekunden Dauer nun 12 Pfennig, jeder weitere angefangene Zeittakt von 90 Sekunden kostet weitere 12 Pfennig. Berechnen Sie die relative Preisänderung eines Gesprächs, dessen Dauer bei Zugrundelegung der obigen Verteilung in der Klasse der größten Häufigkeit liegt.

Aufgabe 2.7: Ein Wirtschaftsinstitut hat Betriebe über ihre derzeitige Wirtschaftslage befragt. Neben der Art des Unternehmens wurde der Umsatz des Jahres 1996 (in TDM) sowie die erwartete Umsatzentwicklung für das Jahr 1997 erhoben. Im folgenden sind die Antworten von 10 Kleinbetrieben aufgelistet:

Nr.:	Unternehmensart:	Umsatz 1996:	Einschätzung 1997:			
1	*Gaststätte*	*1 050*	○ sehr gut	⊗ gut	○ normal	○ schlecht
Nr.:	Unternehmensart:	Umsatz 1996:	Einschätzung 1997:			
2	*Handwerk*	*800*	○ sehr gut	○ gut	⊗ normal	○ schlecht
Nr.:	Unternehmensart:	Umsatz 1996:	Einschätzung 1997:			
3	*Handwerk*	*400*	○ sehr gut	○ gut	⊗ normal	○ schlecht
Nr.:	Unternehmensart:	Umsatz 1996:	Einschätzung 1997:			
4	*Einzelhandel*	*600*	○ sehr gut	○ gut	⊗ normal	○ schlecht
Nr.:	Unternehmensart:	Umsatz 1996:	Einschätzung 1997:			
5	*Einzelhandel*	*500*	○ sehr gut	○ gut	○ normal	⊗ schlecht
Nr.:	Unternehmensart:	Umsatz 1996:	Einschätzung 1997:			
6	*Handwerk*	*1 100*	○ sehr gut	⊗ gut	○ normal	○ schlecht
Nr.:	Unternehmensart:	Umsatz 1996:	Einschätzung 1997:			
7	*Gaststätte*	*700*	○ sehr gut	○ gut	○ normal	⊗ schlecht
Nr.:	Unternehmensart:	Umsatz 1996:	Einschätzung 1997:			
8	*Einzelhandel*	*350*	○ sehr gut	○ gut	⊗ normal	○ schlecht
Nr.:	Unternehmensart:	Umsatz 1996:	Einschätzung 1997:			
9	*Einzelhandel*	*450*	○ sehr gut	○ gut	○ normal	⊗ schlecht
Nr.:	Unternehmensart:	Umsatz 1996:	Einschätzung 1997:			
10	*Gaststätte*	*550*	○ sehr gut	○ gut	○ normal	⊗ schlecht

a) Wie würden Sie die Verteilungen der drei erhobenen Merkmale grafisch darstellen?

b) Die Merkmalsausprägungen des Merkmals 'Umsatz 1996' werden in die drei Klassen '0 bis unter 500 TDM', '500 TDM bis unter 1 000 TDM' und '1 000 TDM und mehr' eingeteilt. Bestimmen Sie den Anteil der Kleinbetriebe, deren Umsatz im Jahr 1996 mehr als 400 TDM und höchstens 600 TDM beträgt, wenn Sie nur die Information der Häufigkeitstabelle zur Verfügung haben.

Aufgabe 2.8: In einer bayerischen Kleinstadt wurde die Umsatzverteilung der dort ansässigen 100 Betriebe im Jahr 2002 untersucht. Das sich dabei ergebende Histogramm hat die in der folgenden Tabelle zusammengestellten Rechteckshöhen:

Umsatz in Mio. EUR			Rechteckshöhen
0	bis unter	0.5	1.28
0.5	bis unter	1	0.32
1	bis unter	3	0.08
3	bis unter	7	0.01

Bestimmen Sie die Anzahl der Betriebe in den vier Klassen.

Aufgabe 2.9: Bei einer Statistikklausur wird die Bearbeitungszeit notiert. Die Zeit in Minuten von 14 Studenten ist nachfolgend angegeben.

93   87   96   77   73   91   82   71   98   74   95   89   79   88

Erstellen Sie ein Stamm-und-Blatt-Diagramm.

Aufgabe 2.10: Die folgenden Daten geben die erzielten Punkte von 19 Studenten in einer Klausur an:

84   92   63   75   81   97   73   69   46   58
94   84   78   43   77   82   69   98   84

Erstellen Sie ein Stamm-und-Blatt-Diagramm.

Aufgabe 2.11: Wie würden Sie die Verteilung der Merkmale des Fragebogens in Beispiel 1.3.1 grafisch darstellen? Begründen Sie Ihre Antwort.

3. Maßzahlen für eindimensionale Merkmale

Die in Kapitel 2 beschriebenen Darstellungen von eindimensionalen Verteilungen durch Tabellen oder Grafiken vermitteln einen Eindruck von der Gestalt und der Lage der Verteilung. Dieser Eindruck muss objektiviert, d. h., durch quantitative Größen messbar gemacht werden, um insbesondere Vergleiche zwischen den Verteilungen verschiedener Merkmale durchführen zu können. Dabei werden verschiedene Aspekte einer Verteilung quantifiziert. Wir behandeln nun die wichtigsten Maßzahlen für

- die Lage
- die Streuung
- die Schiefe und die Wölbung
- die Konzentration

einer Verteilung.

3.1 Lagemaße

Lageparameter beschreiben in bestimmter Weise ausgezeichnete Werte, wie z. B. das Zentrum (Schwerpunkt) einer Häufigkeitsverteilung. Sie dienen zur Beschreibung des mittleren Niveaus eines Merkmals. Beispiele sind das Durchschnittseinkommen, die mittlere Lebensdauer eines technischen Geräts, das normale Heiratsalter oder das am häufigsten genannte Studienfach. Wir wollen im folgenden die wichtigsten Lageparameter sowie das jeweils vorauszusetzende Skalenniveau angeben.

Eine wichtige Forderung an Lageparameter der Verteilung eines Merkmals ist die sogenannte **Translationsäquivarianz**. Für eine Lineartransformation der Daten, d. h., eine Transformation der Form $y_i = a + bx_i$ mit a, b beliebige reelle Zahlen, soll gelten

$$L(y_1, \ldots, y_n) = a + bL(x_1, \ldots, x_n).$$

Mit $L(\cdot)$ wird hierbei der Lageparameter bezeichnet.

Beispiel. Wir messen täglich die Mittagstemperatur in °C und ermitteln daraus eine Jahresdurchschnittstemperatur in °C. Messen wir nun die Temperatur in °F und ermitteln eine Jahresdurchschnittstemperatur, so soll das °F-Ergebnis dem transformierten °C-Ergebnis entsprechen. Es sei hierbei zunächst dahingestellt, wie gut eine mittlere Temperatur klimatische Bedingungen beschreibt. Die Transformation von °F in °C lautet dabei °F = 32 + 1.8 °C, es ist also $a = 32$ und $b = 1.8$. Angenommen, die Jahresdurchschnittstemperatur betrage 17°C, so ergibt die Umrechnung als Jahresdurchschnittstemperatur in °F den Wert $32 + 1.8 * 17°F = 62.6°F$.

3.1.1 Modus oder Modalwert

Als Modus oder Modalwert $\bar{x}_M$ bezeichnet man den häufigsten oder dichtesten Wert einer Verteilung. Bei diskreten Daten ist der Modus die Merkmalsausprägung, die am häufigsten auftritt:

$$\bar{x}_M = a_j \Leftrightarrow n_j = \max \{n_1, n_2, \ldots, n_k\} \,. \tag{3.1}$$

Falls es mehrere Maxima gibt, ist der Modus nicht eindeutig definiert. Für gruppierte Daten ist der Modus $\bar{x}_M$ definiert als die Klassenmitte der am dichtesten besetzten Gruppe:

$$\bar{x}_M = \frac{e_{j-1} + e_j}{2} \,, \tag{3.2}$$

(bzw. falls bekannt, als Modus dieser Gruppe), wobei e_{j-1} und e_j die untere bzw. obere Grenze derjenigen Gruppe ist, für die gilt

$$\frac{f_j}{d_j} = \max \left\{ \frac{f_1}{d_1}, \ldots, \frac{f_k}{d_k} \right\} \,. \tag{3.3}$$

Die am dichtesten besetzte Gruppe ist damit die Gruppe mit der größten Histogrammhöhe $h_j = f_j/d_j$ (vgl. Abbildung 3.1) und damit abhängig von der Gruppeneinteilung.

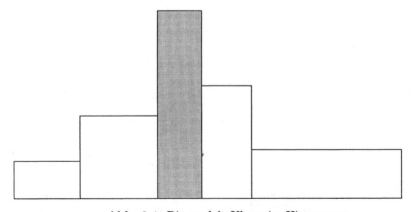

Abb. 3.1. Die modale Klasse im Histogramm

Die Verwendung des Modus ist bei jedem Skalenniveau möglich. Für nominalskalierte Daten ist der Modus der einzige zulässige Lageparameter. Eine sinnvolle Beschreibung der Daten mit Hilfe des Modus ergibt sich bei jedem Datenniveau aber nur für den Fall einer eingipfligen (unimodalen) Verteilung (vgl. Abbildung 3.2). Der Modus ist translationsäquivariant. Das bedeutet, dass der Modus der linear transformierten Werte (z. B. Transformation °C nach °F) gleich der linearen Transformation des Modus der ursprünglichen Werte ist.

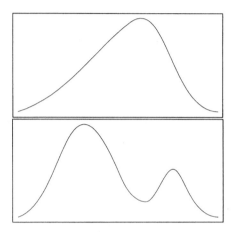

Abb. 3.2. Ein- und mehrgipflige Verteilungen

Beispiel. Umgangssprachlich benutzt man den Begriff des normalen Heiratsalters. Gemeint ist damit der Modus des Merkmals 'Heiratsalter'. Die Werte in Tabelle 3.1 sind in Abbildung 3.3 als Histogramm dargestellt. Der Modus ist die Mitte der am dichtesten besetzten Klasse: $\bar{x}_M = \frac{25+26}{2} = 25.5$ Jahre.

Beispiel. Betrachten wir eine Examensklausur an der 334 Studenten teilgenommen haben. Die absoluten Häufigkeiten der 5 möglichen Merkmalsausprägungen des Merkmals 'Note' sind in der folgenden Tabelle 3.2 dargestellt.

Aus Tabelle 3.2 entnehmen wir, dass die am häufigsten beobachtete Merkmalsausprägung die Note '4' ist. Es gilt $\bar{x}_M = 4$. Betrachten wir obige Daten als gruppiert (die Note '4' z. B. repräsentiert alle Ergebnisse von 3.7 bis 4.3), so erhalten wir

$$\bar{x}_M = \frac{3.7 + 4.3}{2} = 4\,.$$

Hätten wir folgende Examensergebnisse erhalten (Tabelle 3.3), so gilt ebenfalls $\bar{x}_M = 4$. Eine sinnvolle Interpretation ist hier jedoch nicht möglich, da eine zweigipflige Verteilung vorliegt.

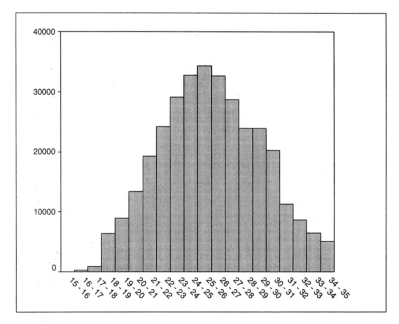

Abb. 3.3. Heiratsalter (Erstehe) für Frauen

Tabelle 3.1. Erstehen von Frauen im Alter bis 35 Jahre. Angaben gemäß Statistischem Jahrbuch für die Bundesrepublik 1995, Tabelle 3.27: Eheschließende nach dem bisherigen Familienstand sowie Heiratsziffern Lediger

Alter	Erstehen	Alter	Erstehen
unter 16	37	25–26	34 392
16–17	288	26–27	32 677
17–18	870	27–28	28 697
18–19	6 397	28–29	23 879
19–20	8 924	29–30	23 960
20–21	13 394	30–31	20 234
21–22	19 264	31–32	11 285
22–23	24 195	32–33	8 662
23–24	29 053	33–34	6 436
24–25	32 747	34–35	5 037

3.1.2 Median und Quantile

Können die Merkmalsausprägungen x_i der Größe nach angeordnet werden, so ist der Wert als Lageparameter von Interesse, der in der Mitte dieser geordneten Zahlenreihe liegt, da er das Zentrum beschreibt. Der **Median** oder **Zentralwert** wird aus der geordneten Beobachtungsreihe $x_{(1)} \leq \ldots \leq x_{(n)}$ gewonnen und ist damit nicht für nominale sondern nur für ordinal oder metrisch skalierte Merkmale definiert. Er wird durch die Forderung bestimmt, dass höchstens 50 % der beobachteten Werte kleiner oder gleich und höchstens

Tabelle 3.2. Häufigkeitstabelle für 'Note'

Note	Anzahl
1	27
2	33
3	66
4	140
5	68
$\sum$	334

Tabelle 3.3. Alternative Häufigkeitsverteilung

Note	Anzahl
1	137
2	13
3	56
4	140
5	58
$\sum$	404

50 % der beobachteten Werte größer oder gleich dem Median sein sollen. Er wird mit $\tilde{x}_{0.5}$ bezeichnet.

Eine alternative Formulierung für die Bestimmung des Medians ist durch die Forderung $F(\tilde{x}_{0.5}) = 0.5$ gegeben, wobei F die empirische Verteilungsfunktion ist. Diese Gleichung hat je nach Gestalt von F entweder keine oder genau eine oder sogar unendlich viele Lösungen.

Der Median $\tilde{x}_{0.5}$ ist definiert als

$$\tilde{x}_{0.5} = \begin{cases} x_{((n+1)/2)} & \text{falls } n \text{ ungerade} \\ \frac{1}{2}\left(x_{(n/2)} + x_{(n/2+1)}\right) & \text{falls } n \text{ gerade.} \end{cases} \qquad (3.4)$$

Für ungerades n ist der Median der mittlere Wert der Beobachtungsreihe, also ein tatsächlich beobachteter Wert. Für gerades n ist der Median im Fall $x_{(n/2)} = x_{(n/2+1)}$ ein beobachteter Wert (vgl. Beispiel 3.1.1), ansonsten kein beobachteter Wert. Der Median ist translationsäquivariant und unempfindlich (robust) gegenüber Extremwerten.

Anmerkung. Falls das betrachtete Merkmal nur ordinal skaliert ist, so ist bei der Berechnung des Medians $\tilde{x}_{0.5}$ gemäß (3.4) zu beachten, dass die Mittelung von $x_{(n/2)}$ und $x_{(n/2+1)}$ für den Fall n gerade nicht sinnvoll ist, es sei denn $x_{(n/2)}$ und $x_{(n/2+1)}$ sind gleich. Im Falle verschiedener Werte erfüllt sowohl $x_{(n/2)}$ als auch $x_{(n/2+1)}$ die Forderung an den Median (höchstens 50 % der Werte kleiner oder gleich und höchstens 50 % der Werte größer oder gleich dem Median), so dass dieser nicht mehr eindeutig bestimmt werden kann.

Beispiel 3.1.1. Beim theoretischen Teil der Führerscheinprüfung wurden bei 6 Prüflingen folgende Beobachtungen $x_1, \dots, x_6$ des Merkmals 'Fehlerpunkte' gemacht. Die geordnete Beobachtungsreihe $x_{(1)}, \ldots, x_{(6)}$ ist in der folgenden Arbeitstabelle ebenfalls angegeben.

i	x_i	$x_{(i)}$
1	3	0
2	6	1
3	1	3
4	7	3
5	0	6
6	3	7

$n = 6$ ist gerade, also gilt

$$\tilde{x}_{0.5} = \frac{1}{2}(x_{(3)} + x_{(4)}) = \frac{3+3}{2} = 3.$$

Für den Fall, dass metrische Daten in Klassen gruppiert vorliegen, kann die exakte Merkmalsausprägung des Medians nicht bestimmt werden. Unter der Annahme der Gleichverteilung der Beobachtungen innerhalb der Klassen lässt sich der Median durch lineare Interpolation wie folgt bestimmen.

Seien $K_1, \ldots, K_k$ die k Klassen mit den Besetzungen $n_1, \ldots, n_k$. Wir bestimmen zunächst die Klasse K_m, die den Median enthält. Für K_m gilt mit den relativen Häufigkeiten $f_j = \frac{n_j}{n}$

$$\sum_{j=1}^{m-1} f_j < 0.5 \quad \text{und} \quad \sum_{j=1}^{m} f_j \geq 0.5. \tag{3.5}$$

Der Median ist dann durch lineare Interpolation gemäß

$$\tilde{x}_{0.5} = e_{m-1} + \frac{0.5 - \sum\limits_{j=1}^{m-1} f_j}{f_m} d_m \tag{3.6}$$

definiert, wobei e_{m-1} die untere Grenze und d_m die Breite der Klasse K_m sind.

Beispiel 3.1.2. Wir betrachten die Altersverteilung von zahnmedizinisch untersuchten Kindergartenkindern. Es wurden $n = 844$ Kinder untersucht.

j	Alter	Anzahl der Kinder	f_j	$\sum f_j$
1	$(2,3]$	14	0.017	0.017
2	$(3,4]$	174	0.206	0.223
3	$(4,5]$	281	0.333	0.556
4	$(5,6]$	317	0.375	0.931
5	$(6,7]$	58	0.069	1.000

Die Intervalle (wie z. B. $(2, 3] = $ '2 bis 3 Jahre') ergeben Klassen gleicher Breite. Wir suchen zunächst die Klasse K_m, die den Median enthält. Dies ist die Klasse '4 bis 5 Jahre'. Der Median wird dann berechnet als

$$\tilde{x}_{0.5} = 4 + \frac{0.5 - 0.223}{0.333} = 4 + \frac{0.277}{0.333} = 4.831 \, .$$

Quantile. Eine Verallgemeinerung der Idee des Medians sind die Quantile. Sei α eine Zahl zwischen Null und Eins. Das α-Quantil $\tilde{x}_\alpha$ wird durch die Forderung $F(\tilde{x}_\alpha) = \alpha$ definiert. Bei diskreten Daten bedeutet dies, dass höchstens $n\alpha$ Werte kleiner oder gleich $\tilde{x}_\alpha$ sind und höchstens $n(1 - \alpha)$ Werte größer oder gleich $\tilde{x}_\alpha$ sind. Wie wir sehen, ist der Median gerade das 0.5-Quantil $\tilde{x}_{0.5}$. Für feste Werte von α werden die α-Quantile oft auch als $\alpha \cdot 100\,\%$-Quantile bezeichnet (z. B. $10\,\%$-Quantil für $\alpha = 0.1$).

Sei wieder $x_{(1)} \leq \ldots \leq x_{(n)}$ die geordnete Beobachtungsreihe, so bestimmt man als α-Quantil $\tilde{x}_\alpha$ dieser Daten den Wert

$$\tilde{x}_\alpha = \begin{cases} x_{(k)} & \text{falls } n\alpha \text{ keine ganze Zahl ist,} \\ & k \text{ ist dann die kleinste ganze Zahl} > n\alpha, \quad (3.7) \\ \frac{1}{2}(x_{(n\alpha)} + x_{(n\alpha+1)}) & \text{falls } n\alpha \text{ ganzzahlig ist.} \end{cases}$$

Ist $n\alpha$ ganzzahlig, so gilt die Forderung (3.7) für alle Zahlen im Intervall zwischen $x_{(n\alpha)}$ und $x_{(n\alpha+1)}$. Wir müssen uns für eine dieser Zahlen entscheiden und wählen deshalb den Mittelwert dieser beiden Intervallgrenzen. Hierbei ist zu beachten, dass dies wie bei der Bestimmung des Medians nur im Falle mindestens quantitativ skalierter Merkmale sinnvoll ist. Bei ordinalen Merkmalen ist in diesem Fall das α-Quantil nicht eindeutig bestimmt, falls $x_{(n\alpha)}$ und $x_{(n\alpha+1)}$ verschieden sind.

Liegen die Daten nur gruppiert vor, so erfolgt die Bestimmung des α-Quantils $\tilde{x}_\alpha$ analog zur Bestimmung des Medians in (3.6) gemäß

$$\tilde{x}_\alpha = e_{m-1} + \frac{\alpha - \sum\limits_{j=1}^{m-1} f_j}{f_m} d_m , \quad (3.8)$$

wobei wir m so wählen, dass für die Klasse K_m gilt

$$\sum_{j=1}^{m-1} f_j < \alpha \quad \text{und} \quad \sum_{j=1}^{m} f_j \geq \alpha .$$

Beispiel. Wir demonstrieren die Bestimmung eines α-Quantils. Dazu verwenden wir die Daten aus Beispiel 3.1.2 und wählen z. B. $\alpha = 0.1$. Wir suchen zunächst die Klasse K_m, die das 0.1-Quantil $\tilde{x}_{0.1}$ enthält. Dies ist die Klasse '3 bis 4 Jahre'. Damit gilt

$$\tilde{x}_{0.1} = 3 + \frac{0.1 - 0.017}{0.206}$$
$$= 3 + \frac{0.083}{0.206}$$
$$= 3 + 0.403 = 3.403 \,.$$

10 % der Kinder waren also höchstens 3.403 Jahre alt. Die Berechnungen mit SPSS ergeben die Werte in der folgenden Tabelle. Die Differenzen zu den oben berechneten Werten erklären sich durch Rundungsfehler in den obigen Berechnungen.

Statistics

Alter (gruppiert)

N	Valid	844
	Missing	0
Median		4,8127[a]
Percentiles 10		3,3234[b]

a. Calculated from grouped data.

b. Percentiles are calculated from grouped data.

Abb. 3.4. Berechnung des Medians und des 10 %-Quantils des gruppierten Alters mit SPSS (vgl. auch Beispiel 3.1.2)

Beispiel. Wir berechnen das 80%-Quantil der Fehlerpunkte aus Beispiel 3.1.1. Mit $\alpha = 0.8$ erhalten wir $n\alpha = 4.8$ und damit $k = 5$, also ist das 0.8-Quantil gleich

$$\tilde{x}_{0.8} = x_{(5)} = 6 \,.$$

Quartile. Für die Charakterisierung von Verteilungen sind neben dem Median die 0.25- und 0.75-Quantile, d. h. $\tilde{x}_{0.25}$ und $\tilde{x}_{0.75}$, von besonderer Bedeutung. Sie werden auch als **unteres** bzw. **oberes Quartil** bezeichnet.

Beispiel 3.1.3. In einer ersten Schulklasse sind $n = 10$ Schüler. Das Merkmal X sei das 'Taschengeld (in EUR) pro Woche'. Wir betrachten folgende Situationen

a) Alle Kinder erhalten gleichviel Taschengeld: $x_{(1)} = x_{(2)} = \ldots = x_{(10)} = 5$ EUR. Wir bestimmen den Modus, den Median und die Quartile.

$$\bar{x}_M = 5$$
$$\tilde{x}_{0.5} = \frac{1}{2}\left(x_{(5)} + x_{(6)}\right) = \frac{5+5}{2} = 5 \qquad (n \text{ gerade})$$
$$\tilde{x}_{0.25} = x_{(3)} = 5 \qquad (n \cdot 0.25 = 2.5 \text{ nicht ganzzahlig})$$
$$\tilde{x}_{0.75} = x_{(8)} = 5 \qquad (n \cdot 0.75 = 7.5 \text{ nicht ganzzahlig})$$

b) Ein Schüler erhält extrem viel Taschengeld: $x_{(1)} = x_{(2)} = \ldots = x_{(9)} = 5\,\text{EUR}$, $x_{(10)} = 100\,\text{EUR}$.

$$\bar{x}_M = 5$$
$$\tilde{x}_{0.5} = 5, \quad \tilde{x}_{0.25} = 5, \quad \tilde{x}_{0.75} = 5$$

Falls wir den Wert $x_{(10)}$ weiter anwachsen ließen, würden sich obige Lagemaße nicht verändern. Sie sind robust gegenüber Extremwerten und Ausreißern.

c) Jedes Kind erhält einen anderen Betrag: $x_{(1)} = 1\,\text{EUR}$, $x_{(2)} = 2\,\text{EUR}$, $x_{(3)} = 3\,\text{EUR}$, $\ldots$, $x_{(10)} = 10\,\text{EUR}$.

$$\bar{x}_M \quad \text{ist nicht definiert.}$$
$$\tilde{x}_{0.5} = \frac{1}{2}\left(x_{(5)} + x_{(6)}\right) = \frac{5+6}{2} = 5.50$$
$$\tilde{x}_{0.25} = x_{(3)} = 3, \quad \tilde{x}_{0.75} = x_{(8)} = 8$$

3.1.3 Quantil-Quantil-Diagramme (Q-Q-Plots)

Wir gehen jetzt davon aus, dass wir zwei Erhebungen desselben Merkmals (z. B. 'Punktwerte' x_i von BWL-Studenten, 'Punktwerte' y_i von VWL-Studenten bei der Statistikklausur) zur Verfügung haben und diese grafisch vergleichen wollen. Dazu ordnen wir beide Datensätze jeweils der Größe nach:

$$x_{(1)} \leq x_{(2)} \leq \ldots \leq x_{(n)} \quad \text{und}$$
$$y_{(1)} \leq y_{(2)} \leq \ldots \leq y_{(m)} \,.$$

Wir bestimmen für ausgewählte Anteile α_i die Quantile $\tilde{x}_{\alpha_i}$ und $\tilde{y}_{\alpha_i}$ und tragen sie in ein x-y-Koordinatensystem ein. Als α_i-Werte wählt man standardmäßig die Werte 0.1, 0.2, $\ldots$, 0.9 oder 0.25, 0.50, 0.75. Diese Darstellung heißt **Quantil-Quantil-Diagramm** oder kurz **Q-Q-Plot**. Sind beide Datensätze gleich groß ($n = m$), so hat sich folgende Festlegung bewährt: Man wählt $\alpha_i = \frac{i}{n}$, $i = 1, \ldots, n - 1$. Die α-Quantile sind dann (wegen $n\alpha_i = i$ ganzzahlig, vgl. (3.7)) die Mittelwerte benachbarter Daten, d. h. $\tilde{x}_{\frac{i}{n}} = \frac{1}{2}(x_{(i)} + x_{(i+1)})$ und $\tilde{y}_{\frac{i}{n}} = \frac{1}{2}(y_{(i)} + y_{(i+1)})$. Als Näherungslösung für diesen Q-Q-Plot wählt man die Darstellung aller Originalwerte $(x_{(i)}, y_{(i)})$ und erspart sich die Berechnung der Quantile.

Q-Q-Plots können eine Vielzahl von Mustern aufweisen. Wir wählen folgende interessante Spezialfälle aus:

a) Alle Quantilpaare liegen auf der Winkelhalbierenden. Dies deutet auf Übereinstimmung hin.

b) Die y-Quantile sind kleiner als die x-Quantile.

c) Die x-Quantile sind kleiner als die y-Quantile.

d) Bis zu einem Breakpoint sind die y-Quantile kleiner als die x-Quantile, danach sind die y-Quantile größer als die x-Quantile.

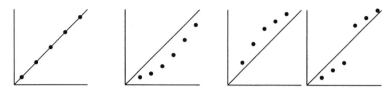

Abb. 3.5. Typische Quantil-Quantil Diagramme. Vergleiche Beispiele 3.1.4 und 3.1.6.

Beispiel 3.1.4. An einer Statistik I Klausur haben $n = 10$ BWL-Studenten und $m = 10$ VWL-Studenten teilgenommen und folgende Punkte erzielt:

BWL	$x_{(i)}$	25	35	39	42	50	55	60	70	85	90
VWL	$y_{(i)}$	40	45	55	60	61	70	71	75	90	100

Da $n = m$ gilt, wählen wir statt der Quantile zu $\alpha_i = \frac{i}{10}, i = 1, \ldots, 9$, die Originalwerte $(x_{(i)}, y_{(i)})$ als Näherung für den Q-Q-Plot.

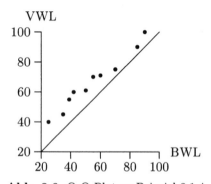

Abb. 3.6. Q-Q-Plot zu Beispiel 3.1.4

Der resultierende Q-Q-Plot in Abbildung 3.6 zeigt die Situation c) aus Abbildung 3.5. Der y-Datensatz ist gegenüber dem x-Datensatz nach rechts (in die besseren Punktwerte) verschoben, die VWL-Studenten schneiden durchgängig besser ab als die BWL-Studenten.

Beispiel 3.1.5. Die Studenten aus Beispiel 3.1.4 schreiben nach 6 Monaten die Statistik II Klausur mit folgendem Ergebnis:

BWL	$x_{(i)}$	40	45	47	50	60	62	65	70	85	90
VWL	$y_{(i)}$	30	35	37	48	60	68	71	75	90	95

Der Q-Q-Plot in Abbildung 3.7 zeigt Situation d) aus Abbildung 3.5. Die schwächeren BWL-Studenten haben die schwächeren VWL-Studenten leistungsmäßig überholt, die Gruppe der leistungsstarken VWL-Studenten (ab 50 Punkte) bleibt besser als die leistungsstarke Gruppe der BWL-Studenten.

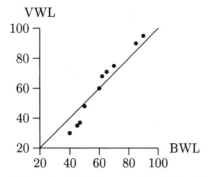

Abb. 3.7. Q-Q-Plot zu Beispiel 3.1.5

Beispiel 3.1.6. Eine Gruppe von $n = 5$ Kugelstoßern wechselt in ein Leistungszentrum mit Spezialtraining. Wir vergleichen die Leistungen vor und nach dem Wechsel.

vorher	$x_{(i)}$	15.10	15.50	16.00	16.40	17.00
nachher	$y_{(i)}$	15.70	16.10	16.30	16.70	17.50

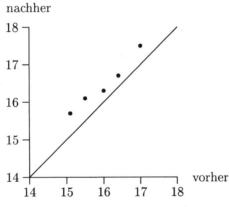

Abb. 3.8. Q-Q-Plot zu Beispiel 3.1.6

Das Spezialtraining hat die Leistung der Gruppe insgesamt verbessert (vgl. Abbildung 3.8), d. h. es liegt Situation c) aus Abbildung 3.5 vor.

3.1.4 Arithmetisches Mittel

Der am häufigsten benutzte Lageparameter der Verteilung eines quantitativen Merkmals ist das arithmetische Mittel, das umgangssprachlich auch oft einfach als Mittelwert oder Mittel bezeichnet wird. Eine sinnvolle Verwendung des arithmetischen Mittels erfordert metrisch skalierte Merkmale. Erinnern wir uns an die Beispiele im Abschnitt 1.2 über die Skalierungsarten, so sehen wir, dass z. B. für Schulnoten ein arithmetisches Mittel eigentlich unpassend ist.

Das arithmetische Mittel $\bar{x}$ errechnet sich als Durchschnittswert aller Beobachtungen

$$\bar{x} = \frac{1}{n} \sum_{i=1}^{n} x_i \, . \tag{3.9}$$

Jeder Wert x_i geht also mit dem gleichen Gewicht $1/n$ in die Berechnung ein. Diese Gleichbehandlung aller Daten setzt voraus, dass sie in Wirklichkeit auch gleichberechtigt sind. Dies ist bei extrem schiefen Verteilungen oder bei Ausreißern (vgl. dazu Box-Plots, Abschnitt 3.4) nicht gegeben. Das arithmetische Mittel ist – anders als der Median – empfindlich gegenüber Ausreißern und Extremwerten.

Beispiel. Für die Werte 1, 3, 5, 7, 9 erhalten wir $\bar{x} = \tilde{x}_{0.5} = 5$. Für die Werte 1, 3, 5, 7, 90 erhalten wir ebenfalls $\tilde{x}_{0.5} = 5$, aber $\bar{x} = \frac{106}{5} = 21.2$. Hieran wird deutlich, dass eine einzige Beobachtung den Wert des arithmetischen Mittels deutlich verändern kann, während der Wert des Medians hiervon unberührt bleibt. Diese Tatsache ist bei der Beurteilung der Lage einer Verteilung anhand des arithmetischen Mittels zu berücksichtigen.

Falls die Daten bereits in der komprimierten Form einer Häufigkeitstabelle vorliegen:

$$\text{Merkmalsausprägung}: a_1, a_2, \ldots a_k$$
$$\text{Häufigkeit}: n_1, n_2, \ldots n_k \, ,$$

wobei

$$n = \sum_{j=1}^{k} n_j$$

der Gesamtumfang der Erhebung ist, vereinfacht sich die Berechnung von $\bar{x}$ zu

$$\bar{x} = \frac{1}{n} \sum_{j=1}^{k} n_j a_j = \sum_{j=1}^{k} f_j a_j \tag{3.10}$$

mit $f_j = \frac{n_j}{n}$ (relative Häufigkeit von a_j). Diese Form bezeichnet man als **gewogenes** oder **gewichtetes arithmetisches Mittel**.

Beispiel 3.1.7. Bei Einkommensverteilungen tritt häufig das Problem von Extremwerten auf. Nehmen wir den stark überzogenen Fall eines Ölscheichtums mit folgender Einkommensverteilung pro Monat:

$$x_{(1)} = \ldots = x_{(1\,000)} = a_1 = 1\,000\,\$, \quad n_1 = 1\,000 \text{ Erdölarbeiter}$$

$$x_{(1001)} = a_2 = 1\,000\,000\,\$, \quad n_2 = 1 \text{ Scheich}$$

Formale Anwendung des arithmetischen Mittels nach (3.10) ergibt

$$\bar{x} = f_1 a_1 + f_2 a_2 = \frac{1\,000}{1\,001} \cdot 1\,000 + \frac{1}{1\,001} \cdot 1\,000\,000 = \frac{2\,000\,000}{1\,001} = 1\,998,$$

also rund den doppelten Monatslohn der Erdölarbeiter. Wir sehen, dass dies kein sinnvoller Repräsentant für ein Durchschnittseinkommen in diesem Staat ist. Hier wäre der Median $\tilde{x}_{0.5} = 1\,000$ angebracht. Die Berechnungen mit SPSS ergeben die folgende Tabelle.

Statistics

	N			
	Valid	Missing	Mean	Median
Einkommen	1001	0	1998.0020	1000.0000

Abb. 3.9. Berechnung des arithmetischen Mittels und des Medians des Merkmals 'Einkommen'

Liegen gruppierte Daten vor, so wird $\bar{x}$ berechnet als

$$\bar{x} = \frac{1}{n} \sum_{j=1}^{k} n_j a_j = \sum_{j=1}^{k} f_j a_j. \tag{3.11}$$

Bei gruppierten Daten wird für a_j (falls bekannt) das arithmetische Mittel der j-ten Gruppe, also $\bar{x}_j$ verwendet, sonst verwendet man die Klassenmitte $(e_{j-1} + e_j)/2$. Hierbei sind e_{j-1} und e_j die untere bzw. obere Grenze der Klasse K_j.

Anmerkung. Sind Daten gruppiert und sind die Originaldaten nicht bekannt, so wird $\bar{x}$ nach Formel (3.11) im allgemeinen vom wahren Wert abweichen. Diese Abweichung wird um so größer, je schlechter die Klassenmitten die Verteilung ihrer Klasse repräsentieren.

Eigenschaften des arithmetischen Mittels. Die Summe der Abweichungen der Beobachtungen von ihrem arithmetischen Mittel ist Null:

$$\sum_{i=1}^{n} (x_i - \bar{x}) = \sum_{i=1}^{n} x_i - n\bar{x} = n\bar{x} - n\bar{x} = 0. \tag{3.12}$$

Sei a eine beliebige Konstante. Dann gilt folgender Verschiebungssatz

$$\sum_{i=1}^{n}(x_i - a)^2 = \sum_{i=1}^{n}(x_i - \bar{x})^2 + n(\bar{x} - a)^2. \tag{3.13}$$

Der Beweis ist leicht zu führen. Wir schreiben

$$x_i - a = x_i - \bar{x} + \bar{x} - a$$

und quadrieren beide Seiten und bilden die Summe

$$\sum_{i=1}^{n}(x_i - a)^2 = \sum_{i=1}^{n}(x_i - \bar{x})^2 + \sum_{i=1}^{n}(\bar{x} - a)^2 + 2\sum_{i=1}^{n}(x_i - \bar{x})(\bar{x} - a)$$

$$= \sum_{i=1}^{n}(x_i - \bar{x})^2 + n(\bar{x} - a)^2.$$

Wegen (3.12) gilt, dass $2(\bar{x} - a)\sum_{i=1}^{n}(x_i - \bar{x}) = 0$. Da $n(\bar{x} - a)^2 \geq 0$ ist, folgt schließlich $\sum_{i=1}^{n}(x_i - a)^2 \geq \sum_{i=1}^{n}(x_i - \bar{x})^2$.

Das arithmetische Mittel ist translationsäquivariant. Für eine lineare Transformation der Daten gemäß $y_i = a + bx_i$ gilt $\bar{y} = a + b\bar{x}$.

Beispiel 3.1.8. Wir betrachten als Merkmal X das 'monatliche Gehalt (in EUR)' und erheben Daten in einem Unternehmen an 6 Führungskräften. Die beobachteten Merkmalsausprägungen x_i sind im folgenden angegeben.

$$\begin{array}{cc} i & x_i \\ \begin{pmatrix} 1 & 3\,442 \\ 2 & 2\,195 \\ 3 & 4\,500 \\ 4 & 3\,871 \\ 5 & 2\,810 \\ 6 & 4\,150 \end{pmatrix} \end{array}$$

Damit haben wir als durchschnittliches Gehalt je Mitarbeiter

$$\bar{x} = \frac{1}{6}(3\,442\,\text{EUR} + \ldots + 4\,150\,\text{EUR}) = \frac{20\,968}{6}\,\text{EUR} = 3\,494.67\,\text{EUR}.$$

Nach einer Gehaltserhöhung für alle Mitarbeiter von 5 % und der Einführung einer zusätzlich zum Gehalt gezahlten monatlichen Fahrkostenpauschale von 50 EUR berechnen wir die neue gesamte Gehaltssumme

$$y = (3\,442\,\text{EUR} \cdot 1.05 + \ldots + 4\,150\,\text{EUR} \cdot 1.05 + 6 \cdot 50\,\text{EUR})$$

$$= 22\,316.40\,\text{EUR}$$

und damit das neue durchschnittliche Gehalt $\bar{y}$ als

$$\bar{y} = \frac{y}{6} = 3\,719.40\,\text{EUR}.$$

Da das arithmetische Mittel translationsäquivariant ist, hätten wir dies auch mit der linearen Transformation $\bar{y} = a + b\bar{x}$, d. h.

$$\bar{y} = 50\,\text{EUR} + 1.05 \cdot \bar{x}\,\text{EUR}$$
$$= 50\,\text{EUR} + 1.05 \cdot 3\,494.67\,\text{EUR}$$
$$= 3\,719.40\,\text{EUR}$$

berechnen können.

Wir wollen nun den Effekt des Übergangs von Originaldaten zu klassierten Daten auf die Berechnung des arithmetischen Mittels demonstrieren. Wir gruppieren die ursprünglichen Gehaltsdaten x_i (vor der Gehaltserhöhung):

j	$[e_{j-1}, e_j)$	n_j	f_j	$\bar{x}_j$
1	$[2\,000, 3\,000)$	2	1/3	2 502.50
2	$[3\,000, 4\,000)$	2	1/3	3 656.50
3	$[4\,000, 5\,000)$	2	1/3	4 325.00

Für die Klassenrepräsentanten a_j werden wir, da die Originaldaten bekannt sind, die Klassenmittelwerte $a_j = \bar{x}_j$ nehmen. Wir berechnen (in EUR)

$$\bar{x}_1 = \frac{2\,195 + 2\,810}{2} = 2\,502.50\,,$$

$$\bar{x}_2 = \frac{3\,442 + 3\,871}{2} = 3\,656.50\,,$$

$$\bar{x}_3 = \frac{4\,500 + 4\,150}{2} = 4\,325.00\,.$$

Damit erhalten wir den gleichen Wert wie mit der Formel $\bar{x} = \frac{1}{n}\sum_{i=1}^{n} x_i$:

$$\bar{x} = \sum_{j=1}^{k} f_j a_j = \frac{1}{3}(2\,502.50\,\text{EUR} + 3\,656.50\,\text{EUR} + 4\,325.00\,\text{EUR})$$

$$= \frac{10\,484}{3}\,\text{EUR} = 3\,494.67\,\text{EUR}\,.$$

Angenommen, wir hätten nicht die tatsächlichen Gehälter erfragt sondern nur die Gehaltsgruppen, so wird als Repräsentant für die j-te Klasse der Wert $a_j = (e_{j-1} + e_j)/2$ gewählt.

j	$[e_{j-1}, e_j)$	a_j	n_j	f_j
1	$[2\,000, 3\,000)$	2 500	2	1/3
2	$[3\,000, 4\,000)$	3 500	2	1/3
3	$[4\,000, 5\,000)$	4 500	2	1/3

Damit erhalten wir

$$\bar{x} = \sum_{j=1}^{k} f_j a_j = \frac{1}{3}(2\,500\,\text{EUR} + 3\,500\,\text{EUR} + 4\,500\,\text{EUR}) = \frac{10\,500}{3}\,\text{EUR} =$$
$$= 3\,500\,\text{EUR}\,.$$

Das so berechnete arithmetische Mittel weicht in diesem Beispiel nur geringfügig vom arithmetischen Mittel aus den Originaldaten ab. Das folgende Beispiel soll demonstrieren, dass derartige Abweichungen weitaus gravierender ausfallen können, wenn die Annahme einer Gleichverteilung der Originalwerte innerhalb der Klassen enorm verletzt ist.

Beispiel 3.1.9. Im Immobilienteil einer Tageszeitung finden wir die Monatsmieten für fünf Appartements.

i	Original-daten	gruppiert	a_j	f_j
1	500	[500,700)	600	2/5
2	600			
3	700	[700,1 000)	850	3/5
4	800			
5	900			

Wir erhalten aus den Originaldaten $\bar{x} = 700$. Mit den Klassenmitten $a_j = \frac{e_{j-1}+e_j}{2}$ erhalten wir

$$\bar{x} = \frac{2}{5}600 + \frac{3}{5}850 = \frac{1\,200 + 2\,550}{5} = 750$$

Mit den arithmetischen Mitteln $\bar{x}_j$ der Originaldaten je Klasse für a_j erhalten wir schließlich

$$\bar{x} = \frac{2}{5}550 + \frac{3}{5}800 = \frac{1\,100 + 2\,400}{5} = 700.$$

Am nächsten Tag werden folgende fünf Appartements angeboten:

i	Original-daten	gruppiert	a_j	f_j
1	500	[500,700)	600	2/5
2	510			
3	700	[700,1 000)	850	3/5
4	710			
5	720			

Jetzt erhalten wir aus den Originaldaten

$$\bar{x} = \frac{3\,140}{5} = 628,$$

mit den Klassenmitten a_j (wie vorher, die Klassengrenzen haben sich nicht geändert)

$$\bar{x} = 750$$

und mit den arithmetischen Mitteln $\bar{x}_j$ der Originaldaten je Klasse für a_j

$$\bar{x} = \frac{2}{5}505 + \frac{3}{5}710 = \frac{1\,010 + 2\,130}{5} = 628.$$

Da jetzt die Klassenmitten $a_1 = 600$, $a_2 = 850$ wesentlich stärker von den neuen Mittelwerten $\bar{x}_1 = 505$, $\bar{x}_2 = 710$ abweichen, ist auch die Abweichung zwischen $\bar{x} = 628$ (Originaldaten) und $\bar{x} = 750$ (Klassenmitten $a_j = \frac{e_{j-1}+e_j}{2}$) wesentlich größer als vorher.

3.1.5 Geometrisches Mittel

Falls die Merkmalsausprägungen sich auf einen Ausgangswert beziehen und relative Änderungen bezogen auf diesen Ausgangswert repräsentieren, d. h., falls bei den Merkmalen eine multiplikative statt einer additiven Verknüpfung (wie z. B. der Gesamtumsatz als Summe der Einzelumsätze) vorliegt, so ist das arithmetische Mittel als Lageparameter ungeeignet. Hier wird das **geometrische Mittel** berechnet. Beispiele sind 'jährliche Lohnerhöhungen bezogen auf das Vorjahr', 'Änderungen des Aktienpreises bezogen auf den Ausgabewert', 'Leistungssteigerung eines Zehnkämpfers bezogen auf den Vorjahreswert' usw., also allgemein Wachstumsprozesse.

Das geometrische Mittel setzt wie das arithmetische Mittel metrisch skalierte Merkmale voraus. Zusätzlich sind für die Berechnung des geometrischen Mittels Merkmale erforderlich, deren Ausprägungen nur positive Werte annehmen.

Liegen die Beobachtungen $x_1, \ldots, x_n$ mit $x_i > 0$ für alle i vor, so ist das geometrische Mittel definiert als

$$\bar{x}_G = \sqrt[n]{\prod_{i=1}^{n} x_i} = \Big(\prod_{i=1}^{n} x_i \Big)^{\frac{1}{n}}, \tag{3.14}$$

bzw. als

$$\bar{x}_G = \sqrt[n]{\prod_{j=1}^{k} a_j^{n_j}} = \Big(\prod_{j=1}^{k} a_j^{n_j} \Big)^{\frac{1}{n}} \tag{3.15}$$

bei gruppierten Daten. Hier sind die a_j die Klassenmitten oder ebenfalls geometrische Mittel innerhalb der k Klassen.

Anmerkung. Der Zusammenhang zwischen arithmetischem und geometrischem Mittel lässt sich ausdrücken als

$$\ln \bar{x}_G = \frac{1}{n} \sum_{i=1}^{n} \ln x_i\,, \tag{3.16}$$

bzw.

$$\ln \bar{x}_G = \frac{1}{n} \sum_{j=1}^{k} n_j \ln a_j \tag{3.17}$$

bei gruppierten Daten. Der Logarithmus des geometrischen Mittels ist das arithmetische Mittel der logarithmierten Daten. Für die Berechnung des geometrischen Mittels mit Statistik-Software kann dieser Zusammenhang ausgenutzt werden, wenn keine direkte Prozedur zur Berechnung des geometrischen Mittels verfügbar ist.

Wir behandeln nun den in den obigen Ausführungen beschriebenen Fall von Wachstumsprozessen und bestimmen eine durchschnittliche Wachstumsrate durch Berechnung des geometrischen Mittels.

Wir definieren dazu einen Anfangsbestand B_0 zu einem Zeitpunkt 0. In den folgenden Zeitpunkten $t = 1, \ldots, n$ liege jeweils der Bestand B_t vor. Bei Wachstumsprozessen ist man weniger an absoluten Veränderungen, d. h. den Differenzen $\Delta_t = B_t - B_{t-1}$, als vielmehr an den relativen Veränderungen interessiert. Wir können die Veränderung der Bestände zwischen zwei Zeitpunkten durch die absolute Differenz $\Delta_t = B_t - B_{t-1}$ oder durch die relative Differenz

$$\delta_t = \frac{B_t - B_{t-1}}{B_{t-1}} = \frac{B_t}{B_{t-1}} - \frac{B_{t-1}}{B_{t-1}} = x_t - 1$$

ausdrücken, wobei

$$x_t = \frac{B_t}{B_{t-1}}$$

der sogenannte t-te Wachstumsfaktor ist. Als Wachstumsrate r_t bezeichnet man die prozentuale Abweichung des Wachstumsfaktors x_t von Eins

$$r_t = (x_t - 1) \cdot 100\,\% = \delta_t \cdot 100\,\% \,.$$

Wir fassen einen Wachstumsprozess in der folgenden Tabelle zusammen:

Zeit t	Bestand B_t	absolute Differenz Δ_t	relative Differenz δ_t	Wachstums- faktor x_t
0	B_0	—	—	—
1	B_1	$\Delta_1 = B_1 - B_0$	$\delta_1 = \frac{\Delta_1}{B_0}$	$x_1 = B_1/B_0$
2	B_2	$\Delta_2 = B_2 - B_1$	$\delta_2 = \frac{\Delta_2}{B_1}$	$x_2 = B_2/B_1$
$\vdots$	$\vdots$	$\vdots$	$\vdots$	$\vdots$
T	B_T	$\Delta_T = B_T - B_{T-1}$	$\delta_T = \frac{\Delta_T}{B_{T-1}}$	$x_T = B_T/B_{T-1}$

Ein Bestand B_t $(t = 1, \ldots, T)$ lässt sich direkt mit Hilfe der tatsächlichen Wachstumsfaktoren bestimmen

$$B_t = B_0 \cdot x_1 \cdot \ldots \cdot x_t \,.$$

Der durchschnittliche Wachstumsfaktor von B_0 bis B_T wird mit dem geometrischen Mittel der Wachstumsfaktoren berechnet:

$$\bar{x}_G = \sqrt[T]{x_1 \cdot \ldots \cdot x_T}$$

$$= \sqrt[T]{\frac{B_0 \cdot x_1 \cdot \ldots \cdot x_T}{B_0}}$$

$$= \sqrt[T]{\frac{B_T}{B_0}}. \tag{3.18}$$

Damit können wir den Bestand B_t zum Zeitpunkt t berechnen als $B_t = B_0 \cdot \bar{x}_G^t$.

Beispiel. Wir betrachten zwei Unternehmen A (Großunternehmen) und B (Kleinbetrieb). Unternehmen A habe 1990 einen Umsatz von 1 000 Tsd.DM, Unternehmen B von 100 Tsd.DM erzielt. In den folgenden Jahren können beide Unternehmen ihre Umsätze jeweils um 100 Tsd.DM jährlich steigern.

	Unternehmen A			
t	B_t	Δ_t	δ_t	x_t
1990	1 000	–	–	–
1991	1 100	100	0.100	1.100
1992	1 200	100	0.091	1.091
1993	1 300	100	0.083	1.083
1994	1 400	100	0.077	1.077
1995	1 500	100	0.071	1.071
	Unternehmen B			
t	B_t	Δ_t	δ_t	x_t
1990	100	–	–	–
1991	200	100	1.000	2.000
1992	300	100	0.500	1.500
1993	400	100	0.333	1.333
1994	500	100	0.250	1.250
1995	600	100	0.200	1.200

Der durchschnittliche Wachstumsfaktor bei den Umsätzen beträgt damit für Unternehmen A:

$$\bar{x}_G = \sqrt[5]{1.1 \cdot 1.091 \cdot 1.083 \cdot 1.077 \cdot 1.071}$$

$$= \sqrt[5]{\frac{1\,500}{1\,000}} = 1.084$$

und für Unternehmen B:

$$\bar{x}_G = \sqrt[5]{2.000 \cdot 1.500 \cdot 1.333 \cdot 1.250 \cdot 1.200}$$

$$= \sqrt[5]{\frac{600}{100}} = 1.431\,.$$

Das Großunternehmen A hat also ein durchschnittliches jährliches Umsatzwachstum von 8.4 %, der Kleinbetrieb B ein durchschnittliches jährliches Umsatzwachstum von 43.1 %.

Beispiel 3.1.10. Eine Zulieferfirma eines Autokonzerns produziert Tanks, die sie bis zum Abruf lagert. In der folgenden Tabelle sind die Bestände im Lager sowie die zugehörigen Wachstumsfaktoren angegeben.

Zeitpunkt	Bestand	Wachstumsfaktor	Wachstumsrate
0	3 442	—	—
1	2 195	0.6377	−36.23 %
2	4 500	2.0501	105.01 %
3	3 871	0.8602	−13.98 %
4	2 810	0.7259	−27.41 %
5	4 150	1.4769	47.69 %

Gemäß (3.14) erhalten wir als mittleren Wachstumsfaktor

$$\bar{x}_G = (0.6377 \cdot 2.0501 \cdot 0.8602 \cdot 0.7259 \cdot 1.4769)^{\frac{1}{5}} = 1.0381 \, .$$

Alternativ hätten wir (3.18) verwenden können:

$$\bar{x}_G = \sqrt[5]{\frac{4\,150}{3\,442}} = 1.0381 \, .$$

Beispiel 3.1.11. Ein junger Zehnkämpfer erreicht 1990 im Wettkampf 7 000 Punkte. 1991 wechselt er in ein Leistungszentrum und steigert jährlich seine Leistungen gemäß folgender Tabelle

Jahr	Punktzahl
1990	7 000
1991	7 350
1992	7 497
1993	8 022
1994	8 262
1995	8 891

Daraus berechnen wir die Leistungssteigerungen (Wachstumsraten) und die Wachstumsfaktoren für die einzelnen Jahre. Für das Jahr 1991 erhalten wir z. B. den Wachstumsfaktor

$$x_{1991} = \frac{7\,350}{7\,000} = 1.05$$

und die Wachstumsrate (Leistungssteigerung)

$$r_{1991} = (1.05 - 1) \cdot 100\,\% = 5\,\% \, .$$

Jahr	Wachstums- rate	Wachstums- faktor
1990	—	—
1991	5 %	1.05
1992	2 %	1.02
1993	7 %	1.07
1994	3 %	1.03
1995	8 %	1.08

Gemäß (3.14) erhalten wir als mittleren Wachstumsfaktor

$$\bar{x}_G = (1.05 \cdot 1.02 \cdot 1.07 \cdot 1.03 \cdot 1.08)^{\frac{1}{5}} = 1.049 \,.$$

Die alternative Berechnung über das arithmetische Mittel der logarithmierten Werte ergibt

$$\ln \bar{x}_G = \frac{1}{5}(\ln 1.05 + \ln 1.02 + \ln 1.07 + \ln 1.03 + \ln 1.08) = 0.048 \,,$$

$$\bar{x}_G = \exp(0.048) = 1.049 \,.$$

Wie wir sehen, hat das geometrische Mittel die Eigenschaft, das durchschnittliche Wachstum in folgendem Sinne zu beschreiben: Berechnung des Bestandes B_T mit

den tatsächlichen Wachstumsfaktoren als $B_T = B_0 \cdot x_1 \cdot \ldots \cdot x_T \,,$

dem durchschnittlichen Wachstum als $\quad B_T = B_0 \cdot \bar{x}_G \cdot \ldots \cdot \bar{x}_G = B_0 \cdot \bar{x}_G^T \,.$

Anmerkung. Bei Merkmalen wie Gehaltssteigerung, Leistungsveränderung usw., die einem Wachstumsprozeß unterliegen, sind Mittelwerte wie mittleres Gehalt der letzten 10 Jahre, mittlerer Punktwert eines Zehnkämpfers der letzten 5 Jahre usw. eigentlich ohne Interesse. Bei Beständen wie im Beispiel 3.1.10 kann man dagegen durchaus an einem mittleren Bestand interessiert sein, den man dann als arithmetisches Mittel der Bestände B_t berechnet: $\bar{B} = \frac{1}{1+T} \sum_{t=0}^{T} B_t$ (in Beispiel 3.1.10 ergibt dies $\bar{B} = \frac{1}{6} 20\,968 = 3\,494.67$).

3.1.6 Harmonisches Mittel

Liegen Daten vor, die mit unterschiedlichen Gewichten in einen Mittelwert eingehen sollen, so muss statt des arithmetischen Mittels das harmonische Mittel gebildet werden. Beispiele hierfür sind die Berechnung einer Durchschnittsgeschwindigkeit für eine Fahrt mit verschiedenen Verkehrsmitteln (mit verschiedenen Geschwindigkeiten und Wegstrecken) oder die Bildung eines Durchschnittspreises in einem Warenkorb, der aus Waren verschiedener Mengen und Preise besteht.

Den Werten x_i müssen Gewichte w_i zugeordnet werden, damit sie proportional in den Gesamtdurchschnitt eingehen. Das Merkmal X habe die Ausprägungen $x_1, \ldots, x_k$. Das harmonische Mittel wird berechnet als

$$\bar{x}_H = \frac{w_1 + w_2 + \ldots + w_k}{\frac{w_1}{x_1} + \frac{w_2}{x_2} + \ldots + \frac{w_k}{x_k}} = \frac{\sum_{i=1}^{k} w_i}{\sum_{i=1}^{k} \frac{w_i}{x_i}} . \qquad (3.19)$$

Daraus ergibt sich, dass die Forderung $x_i \neq 0$ für alle i erfüllt sein muss, um $\bar{x}_H$ berechnen zu können. Die Gewichte w_i erhalten wir aus den Anteilen n_i an einem Gesamtwert n, die den Merkmalsausprägungen x_i zugeordnet sind: $w_i = \frac{n_i}{n}$.

- Es werden n Kilometer zurückgelegt mit Teilstrecken von $n_1, \ldots, n_k$ Kilometern, bei denen die konstanten Geschwindigkeiten jeweils x_i km/h $(i = 1, \ldots, k)$ betragen.
- Es werden n Waren an einem Tag verkauft, die sich auf k verschiedene Produkte mit Mengen $n_1, \ldots, n_k$ und Preisen $x_1, \ldots, x_k$ verteilen.

Durch die Wahl der Gewichte als $w_i = \frac{n_i}{n}$ ergibt sich $\sum_{i=1}^{k} w_i = \sum_{i=1}^{k} \frac{n_i}{n} = 1$. Damit vereinfacht sich (3.19) zu

$$\bar{x}_H = \frac{1}{\sum_{i=1}^{k} \frac{w_i}{x_i}} = \frac{n}{\sum_{i=1}^{k} \frac{n_i}{x_i}} . \qquad (3.20)$$

Werden Originaldaten in Gruppen (Klassen) $K_1, \ldots, K_k$ eingeteilt, so berechnet man das harmonische Mittel gemäß der Formel

$$\bar{x}_H = \frac{1}{\sum_{j=1}^{k} \frac{f_j}{a_j}} = \frac{n}{\sum_{j=1}^{k} \frac{n_j}{a_j}} \qquad (3.21)$$

für gruppierte Daten. Die a_j bezeichnen wieder die Klassenmitten oder falls bekannt, ebenfalls harmonische Mittel innerhalb der Klassen. Die Gewichte w_j entsprechen den jeweiligen relativen Häufigkeiten f_j der Klassen.

Berechnung von Durchschnittspreisen. Betrachten wir die Beziehung zwischen Preisen P_j und Mengen M_j für k verschiedene Waren und daraus resultierenden Umsätzen $U_j = P_j M_j$. Der Gesamtumsatz U ergibt sich als

$$U = \sum_{j=1}^{k} U_j = \sum_{j=1}^{k} P_j M_j$$

bzw. mit dem Durchschnittspreis P und der Gesamtmenge $M = \sum_{j=1}^{k} M_j$ als

$$U = P \cdot M .$$

Der Durchschnittspreis berechnet sich damit als

$$P = \frac{U}{M} = \frac{U}{\sum\limits_{j=1}^{k} M_j}$$

$$= \frac{U}{\sum\limits_{j=1}^{k} \frac{U_j}{P_j}} \qquad (U_j = M_j P_j, \text{ also } M_j = \frac{U_j}{P_j})$$

$$= \frac{1}{\sum\limits_{j=1}^{k} \frac{w_j}{P_j}}$$

mit den Gewichten $w_j = \frac{U_j}{U}$. Der Durchschnittspreis ist also das harmonische Mittel $\bar{x}_H$ der Einzelpreise, wobei als Gewichte w_j die Umsatzanteile der Waren verwendet werden (vgl. (3.21)).

Beispiel 3.1.12. Ein Händler verkauft in einer Woche folgende Waren (k=4)

j	Ware	Preis P_j	Menge M_j	Umsatz U_j
1	Kühlschrank	500	10	5 000
2	Waschmaschine	700	20	14 000
3	Elektroherd	1 200	5	6 000
4	Boiler	900	15	13 500
			$n = 50$	$U = 38 500$

Wir berechnen den Durchschnittspreis P je Ware „Elektrogerät" gemäß

$$P = \frac{1}{\sum_{j=1}^{4} \frac{w_j}{P_j}}$$

$$= \frac{1}{\frac{5\,000/38\,500}{500} + \frac{14\,000/38\,500}{700} + \frac{6\,000/38\,500}{1\,200} + \frac{13\,500/38\,500}{900}} = \frac{38\,500}{50} = 770\,.$$

In analoger Weise werden Durchschnittsgeschwindigkeiten berechnet. Hier ermittelt man das harmonische Mittel als gewogenes Mittel der Geschwindigkeiten der einzelnen Teilstrecken, wobei als Gewichte die Anteile der Teilstrecken an der Gesamtstrecke verwendet werden.

Beispiel 3.1.13. Ein Auto fährt zwischen zwei Orten A und B einmal hin und einmal zurück. Die Entfernung von A nach B betrage 50 km. Auf der Hinfahrt fährt das Auto mit einer Geschwindigkeit von 40 km/h, auf der Rückfahrt mit 100 km/h. Da sich die Geschwindigkeiten auf dieselbe Strecke von A nach B beziehen, ergeben sich als Gewichte w_i jeweils $w_i = \frac{50}{100} = 0.5$. Es ist $x_1 = 40$ km/h, $x_2 = 100$ km/h und damit

$$\bar{x}_H = \frac{1}{\frac{0.5}{40\,\text{km/h}} + \frac{0.5}{100\,\text{km/h}}} = 57.14\,\text{km/h}\,.$$

Wir machen dieses Ergebnis durch folgende Überlegung plausibel: Die zurück-
gelegte Gesamtstrecke beträgt $2 \cdot 50\,\text{km} = 100\,\text{km}$. Für die Hinfahrt benötigt
das Auto $\frac{50\,\text{km}}{40\,\text{km/h}} = 1.25\,\text{h}$, für die Rückfahrt $\frac{50\,\text{km}}{100\,\text{km/h}} = 0.5\,\text{h}$, also insgesamt
$1.75\,\text{h}$. Damit erhalten wir

$$\text{Durchschnittsgeschwindigkeit} = \frac{\text{Gesamtstrecke}}{\text{Gesamtzeit}} = \frac{100\,\text{km}}{1.75\,\text{h}} = 57.14\,\text{km/h}.$$

Eine fälschliche Anwendung des arithmetischen Mittels $\bar{x}$ hätte den Wert
$\bar{x} = 70\,\text{km/h}$ ergeben, was eine Gesamtstrecke von $70\,\text{km/h}\cdot1.75\,\text{h} = 122.5\,\text{km}$
ergibt, die nicht der tatsächlichen Gesamtstrecke von $100\,\text{km}$ entspricht.

Beispiel 3.1.14. Ein Autofahrer fährt $100\,\text{km}$ und zwar

- $10\,\text{km}$ in der Stadt mit einer Geschwindigkeit von $50\,\text{km/h}$
- $30\,\text{km}$ auf der Landstraße mit einer Geschwindigkeit von $80\,\text{km/h}$
- $60\,\text{km}$ auf der Autobahn mit einer Geschwindigkeit von $120\,\text{km/h}$

Die unterschiedlichen Teilstrecken müssen berücksichtigt werden, die einzelnen Geschwindigkeiten sind also zu gewichten. Die Durchschnittsgeschwindigkeit beträgt nach (3.20)

$$\bar{x}_H = \frac{100\,\text{km}}{\frac{10\,\text{km}}{50\,\text{km/h}} + \frac{30\,\text{km}}{80\,\text{km/h}} + \frac{60\,\text{km}}{120\,\text{km/h}}} = 93.02\,\text{km/h}.$$

Beispiel 3.1.15. In einem Betrieb fertigen $n = 3$ Maschinen verschiedener
Baujahre Schokoladenosterhasen. Das Merkmal X ist die 'Fertigungszeit (in
Minuten je Hase)'. Die Maschinen produzieren unterschiedliche Stückzahlen
pro Stunde und sind am Arbeitstag mit unterschiedlichen Einsatzzeiten in
Betrieb.

Maschine i	Einsatzzeit (in Minuten)	Fertigungszeit (in Minuten/Hase)
1	480	2
2	220	5
3	300	3

Die durchschnittliche Fertigungszeit je Hase ist dann nach (3.20) mit den Gewichten $w_i = $ Einsatzzeit der Maschine i/Gesamteinsatzzeit aller Maschinen

$$\bar{x}_H = \frac{1}{\sum_{i=1}^{3} \frac{w_i}{x_i}} = \frac{1}{\frac{480/1\,000}{2} + \frac{220/1\,000}{5} + \frac{300/1\,000}{3}} = 2.6 \text{ Minuten/Hase}.$$

3.2 Streuungsmaße

Lagemaße allein charakterisieren die Verteilung nur unzureichend. Dies wird
deutlich, wenn wir folgende Beispiele betrachten:

- Zwei Bankkunden A und B hatten 1996 folgende Kontostände

	Jan	Feb	Mär	Apr	Mai	Jun	Jul	Aug	Sep	Okt	Nov	Dez
A	0	0	0	0	0	0	0	0	0	0	0	0
B	−100	+100	−100	+100	−100	+100	−100	+100	−100	+100	−100	+100

Im arithmetischen Mittel stimmen A und B überein: $\bar{x}_A = \bar{x}_B = 0$, Kunde B zeigt jedoch ein völlig anderes („dynamischeres") Verhalten als Kunde A.

- Ein Zulieferer der Autoindustrie soll Türen der Breite 1.00 m liefern. Seine Türen haben die Maße 1.05, 0.95, 1.05, 0.95, ... Er hält also im Mittel die Forderung von 1.00 m ein, seine Lieferung ist jedoch völlig unbrauchbar.

Zusätzlich zur Angabe eines Lagemaßes wird eine Verteilung durch die Angabe von Streuungsmaßen charakterisiert. Diese können jedoch nicht bei nominal skalierten Merkmalen verwendet werden, da Abstände gemessen und interpretiert werden.

3.2.1 Spannweite und Quartilsabstand

Der **Streubereich** einer Häufigkeitsverteilung ist der Bereich, in dem die Merkmalsausprägungen liegen. Die Angabe des kleinsten und des größten Wertes beschreibt ihn vollständig. Die Breite des Streubereichs nennt man **Spannweite** oder **Range** einer Häufigkeitsverteilung. Sie ist gegeben durch

$$R = x_{(n)} - x_{(1)}, \tag{3.22}$$

wobei $x_{(1)}$ den kleinsten und $x_{(n)}$ den größten Wert der geordneten Beobachtungsreihe $x_{(1)} \leq \ldots \leq x_{(n)}$ bezeichnet.

Betrachten wir nur den größten und den kleinsten Wert, so kann es sein, dass diese extrem stark von den restlichen Werten abweichen.

Der **Quartilsabstand** ist ein Streuungsmaß, das nicht so empfindlich auf Extremwerte reagiert, wie dies bei der Spannweite der Fall ist. Betrachten wir die Definition des α-Quantils in Gleichung (3.7), so erhalten wir mit $\alpha = 0.25$ und $\alpha = 0.75$ das untere bzw. obere Quartil. Der Quartilsabstand ist dann gegeben durch

$$d_Q = \tilde{x}_{0.75} - \tilde{x}_{0.25} . \tag{3.23}$$

Er definiert den zentralen Bereich einer Verteilung, in dem 50% der Werte liegen.

Beispiel 3.2.1. Wir betrachten das Merkmal 'Körpergröße' aus der Studentenbefragung. Mit SPSS erhalten wir das untere und das obere Quartil sowie den Median $\tilde{x}_{0.5}$:
Die Range beträgt hier also $R = 198\,\text{cm} - 150\,\text{cm} = 48\,\text{cm}$, der Quartilsabstand beträgt $183.0\,\text{cm} - 171.0\,\text{cm} = 12.0\,\text{cm}$.

Statistics								
							Percentiles	
	Valid	Median	Range	Minimum	Maximum	25	50	75
Körpergröße in cm	239	178.00	48	150	198	171.00	178.00	183.00

Abb. 3.10. Median, Range, Minimum, Maximum und Quartile des Merkmals 'Körpergröße'

3.2.2 Mittlere absolute Abweichung vom Median

Größen, die eine durchschnittliche Abweichung von einem mittleren Wert der Beobachtungsreihe messen, lassen sich als Streuungsmaße verwenden. Je nachdem, ob der Median $\tilde{x}_{0.5}$ oder das arithmetische Mittel $\bar{x}$ als geeigneter Lageparameter für den durchschnittlichen Wert verwendet wird, bestimmt man das entsprechende Streuungsmaß in Bezug auf $\tilde{x}_{0.5}$ oder $\bar{x}$. Sei der Median $\tilde{x}_{0.5}$ der gewählte Lageparameter. Dann wird als Streuungsmaß die **mittlere absolute Abweichung vom Median** berechnet. Wir definieren sie als

$$\tilde{d}_{0.5} = \frac{1}{n} \sum_{i=1}^{n} |x_i - \tilde{x}_{0.5}|, \tag{3.24}$$

bzw.

$$\tilde{d}_{0.5} = \frac{1}{n} \sum_{j=1}^{k} |a_j - \tilde{x}_{0.5}| n_j \tag{3.25}$$

bei diskreten Merkmalen mit Ausprägungen a_j und Häufigkeiten n_j.

Bei gruppierten Daten bezeichnet a_j wieder die Klassenmitte bzw. das Klassenmittel $\bar{x}_j = \frac{1}{n_j} \sum_{x_i \in K_j} x_i$, falls bekannt. Es kann auch der Klassenmedian verwendet werden.

Beispiel 3.2.2. Betrachten wir die Gehaltsdaten aus Beispiel 3.1.8. Wir berechnen den Median

$$\tilde{x}_{0.5} = \frac{3442 + 3871}{2} = 3656.50 \, .$$

und die absoluten Abweichungen der Beobachtungen vom Median

i	x_i	$|x_i - \tilde{x}_{0.5}|$
1	3442	214.50
2	2195	1461.50
3	4500	843.50
4	3871	214.50
5	2810	846.50
6	4150	493.50
$\sum$		4074.00

Mit $\sum_{i=1}^{6} |x_i - \tilde{x}_{0.5}| = 4\,074.00$ erhalten wir die mittlere absolute Abweichung vom Median

$$\tilde{d}_{0.5} = \frac{1}{6}\,4\,074.00 = 679\,.$$

3.2.3 Varianz und Standardabweichung

Im vorigen Abschnitt haben wir als Streuungsmaß die absolute Abweichung vom Median betrachtet. Hier wollen wir zum gebräuchlichsten Streuungsmaß – der Varianz – übergehen, das angewendet wird, falls $\bar{x}$ der geeignete Lageparameter ist.

Die **Varianz** s^2 misst die mittlere quadratische Abweichung vom arithmetischen Mittel $\bar{x}$. Sie ist bei stetigen Originaldaten definiert als

$$s^2 = \frac{1}{n} \sum_{i=1}^{n} (x_i - \bar{x})^2\,. \tag{3.26}$$

Wir können (3.26) auch wie folgt umformen

$$s^2 = \frac{1}{n} \sum_{i=1}^{n} (x_i - \bar{x})^2 = \frac{1}{n}\left(\sum_{i=1}^{n} x_i^2 - n\bar{x}^2\right) = \frac{1}{n} \sum_{i=1}^{n} x_i^2 - \bar{x}^2\,. \tag{3.27}$$

Der Übergang von (3.26) zu (3.27) wird als **Verschiebungssatz für die Varianz** bezeichnet. Wir beweisen diesen Satz. Es gelten die folgenden Identitäten

$$\sum_{i=1}^{n} (x_i - \bar{x})^2 = \sum_{i=1}^{n} x_i^2 + \sum_{i=1}^{n} \bar{x}^2 - 2 \sum_{i=1}^{n} x_i \bar{x}$$

$$= \sum_{i=1}^{n} x_i^2 + n\bar{x}^2 - 2\bar{x} \sum_{i=1}^{n} x_i$$

$$= \sum_{i=1}^{n} x_i^2 + n\bar{x}^2 - 2n\bar{x}^2$$

$$= \sum_{i=1}^{n} x_i^2 - n\bar{x}^2\,,$$

so dass nach Division durch n der Verschiebungssatz bewiesen ist.

Beispiel. $n = 5$ Studenten, die in München und Umgebung wohnen, messen an einem Montagmorgen im Oktober die Temperatur an ihrem Wohnort. Wir erhalten folgende Temperaturwerte x_i und benutzen die Arbeitstabelle zur Berechnung der Varianz

i	x_i	$x_i - \bar{x}$	$(x_i - \bar{x})^2$	x_i^2
1	5	-4	16	25
2	7	-2	4	49
3	9	0	0	81
4	11	2	4	121
5	13	4	16	169
	$\bar{x} = 9$		$\sum(x_i - \bar{x})^2 = 40$	$\sum x_i^2 = 445$

Wir berechnen mit Formel (3.26):

$$s^2 = \frac{1}{5}\sum_{i=1}^{5}(x_i - \bar{x})^2 = \frac{40}{5} = 8$$

und alternativ nach dem Verschiebungssatz (3.27)

$$s^2 = \frac{1}{5}\sum_{i=1}^{5} x_i^2 - \bar{x}^2 = \frac{445}{5} - 81 = 89 - 81 = 8 \,.$$

Im Falle diskreter Daten a_j mit absoluten Häufigkeiten n_j ist $\bar{x} = \frac{1}{n}\sum_{j=1}^{k} n_j a_j$ (vgl. (3.10)). In diesem Falle ist die Varianz s^2 definiert als

$$s^2 = \frac{1}{n}\sum_{j=1}^{k} n_j(a_j - \bar{x})^2 \tag{3.28}$$

$$= \frac{1}{n}(\sum_{j=1}^{k} n_j a_j^2 - n\bar{x}^2) = \frac{1}{n}\sum_{j=1}^{k} n_j a_j^2 - \bar{x}^2 \,. \tag{3.29}$$

Anmerkung. In der deskriptiven Statistik wird die Varianz s^2 als arithmetisches Mittel der Abweichungsquadrate $(x_i - \bar{x})^2$ berechnet, also mit dem Faktor $\frac{1}{n}$. In der induktiven Statistik, die nicht auf vollständigen Grundgesamtheiten sondern auf Stichproben basiert, wird aus mathematischen Gründen (Erwartungstreue eines Schätzers) der Faktor $\frac{1}{n-1}$ verwendet. SPSS berechnet stets die Stichprobenvarianz $s^2 = \frac{1}{n-1}\sum_{i=1}^{n}(x_i - \bar{x})^2$.

Liegen die Beobachtungen nur in gruppierter Form vor, so berechnet sich die Varianz als

$$s_0^2 = \frac{1}{n}\sum_{j=1}^{k} n_j(a_j - \bar{x})^2 \tag{3.30}$$

$$= \frac{1}{n}(\sum_{j=1}^{k} n_j a_j^2 - n\bar{x}^2) = \frac{1}{n}\sum_{j=1}^{k} n_j a_j^2 - \bar{x}^2 \,, \tag{3.31}$$

wobei a_j die Klassenmitten sind. Sind die Daten gruppiert und sind die Originaldaten noch bekannt, so kann man den j-ten Gruppenmittelwert $\bar{x}_j$

$$\bar{x}_j = \frac{1}{n_j} \sum_{x_i \in K_j} x_i \, . \tag{3.32}$$

berechnen. Benutzt man die Gruppenmittelwerte $\bar{x}_j$ anstelle der Originaldaten zur Berechnung der Varianz gemäß

$$s_0^2 = \frac{1}{n} \sum_{j=1}^{k} n_j (\bar{x}_j - \bar{x})^2 \, , \tag{3.33}$$

so gilt stets

$$s_0^2 \leq s^2 \, , \tag{3.34}$$

wobei s^2 gemäß (3.26) die Originaldaten verwendet. Dies liegt daran, dass in (3.33) anstelle der n_j Originalwerte x_i einer Klasse j jeweils n_j-mal das Klassenmittel $\bar{x}_j$ verwendet wird. Damit wird die **Varianz innerhalb der Klassen** bei der Berechnung von s_0^2 vernachlässigt. s_0^2 heißt auch die **Varianz zwischen den Klassen** (andere Bezeichnung: s_{zwischen}^2).

Allgemein gilt folgende Beziehung: Die Varianz der Beobachtungsreihe ist die Summe aus der Varianz zwischen den Klassen und der Varianz innerhalb der Klassen, also

$$s^2 = s_{\text{zwischen}}^2 + s_{\text{innerhalb}}^2 \tag{3.35}$$

wobei die Varianz innerhalb der Klassen sich als

$$s_{\text{innerhalb}}^2 = \frac{1}{n} \sum_{j=1}^{k} n_j s_j^2 \tag{3.36}$$

ergibt. Die Varianz innerhalb der j-ten Klasse ist

$$s_j^2 = \frac{1}{n_j} \sum_{x_i \in K_j} (x_i - \bar{x}_j)^2 \, . \tag{3.37}$$

Die Varianz innerhalb der Klassen $s_{\text{innerhalb}}^2$ ist also das mit den Klassenumfängen n_j gewichtete Mittel der Varianzen s_j^2.

Wir beweisen die Relation (3.35). Unter Berücksichtigung der Klasseneinteilung wird Formel (3.26) zu:

$$s^2 = \frac{1}{n} \sum_{j=1}^{k} \sum_{x_i \in K_j} (x_i - \bar{x})^2$$

$$= \frac{1}{n} \sum_{j=1}^{k} \sum_{x_i \in K_j} (x_i - \bar{x}_j + \bar{x}_j - \bar{x})^2$$

$$= \frac{1}{n} \sum_{j=1}^{k} \sum_{x_i \in K_j} (x_i - \bar{x}_j)^2 \quad [i]$$

$$+\frac{1}{n}\sum_{j=1}^{k}\sum_{x_i\in K_j}(\bar{x}_j-\bar{x})^2 \quad [ii]$$

$$+\frac{2}{n}\sum_{j=1}^{k}\sum_{x_i\in K_j}(x_i-\bar{x}_j)(\bar{x}_j-\bar{x}) \quad [iii]$$

Wir erhalten für die Summanden $[i]-[iii]$ folgende Ausdrücke:

$$[i]=\frac{1}{n}\sum_{j=1}^{k}n_j\frac{1}{n_j}\sum_{x_i\in K_j}(x_i-\bar{x}_j)^2$$

$$=\frac{1}{n}\sum_{j=1}^{k}n_j s_j^2=s_{\text{innerhalb}}^2\,,$$

$$[ii]=\frac{1}{n}\sum_{j=1}^{k}n_j(\bar{x}_j-\bar{x})^2=s_0^2\,,$$

$$[iii]=\frac{2}{n}\sum_{j=1}^{k}(\bar{x}_j-\bar{x})\sum_{x_i\in K_j}(x_i-\bar{x}_j)$$

$$=\frac{2}{n}\sum_{j=1}^{k}(\bar{x}_j-\bar{x})\,0=0\,.$$

Damit ist (3.35) bewiesen.

Die **Standardabweichung** s ist die positive Wurzel aus der Varianz:

$$s=\sqrt{\frac{1}{n}\sum_{i=1}^{n}(x_i-\bar{x})^2}\,. \tag{3.38}$$

Die Standardabweichung ist ein Streuungsmaß, das gegenüber der Varianz den Vorteil hat, in der gleichen Einheit wie die Beobachtungswerte gemessen zu werden. Wird X z. B. in kg gemessen, so sind $\bar{x}$ und s ebenfalls in kg angegeben, s^2 jedoch in kg^2, was nicht zu interpretieren ist.

Beispiel 3.2.3. $n=10$ Studenten wurden nach ihren Kosten (in EUR) für eine Fahrt von ihrer Wohnung zur Universität befragt. Es wurden folgende Fahrkosten genannt

$$\begin{pmatrix} \text{Student} & \text{Fahrkosten} \\ 1 & 1 \\ 2 & 2 \\ 3 & 3 \\ 4 & 4 \\ 5 & 4.5 \\ 6 & 5 \\ 7 & 5 \\ 8 & 5.5 \\ 9 & 6 \\ 10 & 7 \end{pmatrix}$$

Gemäß (3.9) bestimmen wir das arithmetische Mittel des Merkmals 'Fahrkosten' (X) als $\bar{x} = 4.3$. Zur Berechnung der Varianz gemäß (3.26) erstellen wir die folgende Arbeitstabelle:

i	x_i	$x_i - \bar{x}$			$(x_i - \bar{x})^2$		
1	1	$1 - 4.3$	$=$	-3.3	$(-3.3)^2$	$=$	10.89
2	2	$2 - 4.3$	$=$	-2.3	$(-2.3)^2$	$=$	5.29
3	3	$3 - 4.3$	$=$	-1.3	$(-1.3)^2$	$=$	1.69
4	4	$4 - 4.3$	$=$	-0.3	$(-0.3)^2$	$=$	0.09
5	4.5	$4.5 - 4.3$	$=$	0.2	$(0.2)^2$	$=$	0.04
6	5	$5 - 4.3$	$=$	0.7	$(0.7)^2$	$=$	0.49
7	5	$5 - 4.3$	$=$	0.7	$(0.7)^2$	$=$	0.49
8	5.5	$5.5 - 4.3$	$=$	1.2	$(1.2)^2$	$=$	1.44
9	6	$6 - 4.3$	$=$	1.7	$(1.7)^2$	$=$	2.89
10	7	$7 - 4.3$	$=$	2.7	$(2.7)^2$	$=$	7.29
$\sum$	43						30.60

Daraus ergibt sich $s^2 = \frac{1}{10} 30.60 = 3.06$ (EUR^2) und $s = \sqrt{3.06} = 1.75$ EUR.

Wir gruppieren die Fahrkosten gemäß der Einteilung ≤ 4, $4.5 - 5.5$ und ≥ 6 und erhalten folgende Tabelle:

j		n_j	$\bar{x}_j$	$(\bar{x}_j - \bar{x})^2$	$(\bar{x}_j - \bar{x})^2 \cdot n_j$
1	$1 \leq x \leq 4$	4	2.5	$(2.5 - 4.3)^2 = 3.24$	$3.24 \cdot 4 = 12.96$
2	$4.5 \leq x \leq 5.5$	4	5	$(5 - 4.3)^2 = 0.49$	$0.49 \cdot 4 = 1.96$
3	$6 \leq x \leq 7$	2	6.5	$(6.5 - 4.3)^2 = 4.84$	$4.84 \cdot 2 = 9.68$
$\sum$					24.60

Damit ist $s_0^2 = \frac{1}{10} 24.60 = 2.46$. Die Varianzen innerhalb der 3 Klassen berechnen wir mit $\bar{x}_1 = 2.5$, $\bar{x}_2 = 5$ und $\bar{x}_3 = 6.5$ als

$$s_1^2 = \frac{1}{4}[(1 - 2.5)^2 + (2 - 2.5)^2 + (3 - 2.5)^2 + (4 - 2.5)^2] = 1.250$$

$$s_2^2 = \frac{1}{4}[(4.5 - 5)^2 + (5 - 5)^2 + (5 - 5)^2 + (5.5 - 5)^2] = 0.125$$

$$s_3^2 = \frac{1}{2}[(6 - 6.5)^2 + (7 - 6.5)^2] = 0.25$$

und erhalten die Varianz innerhalb der Klassen gemäß (3.36)

$$s^2_{\text{innerhalb}} = \frac{1}{10}(4 \cdot 1.25 + 4 \cdot 0.125 + 2 \cdot 0.25) = 0.60.$$

Mit (3.35) ist $s^2 = 2.46 + 0.60 = 3.06$.

Anmerkung. Die oben demonstrierte Zerlegung von s^2 in s^2_0 und $s^2_{\text{innerhalb}}$ gilt für beliebig gebildete Klassen, d. h. nicht nur für gruppierte Daten wie in Beispiel 3.2.3. Liegen Ergebnisse einer bereits durchgeführten Erhebung (Sekundärstatistiken) vor und werden neue Daten gleicher Struktur erhoben, so lässt sich mit (3.35) ebenfalls die Gesamtvarianz ermitteln. Ein Beispiel dazu liefert Aufgabe 3.5.

Lineare Transformation der Daten. Führt man eine lineare Transformation $y_i = a + bx_i$ ($b \neq 0$) der Originaldaten x_i ($i = 1, \dots, n$) durch, so gilt für das arithmetische Mittel der transformierten Daten $\bar{y} = a + b\bar{x}$ und für ihre Varianz

$$s^2_y = \frac{1}{n}\sum_{i=1}^{n}(y_i - \bar{y})^2 = \frac{b^2}{n}\sum_{i=1}^{n}(x_i - \bar{x})^2$$
$$= b^2 s^2_x. \tag{3.39}$$

Beispiel 3.2.4. Wird die Zeitmessung von Stunden auf Minuten umgestellt, d. h., führen wir die lineare Transformation $y_i = 60\,x_i$ durch, so gilt $s^2_y = 60^2 s^2_x$.

Standardisierung. Ein Merkmal Y heißt **standardisiert**, falls $\bar{y} = 0$ und $s^2_y = 1$ gilt. Ein beliebiges Merkmal X mit Mittelwert $\bar{x}$ und Varianz s^2_x wird in ein standardisiertes Merkmal Y mittels folgender Transformation übergeführt:

$$y_i = \frac{x_i - \bar{x}}{s_x} = -\frac{\bar{x}}{s_x} + \frac{1}{s_x}x_i = a + bx_i.$$

3.2.4 Variationskoeffizient

Varianz und Standardabweichung benutzen als Bezugspunkt das arithmetische Mittel $\bar{x}$. Sie werden jedoch nicht in Relation zu $\bar{x}$ gesetzt. Die Angabe der Varianz ohne Angabe des arithmetischen Mittels ist demnach für den Vergleich zweier Beobachtungsreihen oft nicht ausreichend. Der Variationskoeffizient v ist ein von $\bar{x}$ bereinigtes Streuungsmaß. Es ist nur sinnvoll definiert, wenn ausschließlich positive Merkmalsausprägungen vorliegen (und $\bar{x} \neq 0$ ist). Der Variationskoeffizient ist definiert als

$$v = \frac{s}{\bar{x}}. \tag{3.40}$$

Dies ist ein dimensionsloses Streuungsmaß, das insbesondere beim Vergleich von zwei oder mehr Messreihen desselben Merkmals eingesetzt wird.

Beispiel 3.2.5. Die Analyse der Reparaturkosten von Armbanduhren ergab

Werkstatt in Deutschland: $\bar{x}_D = 16\,\text{EUR}$ $s_D = 4\,\text{EUR}$
Werkstatt in der Schweiz: $\bar{x}_{CH} = 20\,\text{SFR}$ $s_{CH} = 4\,\text{SFR}$,

also

$$v_D = \frac{4\,\text{EUR}}{16\,\text{EUR}} = 0.25 \tag{3.41}$$

$$v_{CH} = \frac{4\,\text{SFR}}{20\,\text{SFR}} = 0.20\,, \tag{3.42}$$

d. h. $v_D > v_{CH}$ und damit eine geringere Streuung der Reparaturkosten in der Schweiz bezogen auf die mittleren Reparaturkosten.

3.3 Schiefe und Wölbung

Schiefe und Wölbung sind weitere Maßzahlen, die die Form der Verteilung charakterisieren. Eine sinnvolle Verwendung ergibt sich jedoch nur im Fall eingipfliger Verteilungen. Eingipflige Verteilungen können symmetrisch, links- oder rechtsschief sein (vgl. Abbildung 3.11).

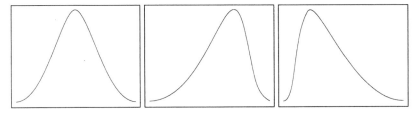

Abb. 3.11. Symmetrische, linksschiefe und rechtsschiefe Verteilungen

3.3.1 Schiefe

Die Maßzahl Schiefe gibt die Richtung und eine Größenordnung der Schiefe der Verteilung an. Bei Beobachtungswerten $x_1, \ldots, x_n$ mit arithmetischem Mittel $\bar{x}$ ist die Schiefe definiert als

$$g_1 = \frac{\frac{1}{n}\sum_{i=1}^{n}(x_i - \bar{x})^3}{\sqrt{\left(\frac{1}{n}\sum_{i=1}^{n}(x_i - \bar{x})^2\right)^3}}\,. \tag{3.43}$$

Die Häufigkeitsverteilung ist symmetrisch, wenn $g_1 = 0$ gilt. Ist $g_1 < 0$, so heißt die Häufigkeitsverteilung linksschief, für $g_1 > 0$ heißt die Häufigkeitsverteilung rechtsschief. Der Absolutbetrag von g_1 gibt das Ausmaß der Schiefe an.

Für gruppierte Daten mit Klassenmitteln $\bar{x}_1, \ldots, \bar{x}_k$ ist die Schiefe definiert als

$$g_1 = \frac{\frac{1}{n} \sum_{j=1}^{k} (\bar{x}_j - \bar{x})^3 n_j}{\sqrt{\left(\frac{1}{n} \sum_{j=1}^{k} (\bar{x}_j - \bar{x})^2 n_j \right)^3}} . \qquad (3.44)$$

Die $\bar{x}_j$ werden, falls unbekannt, durch die Klassenmitten ersetzt.

3.3.2 Wölbung

Eine weitere Maßzahl zur Beschreibung der Gestalt von eingipfligen Verteilungen ist die Wölbung (Kurtosis). Sie ist gegeben durch

$$g_2 = \frac{\frac{1}{n} \sum_{i=1}^{n} (x_i - \bar{x})^4}{\left(\frac{1}{n} \sum_{i=1}^{n} (x_i - \bar{x})^2 \right)^2} . \qquad (3.45)$$

Der **Exzess** leitet sich aus der Wölbung ab:

$$\text{Exzess} = g_2 - 3 .$$

Er ist ein Maß für die Abweichung gegenüber einer Normalverteilung (vgl. hierzu z. B. Toutenburg, 2000) mit gleichem arithmetischem Mittel und gleicher Varianz in der Umgebung des arithmetischen Mittels. Die Wölbung einer Normalverteilung ist 3, der Exzess einer Normalverteilung ist damit 0.

Für positive Werte von $g_2 - 3$ ist das Maximum der Häufigkeitsverteilung größer als das einer Normalverteilung mit gleicher Varianz, für negative Werte von $g_2 - 3$ ist das Maximum der Häufigkeitsverteilung kleiner als das einer Normalverteilung mit gleicher Varianz.

Für gruppierte Daten wird folgende Formel für die Wölbung angewandt:

$$g_2 = \frac{\frac{1}{n} \sum_{j=1}^{k} (\bar{x}_j - \bar{x})^4 n_j}{\left(\frac{1}{n} \sum_{j=1}^{k} (\bar{x}_j - \bar{x})^2 n_j \right)^2} \qquad (3.46)$$

mit $\bar{x}_j$ als Klassenmittel der j-ten Klasse. Liegen die Klassenmittel nicht vor, so wird an dieser Stelle wieder die Klassenmitte verwendet.

Weichen Schiefe und Exzess einer Häufigkeitsverteilung wesentlich von 0 ab, so ist das ein Hinweis dafür, dass die zugrundeliegende Verteilung der Grundgesamtheit von der Normalverteilung abweicht.

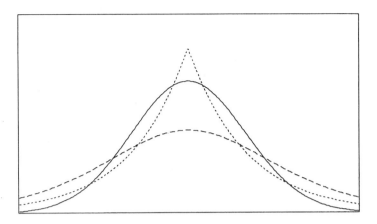

Abb. 3.12. Normalverteilung (durchgezogen), Verteilung mit geringerer Wölbung (gestrichelt) und mit stärkerer Wölbung (gepunktet)

3.4 Box-Plots

Bei der deskriptiven Analyse von Daten, insbesondere von größeren Datenmengen, bedient man sich neben der Berechnung von Maßzahlen häufig grafischer Methoden. Sie sollen einen Eindruck vom Verhalten der Daten wie Konzentration, Ausdehnung oder Symmetrie vermitteln. Neben vielen anderen Darstellungen hat sich in der Praxis der sogenannte Box-Plot (auch Box-Whisker-Plot) als diagnostisches Instrument bewährt. Box-Plots stellen als Werkzeug zur grafischen Analyse eines Datensatzes die Lage

- des Medians
- der 25 %- und 75 %-Quantile (unteres und oberes Quartil) und
- der Extremwerte und Ausreißer

grafisch dar. In Abbildung 3.13 sind die einzelnen Elemente eines Box-Plot erklärt.

Die untere bzw. obere Grenze der Box ist durch das untere bzw. obere Quartil gegeben, d. h., die Hälfte der beobachteten Werte liegt in der Box. Die Länge der Box ist somit der Quartilsabstand $d_Q = \tilde{x}_{0.75} - \tilde{x}_{0.25}$ (vgl. (3.23)).

Die Linie innerhalb der Box gibt die Lage des Medians wieder. Die Werte außerhalb der Box werden dargestellt als

- Extremwerte (mehr als 3 Box-Längen vom unteren bzw. oberen Rand der Box entfernt), wiedergegeben durch einen '*' und
- Ausreißer (zwischen 1.5 und 3 Box-Längen vom unteren bzw. oberen Rand der Box entfernt), wiedergegeben durch einen 'o'.

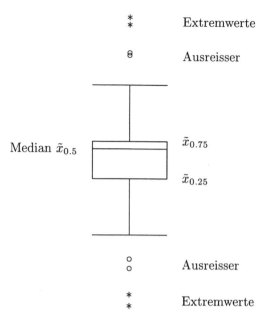

Abb. 3.13. Komponenten eines Box-Plot

Der kleinste und der größte beobachtete Wert, die nicht als Ausreißer eingestuft werden, sind durch die äußeren Striche dargestellt.

Box-Plots eignen sich besonders zum Vergleich zweier oder mehrerer
Gruppen einer Gesamtheit in bezug auf ein Merkmal (vgl. Kapitel 4).

Beispiel. Wir betrachten wieder die Daten der Studentenbefragung. Als
Merkmal X untersuchen wir die 'Körpergröße'. Wir erhalten mit SPSS den
Box-Plot in Abbildung 3.14. Männer sind im Mittel größer als Frauen, die
Streuung ist bei beiden Gruppen in etwa gleich.

3.5 Konzentrationsmaße

Wir wenden uns nun einem anderen Problem der deskriptiven Beschreibung
eines metrisch skalierten Merkmals X zu – der Messung der Konzentration.
Dazu betrachten wir die Merkmalssumme $\sum_{i=1}^{n} x_i$ und fragen danach, wie
sich dieser Gesamtbetrag aller Merkmalswerte auf die einzelnen Beobachtungen aufteilt.

Beispiel. In einer Gemeinde wird bei allen landwirtschaftlichen Betrieben
die Größe der Nutzfläche in ha erfasst. Von Interesse ist nun die Aufteilung
der Nutzfläche auf die einzelnen Betriebe. Haben alle Betriebe annähernd
gleich große Nutzflächen oder besitzen einige wenige Betriebe fast die gesamte
Nutzfläche der Gemeinde?

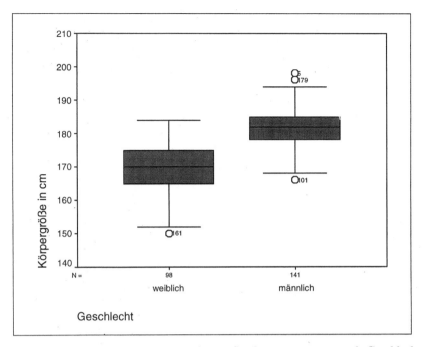

Abb. 3.14. Box-Plot der Körpergröße der Studenten getrennt nach Geschlecht

Wir betrachten dazu folgendes Zahlenbeispiel. Die Gemeinde umfasst eine landwirtschaftliche Nutzfläche von 100 ha. Diese Fläche teilt sich auf die Betriebe wie folgt auf:

Betrieb i	x_i (Fläche in ha)
1	20
2	20
3	20
4	20
5	20
	$\sum_{i=1}^{5} x_i = 100$

Die Nutzfläche ist also gleichmäßig auf alle Betriebe verteilt, es liegt keine Konzentration vor. In einer anderen Gemeinde liegt dagegen folgende Situation vor:

Betrieb i	x_i (Fläche in ha)
1	0
2	0
3	0
4	0
5	100
	$\sum_{i=1}^{5} x_i = 100$

Die gesamte Nutzfläche konzentriert sich auf einen Betrieb. Ein sinnvolles Konzentrationsmaß müsste dem ersten Fall die Konzentration Null, dem zweiten Fall die Konzentration Eins zuweisen. Im folgenden Abschnitt werden wir ein solches Maß definieren und ein grafisches Hilfsmittel zur Veranschaulichung der Konzentration kennenlernen.

3.5.1 Lorenzkurven

Betrachten wir an n Untersuchungseinheiten ein metrisch skaliertes häufbares Merkmal X, welches nur positive Ausprägungen besitzt. Der Gesamtbetrag aller Merkmalswerte ist $\sum_{i=1}^{n} x_i = n\bar{x}$. Liegen gruppierte Daten vor, bestimmen wir den Gesamtbetrag aller Merkmalswerte als $\sum_{j=1}^{k} a_j n_j$, wobei die n_j wieder die Klassenbesetzungen sind, die a_j die Klassenmitten bzw., falls bekannt, die Klassenmittelwerte $\bar{x}_j$.

Zur grafischen Darstellung der Konzentration der Merkmalswerte verwenden wir die sogenannte Lorenzkurve. Dazu werden die Größen

$$u_i = \frac{i}{n}, \quad i = 0, \ldots, n \tag{3.47}$$

und

$$v_i = \frac{\sum_{j=1}^{i} x_{(j)}}{\sum_{j=1}^{n} x_{(j)}}, \quad i = 1, \ldots, n; \; v_0 := 0 \tag{3.48}$$

aus den der Größe nach geordneten Beobachtungswerten $0 \leq x_{(1)} \leq x_{(2)} \leq \ldots \leq x_{(n)}$ berechnet. Die v_i sind die Anteile der Merkmalsausprägungen der Untersuchungseinheiten $(1), \ldots, (i)$ an der Merkmalssumme aller Untersuchungseinheiten.

Für gruppierte Daten mit Klassenmitten $a_1 < a_2 < \ldots < a_k$ verwenden wir $\tilde{u}_i$ und $\tilde{v}_i$ gemäß

$$\tilde{u}_i = \sum_{j=1}^{i} f_j, \quad i = 1, \ldots, k; \; \tilde{u}_0 := 0 \tag{3.49}$$

und

$$\tilde{v}_i = \frac{\sum_{j=1}^{i} f_j a_j}{\sum_{j=1}^{k} f_j a_j} \tag{3.50}$$

$$= \frac{\sum_{j=1}^{i} n_j a_j}{n\bar{x}}, \quad i = 1, \ldots, k; \; \tilde{v}_0 := 0. \tag{3.51}$$

Die Lorenzkurve ergibt sich schließlich als der Streckenzug, der durch die Punkte $(u_0, v_0), (u_1, v_1), \ldots, (u_n, v_n)$, bzw. $(\tilde{u}_0, \tilde{v}_0), (\tilde{u}_1, \tilde{v}_1), \ldots, (\tilde{u}_k, \tilde{v}_k)$ im gruppierten Fall, verläuft (vgl. Abbildung 3.15).

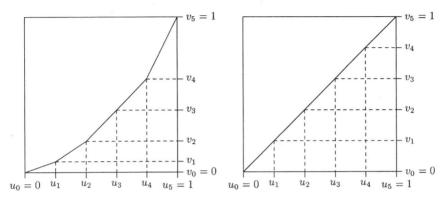

Abb. 3.15. Beispiel für Lorenzkurven

Die Lorenzkurve stimmt mit der Diagonalen überein, wenn keine Konzentration vorliegt (im obigen Beispiel: alle Betriebe bearbeiten jeweils die gleiche Nutzfläche). Mit zunehmender Konzentration „hängt die Kurve durch" (unabhängig von dem Bereich der Konzentration). Ein Punkt der Lorenzkurve (u_i, v_i) beschreibt den Zusammenhang, dass auf $u_i \cdot 100\,\%$ der Untersuchungseinheiten $v_i \cdot 100\,\%$ des Gesamtbetrags aller Merkmalsausprägungen entfällt.

3.5.2 Gini-Koeffizient

Der Gini-Koeffizient bzw. das Lorenzsche Konzentrationsmaß ist eine Maßzahl, die das Ausmaß der Konzentration beschreibt. Er ist definiert als

$$G = 2 \cdot F, \tag{3.52}$$

wobei F die Fläche zwischen der Diagonalen und der Lorenzkurve ist (vgl. Abbildung 3.16).

Für die praktische Berechnung von G aus den Wertepaaren (u_i, v_i) stehen folgende alternative Formeln zur Verfügung (vgl. die Herleitung weiter unten).

$$G = \frac{2 \sum\limits_{i=1}^{n} i x_{(i)} - (n+1) \sum\limits_{i=1}^{n} x_{(i)}}{n \sum\limits_{i=1}^{n} x_{(i)}} \tag{3.53}$$

oder alternativ

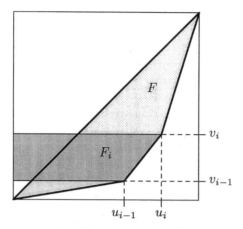

Abb. 3.16. Lorenzsches Konzentrationsmaß oder Gini-Koeffizient

$$G = 1 - \frac{1}{n} \sum_{i=1}^{n} (v_{i-1} + v_i) \,, \tag{3.54}$$

bzw. bei gruppierten Daten

$$G = 1 - \frac{1}{n} \sum_{j=1}^{k} n_j (\tilde{v}_{j-1} + \tilde{v}_j) \,. \tag{3.55}$$

Die Fläche F kann auch mittels der Summe der Trapezflächen F_i berechnet werden:

$$F = \sum_{i=1}^{n} F_i - 0.5 \tag{3.56}$$

mit den Trapezflächen F_i (vgl. Abbildung 3.16)

$$F_i = \frac{u_{i-1} + u_i}{2} (v_i - v_{i-1}) \,. \tag{3.57}$$

Für den Gini-Koeffizienten gilt stets

$$0 \leq G \leq \frac{n-1}{n} \,, \tag{3.58}$$

weswegen auch der normierte Gini-Koeffizient (Lorenz-Münzner-Koeffizient)

$$G^+ = \frac{n}{n-1} G \tag{3.59}$$

betrachtet wird. Durch die Normierung hat G^+ Werte zwischen 0 (keine Konzentration) und 1 (vollständige Konzentration).

Beispiel 3.5.1. Wir untersuchen 7 landwirtschaftliche Betriebe und betrachten das Merkmal X 'Nutzfläche in ha'. Die beobachteten Merkmalsausprägungen sind in folgender Tabelle angegeben:

Betrieb Nr.	1	2	3	4	5	6	7
x_i	20	14	59	9	36	23	3

Wir ordnen die x_i der Größe nach und erhalten mit (3.47), (3.48) und $\sum_{i=1}^{7} x_i = 164$ die Werte in folgender Tabelle, mit denen sich das Bild in Abbildung 3.17 ergibt.

i	$x_{(i)}$	u_i	v_i
1	3	$\frac{1}{7} = 0.1429$	$\frac{3}{164} = 0.0183$
2	9	$\frac{2}{7} = 0.2857$	$\frac{12}{164} = 0.0732$
3	14	$\frac{3}{7} = 0.4286$	$\frac{26}{164} = 0.1585$
4	20	$\frac{4}{7} = 0.5714$	$\frac{46}{164} = 0.2805$
5	23	$\frac{5}{7} = 0.7143$	$\frac{69}{164} = 0.4207$
6	36	$\frac{6}{7} = 0.8571$	$\frac{105}{164} = 0.6402$
7	59	$\frac{7}{7} = 1.0000$	$\frac{164}{164} = 1.0000$

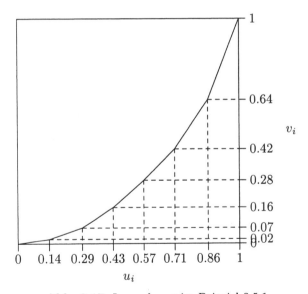

Abb. 3.17. Lorenzkurve im Beispiel 3.5.1

Der Gini-Koeffizient wird als

$$G = \frac{2(1 \cdot 3 + 2 \cdot 9 + 3 \cdot 14 + 4 \cdot 20 + 5 \cdot 23 + 6 \cdot 36 + 7 \cdot 59) - (7+1) \cdot 164}{7 \cdot 164}$$

$$= \frac{2 \cdot 887 - 8 \cdot 164}{7 \cdot 164} = \frac{462}{1\,148} = 0.4024$$

berechnet. Es gilt $G = 0.4024 \leq \frac{6}{7} = \frac{n-1}{n}$. Der normierte Gini-Koeffizient lautet

$$G^+ = \frac{7}{6}G = \frac{7}{6} \cdot 0.4024 = 0.4695\,.$$

Herleitung von G: Nach (3.52) ist G definiert als $G = 2 \cdot F$. Gemäß Abbildung 3.16 ist die Fläche F gleich der Summe aller Trapezflächen F_i, wobei die zuviel gezählte Fläche oberhalb der Diagonalen – also 0.5 – abzuziehen ist (vgl. (3.56)):

$$F = \sum_{i=1}^{n} F_i - 0.5\,, \tag{3.60}$$

so dass

$$G = 2\sum_{i=1}^{n} F_i - 1 \tag{3.61}$$

folgt.

Mit $u_i = \frac{i}{n}$ und $v_i = \frac{\sum_{j=1}^{i} x_{(j)}}{\sum_{j=1}^{n} x_{(j)}}$ erhalten wir aus (3.57)

$$\begin{aligned}
2F_i &= \frac{(i-1+i)}{n}\frac{\left(\sum_{j=1}^{i} x_{(j)} - \sum_{j=1}^{i-1} x_{(j)}\right)}{\sum_{j=1}^{n} x_{(j)}} \\
&= \frac{2i-1}{n}\frac{x_{(i)}}{\sum_{j=1}^{n} x_{(j)}}\,.
\end{aligned}$$

Damit wird G (vgl. (3.61))

$$\begin{aligned}
G &= 2\sum_{i=1}^{n} F_i - 1 \\
&= \frac{2\sum_{i=1}^{n} i x_{(i)} - \sum_{i=1}^{n} x_{(i)}}{n\sum_{i=1}^{n} x_{(i)}} - \frac{n\sum_{i=1}^{n} x_{(i)}}{n\sum_{i=1}^{n} x_{(i)}} \\
&= \frac{2\sum_{i=1}^{n} i x_{(i)} - (n+1)\sum_{i=1}^{n} x_{(i)}}{n\sum_{i=1}^{n} x_{(i)}}\,.
\end{aligned}$$

Dies ist die Formel (3.53). Wir beweisen nun die Übereinstimmung mit (3.54), indem wir (3.54) umformen (man beachte dabei $v_0 = 0$ und $v_n = 1$)

$$\begin{aligned}
1 - \frac{1}{n}\sum_{i=1}^{n}(v_{i-1} + v_i) &= 1 - \frac{1}{n}(v_0 + v_1 + v_1 + \ldots + v_{n-1} + v_n) \\
&= 1 - \frac{1}{n}(2\sum_{i=1}^{n-1} v_i + 1) \\
&= \frac{(n-1) - 2\sum_{i=1}^{n-1} v_i}{n}
\end{aligned}$$

$$= \frac{(n-1)}{n} - \frac{2}{n} \sum_{i=1}^{n-1} \frac{\sum_{j=1}^{i} x_{(j)}}{\sum_{j=1}^{n} x_{(j)}} \quad (v_i \ (3.48) \text{ eingesetzt})$$

$$\overset{(*)}{=} \frac{(n-1)\sum_{i=1}^{n} x_{(i)} - 2\sum_{i=1}^{n}(n-i)x_{(i)}}{n\sum_{i=1}^{n} x_{(i)}}$$

$$= \frac{2\sum_{i=1}^{n} ix_{(i)} - (n+1)\sum_{i=1}^{n} x_{(i)}}{n\sum_{i=1}^{n} x_{(i)}}$$

Dies ist aber gerade (3.53), so dass die Übereinstimmung mit (3.54) bewiesen ist. Die mit (∗) gekennzeichnete Gleichheit kann wie folgt gezeigt werden:

$$\begin{aligned}
\sum_{i=1}^{n-1}\sum_{j=1}^{i} x_{(j)} = \ & x_{(1)} \\
& + x_{(1)} + x_{(2)} \\
& + x_{(1)} + x_{(2)} + x_{(3)} \\
& + \ldots + \\
& + x_{(1)} + x_{(2)} + x_{(3)} + \ldots + x_{(n-1)} \\
= \ & (n-1)\,x_{(1)} \\
& + (n-2)\,x_{(2)} \\
& + \ldots + \\
& + (n-(n-1))\,x_{(n-1)} \\
= \ & \sum_{i=1}^{n}(n-i)\,x_{(i)}
\end{aligned}$$

3.6 Aufgaben und Kontrollfragen

Aufgabe 3.1: Welche Lage- und Streuungsmaße kennen Sie? Nennen Sie die Vor- und Nachteile der einzelnen Maßzahlen.

Aufgabe 3.2: Berechnen Sie die geeigneten Lage- und Streuungsmaße für das Merkmal 'Punkte' in der Statistikklausur aus Aufgabe 2.2.

Aufgabe 3.3: Die Preise für eine Portion Kaffee wurden 1995 in München in 8 und in Wien in 7 Cafés festgestellt:

Preise in München in DM	4.20	3.90	3.50	3.70	3.40	4.60	3.80	4.00
Preise in Wien in öS	28	32	38	42	40	36	32	

Vergleichen Sie die beiden Verteilungen anhand geeigneter Maßzahlen.

Aufgabe 3.4: Studierende der Wirtschaftswissenschaften an den Universitäten in München und in Dresden wurden nach der Höhe des Stundenlohns befragt, den sie in ihrem letzten Praktikum erhielten. Es kamen folgende Antworten (Angaben in EUR):

München	8	9.5	12.5	0	9.5	13	17	21	19	14.5	14	18
Dresden	6	8.5	0	11.5	13	20	0	7.5	8	15.5		

a) Berechnen Sie aus diesen Angaben für München und für Dresden jeweils das arithmetische Mittel und den Median der Stundenlöhne. Berechnen Sie das arithmetische Mittel aller angegebenen Stundenlöhne.

b) Ein Q-Q-Plot (Quantil-Quantil-Diagramm) bietet eine Möglichkeit, die beiden Verteilungen der Stundenlöhne grafisch zu vergleichen. Zeichnen Sie einen Q-Q-Plot, wobei nur der Median und die Quartile zu berücksichtigen sind. Interpretieren Sie diesen Plot.

c) Berechnen Sie für beide Verteilungen jeweils die Standardabweichung. Ist ein direkter Vergleich der beiden Werte fair? Welches Streuungsmaß schlagen Sie statt dessen vor?

Aufgabe 3.5: Wir betrachten wieder die Befragung der 10 Kleinbetriebe aus Aufgabe 2.7.

a) Gibt es Lage- und Streuungsmaßzahlen, durch welche sich die Verteilungen der drei erhobenen Merkmale jeweils sinnvoll charakterisieren lassen? Begründen Sie Ihre Antwort und berechnen Sie – soweit sinnvoll – das am besten geeignete Lage- und Streuungsmaß.

b) In einer zweiten Befragung wurden weitere 90 Betriebe befragt, deren durchschnittlicher Umsatz im Jahr 1996 700 TDM bei einer Standardabweichung von 200 TDM betrug. Berechnen Sie den durchschnittlichen Umsatz 1996 sowie die Standardabweichung aller Betriebe.

Aufgabe 3.6: Welche Lage- und Streuungsmaße charakterisieren die Merkmale unseres Fragebogens aus Beispiel 1.3.1 am besten?

Aufgabe 3.7: Ein Unternehmen der Möbelbranche hat für den abgelaufenen Monat seine Aufträge nach den einzelnen Sparten (Wohnzimmer, Schlafzimmer, Büromöbel) aufschlüsseln lassen. Leider ging ein Teil der Ergebnisse verloren. Es stehen noch folgende Daten zur Verfügung:

	Anzahl der Aufträge	arith. Mittel des Auftragswerts (in Tsd.EUR)	Standardabweichung des Auftragswerts (in Tsd.EUR)
Wohnzimmer	50	120	$\sqrt{20}$
Schlafzimmer	30	100	$\sqrt{30}$
Büromöbel	?	?	?
Gesamt	100	112	10

Berechnen Sie die fehlenden Maßzahlen.

Aufgabe 3.8: Dem Jahresbericht eines Industriebetriebs entnimmt man die folgenden Angaben über die Umsatzentwicklung:

Periode	1985	1986	1987	1988	1989	1990
Veränderungen des Umsatzes gegenüber dem Vorjahr (in %)	−3	−2	+2	+10	+18	+12

Man berechne die durchschnittliche jährliche Umsatzsteigerung in Prozent.

Aufgabe 3.9: Die Mitgliederzahlen eines Sportvereins wachsen im Verlauf von 4 Jahren wie folgt:

Jahr	1988	1989	1990	1991	1992
Mitgliederstand zum 31.12.	100	120	135	135	108

a) Wie groß ist die durchschnittliche Wachstumsrate?
b) Welcher Mitgliederbestand (gerundet) wäre aufgrund dieser durchschnittlichen Wachstumsrate zum 31.12.1993 zu erwarten?

Aufgabe 3.10: Die Bevölkerung eines Landes habe sich in den Jahren 1984 bis 1994 wie folgt entwickelt:

Ende 1984 bis Ende 1985:   jährliche Zunahme um 12 %
Ende 1985 bis Ende 1989:   jährliche Zunahme um 5 %
Ende 1989 bis Ende 1994:   jährliche Zunahme um 1 %

a) Berechnen Sie die durchschnittliche jährliche Wachstumsrate in diesen Jahren.
b) Das Land lasse sich in 3 Besiedlungszonen aufteilen. Aus dem Jahr 1994 liegen folgende Daten über die Besiedlungsdichte (Einwohnerzahl pro km^2) und die Einwohnerzahl (in Mio.) vor:

Zone	I	II	III
Besiedlungsdichte	150	10	2
Einwohnerzahlen	9	0.9	0.1

Berechnen Sie die Besiedlungsdichte des Landes im Jahre 1994.
c) Welche Besiedlungsdichte lag Ende 1987 jeweils in den 3 Besiedlungszonen vor, wenn man von den Wachstumsraten der Teilaufgabe a) ausgeht? (bei unveränderter Fläche und einer zum Gesamtwachstum analogen Entwicklung in den einzelnen Zonen!)

Aufgabe 3.11: Ein Auto fährt von A nach B mit einer Durchschnittsgeschwindigkeit von 30 km/h. Für den Rückweg von B nach A beträgt die Durchschnittsgeschwindigkeit 60 km/h. Berechnen Sie die Durchschnittsgeschwindigkeit für die Gesamtfahrt von A nach B und zurück. Die Entfernung zwischen A und B betrage 20 km. Wie verändert sich die Durchschnittsgeschwindigkeit für eine Gesamtfahrt, wenn A und B nicht 20 km sondern 40 km voneinander entfernt wären?

Aufgabe 3.12: Bei einer Statistik-Klausur wird die Zeit (in Minuten) notiert, die zur Lösung einer bestimmten Aufgabe benötigt wird (14 Studenten nehmen an dieser Klausur teil).

93 87 96 77 73 91 82 71 98 74 95 89 79 88

Erstellen Sie den zugehörigen Box-Plot.

Aufgabe 3.13: Für die Bevölkerung der Regionen der Erde werden folgende Sexualproportionen – d. h. Männer je 100 Frauen – angegeben (Zeitschr. f. Bev. Wiss. 11, 1985, S. 498):

94	96	95	96	98	97	102	97	98	95	100
101	100	100	99	103	99	107	106	101	108	88

Erstellen Sie den zugehörigen Box-Plot.

Aufgabe 3.14: In einer Großgemeinde gibt es 10 Facharztpraxen, die sich in kleinere, mittlere und große Praxen einteilen lassen (wobei einfachheitshalber angenommen wird, dass innerhalb einer Gruppe jeweils das gleiche Einkommen erzielt wurde). 2002 erzielten alle 10 Ärzte zusammen ein Einkommen von 3 Millionen EUR. Allein 40 Prozent davon entfielen auf die einzige große Facharztpraxis, während die 5 kleinen Praxen nur insgesamt ein Einkommen von 600 000 EUR erzielten.

a) Zeichnen Sie die Lorenzkurve.
b) Berechnen Sie den Gini-Koeffizienten.

Aufgabe 3.15: In der BRD besaßen im Jahr 1999 die oberen 28 % aller landwirtschaftlichen Betriebe 67 % der gesamten landwirtschaftlichen Fläche. Man bestimme die sich aus dieser Information ergebende Lorenzkurve und das dazugehörige Konzentrationsmaß. Ist letzteres größer oder kleiner als das Maß, das sich ergeben würde, wenn mehr Information über die Verteilung der Fläche auf die Betriebe vorhanden wäre?

Aufgabe 3.16: In Aufgabe 2.8 haben wir die relativen und absoluten Häufigkeiten für den Umsatz von Betrieben in einer bayerischen Kleinstadt berechnet.

a) Berechnen Sie nun das arithmetische Mittel und die Standardabweichung des Merkmals 'Umsatz'.
b) Die Betriebe mit den Umsätzen bis zu 0.5 Mio. EUR erzielten insgesamt einen Umsatz von 12 Mio. EUR, die Betriebe mit den Umsätzen zwischen 3 und 7 Mio. EUR vereinigten ein Viertel des gesamten Umsatzes von 80 Mio. EUR auf sich. Der Gesamtumsatz in Klasse 3 war drei mal so groß wie in Klasse 2. Bestimmen und zeichnen Sie die entsprechende Lorenzkurve!

Aufgabe 3.17: Von den 15 Haushalten in einem Wohnblock sind jeweils ein Drittel Single-Haushalte, Zwei-Personen-Haushalte und Drei-Personen-Haushalte.

a) Berechnen Sie die Gesamtzahl der Personen in den 15 Haushalten.
b) Berechnen Sie den Anteil der Personen in Single-, Zwei-Personen- bzw. Drei-Personen-Haushalten.
c) Die Konzentration der Personen auf die 15 Haushalte kann in einer Lorenzkurve dargestellt werden. Skizzieren Sie diese.
d) In welcher Weise müssten sich die Personen auf die 15 Haushalte verteilen, damit das Maß für die Konzentration in c) gleich Null wird? Skizzieren Sie die zugehörige Lorenzkurve.

Aufgabe 3.18: In einem Land sind 90 % des gesamten Privatvermögens in der Hand von 20 % der Bevölkerung, der sogenannten Oberschicht. Es sei angenommen, dass das Privatvermögen unter den Angehörigen der Oberschicht gleichmäßig verteilt ist. Gleiches gilt für die Aufteilung des Privatvermögens unter den übrigen Bewohnern des Landes.

a) Zeichnen Sie die Lorenzkurve für die Vermögenskonzentration im Land.

b) Wir nehmen nun an, dass es in dem Land zu einer Revolution kommt. Diese verläuft unblutig und ist insofern erfolgreich, als alle Angehörigen der Oberschicht völlig enteignet und deren ehemaliger Besitz gleichmäßig auf alle übrigen Bewohner des Landes verteilt wird. Zeichnen Sie die Lorenzkurve für die Vermögenskonzentration nach der Revolution.

c) Nehmen wir nun zusätzlich an, dass die gesamte nach der Revolution enteignete Oberschicht das Land verlässt. Wie verläuft nun die Lorenzkurve für die Vermögenskonzentration im Land?

4. Maßzahlen für den Zusammenhang zweier Merkmale

Wir haben uns in den bisherigen Kapiteln mit der Darstellung der Verteilung eines Merkmals und mit Maßzahlen zur Charakterisierung ihrer Gestalt beschäftigt. Wie in Kapitel 1 angesprochen, werden in der Regel mehrere Merkmale gleichzeitig erhoben. Neben der Verteilung der einzelnen Merkmale interessieren wir uns daher auch für die gemeinsame Verteilung zweier (oder mehrerer) Merkmale und den Zusammenhang zwischen den Merkmalen. In diesem Kapitel behandeln wir Maßzahlen, die die Stärke und – falls dies sinnvoll interpretierbar ist – die Richtung des Zusammenhangs angeben. Diese Maßzahlen hängen zum einen vom Skalenniveau der beiden Merkmale ab. Zum anderen haben die verschiedenen Maßzahlen, die bei einem Skalenniveau Anwendung finden, in bestimmten Situationen unterschiedliche Eigenschaften, was bei ihrer Anwendung und Interpretation zu berücksichtigen ist. Liegt ein Zusammenhang vor, so kann dieser Zusammenhang auch durch ein Modell, d. h. durch eine funktionale Beziehung zwischen den beiden Merkmalen ausgedrückt werden. In Kapitel 5 wird diese Modellbildung ausführlich behandelt.

4.1 Darstellung der Verteilung zweidimensionaler Merkmale

Bevor wir die einzelnen Zusammenhangsmaße und deren Eigenschaften behandeln, beschäftigen wir uns zunächst mit den verschiedenen Darstellungsformen für die Verteilungen eines zweidimensionalen Merkmals. Die Darstellung hängt dabei – ebenso wie die Maßzahlen – vom Skalenniveau der einzelnen Merkmale ab.

4.1.1 Kontingenztafeln bei diskreten Merkmalen

Sind die beiden Merkmale X und Y diskret, so gibt es nur eine definierte endliche Anzahl an möglichen Kombinationen von Merkmalsausprägungen. Seien $x_1, \ldots, x_k$ die Merkmalsausprägungen von X und $y_1, \ldots, y_l$ die Merkmalsausprägungen von Y. Dann können die gemeinsamen Merkmalsausprägungen (x_i, y_j) und ihre jeweiligen absoluten Häufigkeiten n_{ij}, $i = 1, \ldots, k$;

$j = 1, \ldots, l$ in der folgenden $k \times l$-**Kontingenztafel** (Tabelle 4.1) angegeben werden.

Tabelle 4.1. Schema einer $k \times l$-Kontingenztafel

		Merkmal Y				
		y_1	y_j		y_l	$\sum$
	x_1	n_{11}	$\cdots$	n_{1j}	$\cdots$ n_{1l}	n_{1+}
		$\vdots$	$\vdots$		$\vdots$	$\vdots$
Merkmal X	x_i	n_{i1}	$\cdots$	n_{ij}	$\cdots$ n_{il}	n_{i+}
		$\vdots$	$\vdots$		$\vdots$	$\vdots$
	x_k	n_{k1}	$\cdots$	n_{kj}	$\cdots$ n_{kl}	n_{k+}
	$\sum$	n_{+1}	$\cdots$	n_{+j}	$\cdots$ n_{+l}	n

Die Notation n_{i+} bezeichnet die i-te Zeilensumme, d.h. Summation über den Index j gemäß $n_{i+} = \sum_{j=1}^{l} n_{ij}$. Analog erhält man die j-te Spaltensumme n_{+j} durch Summation über den Index i als $n_{+j} = \sum_{i=1}^{k} n_{ij}$. Der Gesamtumfang aller Beobachtungen ist dann

$$n = \sum_{i=1}^{k} n_{i+} = \sum_{j=1}^{l} n_{+j} = \sum_{i=1}^{k} \sum_{j=1}^{l} n_{ij}.$$

Vier-Felder-Tafeln. Ein Spezialfall ist die sogenannte Vier-Felder-Tafel bzw. 2×2-Kontingenztafel. Die beiden Merkmale sind in diesem Fall binär oder dichotom. Hierfür gibt es zum einen spezielle Maßzahlen, wie wir im Folgenden sehen werden. Zum anderen verwendet man hier eine spezielle Notation (Tabelle 4.2).

Tabelle 4.2. Schema einer 2×2-Kontingenztafel

		Merkmal Y		
		y_1	y_2	$\sum$
Merkmal X	x_1	a	b	$a+b$
	x_2	c	d	$c+d$
	$\sum$	$a+c$	$b+d$	n

Beispiel 4.1.1. Wir wollen 20 Fragebögen unserer Studentenbefragung exemplarisch in eine Kontingenztafel eintragen. Hierzu betrachten wir das Merkmal 'Geschlecht' (X) und das Merkmal 'Studienfach' (Y), die in zwei (männlich, weiblich) bzw. drei Kategorien (BWL, VWL und Sonstige) vorliegen. Die Datenmatrix in Abbildung 4.1 zeigt die Ausgangsdaten.

Student 1 ist männlich und studiert BWL, er liefert also einen Eintrag/Strich in der Zelle (männlich, BWL) der 2×3-Kontingenztafel:

ID	Geschlecht	Studienfach
1	männlich	BWL
2	weiblich	VWL
3	männlich	Sonstige
4	weiblich	BWL
5	männlich	VWL
6	weiblich	Sonstige
7	weiblich	BWL
8	männlich	VWL
9	männlich	VWL
10	weiblich	Sonstige
11	weiblich	Sonstige
12	weiblich	BWL
13	männlich	VWL
14	männlich	Sonstige
15	weiblich	BWL
16	männlich	BWL
17	männlich	VWL
18	weiblich	Sonstige
19	weiblich	VWL
20	weiblich	Sonstige

Abb. 4.1. Beobachtete Werte der 20 Fragebögen

	BWL	VWL	Sonstige
männlich	ǀ		
weiblich			

Student 2 ist weiblich und studiert VWL. Es kommt also ein Eintrag in die Zelle (weiblich, VWL) hinzu:

	BWL	VWL	Sonstige
männlich	ǀ		
weiblich		ǀ	

Nach Eintrag aller Studenten in die Kontingenztafel erhalten wir:

	BWL	VWL	Sonstige
männlich	ǁ	ǂǂǂ	ǁ
weiblich	ǁǁ	ǁ	ǂǂǂ

bzw.

	BWL	VWL	Sonstige	$\sum$
männlich	2	5	2	9
weiblich	4	2	5	11
$\sum$	6	7	7	20

Alternativ hätten wir auch eine dazu gleichwertige 3×2-Tafel durch Vertauschen von X und Y erzeugen können:

	männlich	weiblich	$\sum$
BWL	2	4	6
VWL	5	2	7
Sonstige	2	5	7
$\sum$	9	11	20

Mit Hilfe der Kontingenztafel ist es uns also gelungen, die bereits bei 20 Beobachtungen unübersichtliche Datenmenge aus Abbildung 4.1 in kompakter Form darzustellen.

Gemeinsame Verteilung, Randverteilung und bedingte Verteilung.
In der Kontingenztafel in Tabelle 4.1 sind die absoluten Häufigkeiten angegeben. Alternativ können auch die relativen Häufigkeiten $f_{ij} = \frac{n_{ij}}{n}$ verwendet werden. Die Häufigkeiten n_{ij} bzw. f_{ij}, $i = i, \ldots, k$; $j = 1, \ldots, l$ stellen die **gemeinsame Verteilung** des zweidimensionalen Merkmals dar. Die Häufigkeiten n_{i+} bzw. f_{i+} sind die Häufigkeiten der **Randverteilung** von X, die Häufigkeiten n_{+j} bzw. f_{+j} sind die Häufigkeiten der Randverteilung von Y. Die Randverteilungen sind dabei nichts anderes als die jeweiligen Verteilungen der Einzelmerkmale.

Daneben ist man häufig an der Verteilung eines Merkmals bei Vorliegen einer bestimmten Ausprägung des anderen Merkmals interessiert. So könnte beispielsweise die Geschlechtsverteilung bei den BWL-Studenten von Interesse sein. Damit sind die relativen Häufigkeiten nicht durch Adjustierung auf den Gesamtstichprobenumfang n, sondern auf den Teilstichprobenumfang n_{BWL} gegeben. Allgemein ist die **bedingte Verteilung** von X gegeben $Y = y_j$ definiert durch

$$f_{i|j} = \frac{n_{ij}}{n_{+j}} \, . \tag{4.1}$$

Beispiel 4.1.2. Nehmen wir die in Beispiel 4.1.1 erzeugte 2×3-Kontingenztafel. Ihre gemeinsame Verteilung mit den relativen Häufigkeiten ist gegeben durch

	BWL	VWL	Sonstige
männlich	0.1	0.25	0.1
weiblich	0.2	0.1	0.25

Die Randverteilungen von X und Y sind gegeben durch

f_i	männlich	weiblich
	0.45	0.55

f_j	BWL	VWL	Sonstige
	0.3	0.35	0.35

Die bedingten Verteilungen von X gegeben Y sind

$f_{i|\text{BWL}}$	männlich	weiblich
	0.33	0.67

$f_{i|\text{VWL}}$	männlich	weiblich
	0.71	0.29

$f_{i|\text{Sonstige}}$	männlich	weiblich
	0.29	0.71

und die bedingten Verteilungen von Y gegeben X sind

	BWL	VWL	Sonstige
$f_{j|\text{männlich}}$	0.22	0.56	0.22

	BWL	VWL	Sonstige
$f_{j|\text{weiblich}}$	0.36	0.18	0.46

In Abbildung 4.2 ist die gemeinsame Verteilung als SPSS-Kontingenztafel sowohl mit den absoluten als auch mit den relativen Häufigkeiten dargestellt. Zusätzlich sind die beiden Randverteilungen angegeben. In Abbildung 4.3 sind die bedingten Verteilungen des Geschlechts gegeben das Studienfach und die bedingten Verteilungen des Studienfachs gegeben das Geschlecht als Kontingenztafel dargestellt.

			Studienfach			
			BWL	VWL	Sonstige	Total
Geschlecht	männlich	Count	2	5	2	9
		% of Total	10.0%	25.0%	10.0%	45.0%
	weiblich	Count	4	2	5	11
		% of Total	20.0%	10.0%	25.0%	55.0%
Total		Count	6	7	7	20
		% of Total	30.0%	35.0%	35.0%	100.0%

Abb. 4.2. Kontingenztafel Geschlecht × Studienfach in SPSS

% within Studienfach

		Studienfach			
		BWL	VWL	Sonstige	Total
Geschlecht	männlich	33.3%	71.4%	28.6%	45.0%
	weiblich	66.7%	28.6%	71.4%	55.0%
Total		100.0%	100.0%	100.0%	100.0%

% within Geschlecht

		Studienfach			
		BWL	VWL	Sonstige	Total
Geschlecht	männlich	22.2%	55.6%	22.2%	100.0%
	weiblich	36.4%	18.2%	45.5%	100.0%
Total		30.0%	35.0%	35.0%	100.0%

Abb. 4.3. Bedingte Verteilungen in SPSS-Darstellung

4.1.2 Grafische Darstellung bei diskreten Merkmalen

In Anlehnung an die Darstellung in der Kontingenztafel könnte man die gemeinsame Verteilung zweier diskreter Merkmale in einer dreidimensionalen Grafik darstellen. Die Merkmalsausprägungen der beiden Merkmale würden dann eine Ebene aufspannen und die absoluten bzw. relativen Häufigkeiten stellen analog zum Balkendiagramm die Balkenhöhe in der dritten Dimension dar. Bei der Visualisierung dreidimensionaler Grafiken besteht jedoch das Problem, dass diese Grafik in den zweidimensionalen Raum (Bildschirm,

Papier) projiziert wird. Damit hängt die Darstellung stark vom Betrachtungspunkt ab. Dies birgt die Gefahr von Fehlinterpretationen, falls der Betrachtungspunkt ungünstig gewählt wurde. Daher ist es sinnvoller, die notwendige Projektion bereits von vornherein durchzuführen, indem man in einem zweidimensionalen Balkendiagramm innerhalb jeder Ausprägung des ersten Merkmals die verschiedenen Ausprägungen des anderen Merkmals angibt (Abbildung 4.4). Alternativ zu dieser genesteten Darstellung kann man auch die gestapelte Form wählen, bei der die Balken innerhalb des ersten Merkmals nicht nebeneinander sondern übereinander angeordnet sind (Abbildung 4.5).

Die Darstellung der Randverteilungen entspricht dem eindimensionalen Balkendiagramm aus Abschnitt 2.3.1. Bei der grafischen Darstellung der bedingten Verteilungen können wir entweder die genestete Form wählen, wobei jeweils die gleichfarbigen Balken eine bedingte Verteilung darstellen (Abbildung 4.6), oder wir verwenden die gestapelte Darstellung (Abbildung 4.7), bei der die verschieden schraffierten Anteile eines Balkens die bedingte Verteilung charakterisieren.

Beispiel 4.1.3. Wir stellen nun die Verteilungen aus Beispiel 4.1.2 grafisch dar. Abbildung 4.4 zeigt die gemeinsame Verteilung der beiden Merkmale in genesteter Form. Die Balkenhöhen entsprechen den absoluten Häufigkeiten. Die gestapelte Darstellung der gemeinsamen Verteilung findet man in Abbildung 4.5. Die gesamte Balkenhöhe entspricht dabei der kumulierten absoluten Häufigkeit der Männer bzw. Frauen. Damit ist zugleich die Randverteilung des Merkmals 'Geschlecht' dargestellt. Die verschiedenfarbigen Abschnitte eines Balkens charakterisieren die absoluten Häufigkeiten der gemeinsamen Verteilung. In SPSS kann die gemeinsame Verteilung nur mit den absoluten Häufigkeiten dargestellt werden. Da der Übergang zu den relativen Häufigkeiten nur die Achsenbeschriftung, nicht aber die Verteilungsgestalt beeinflusst, ist dies kein entscheidender Nachteil.

Die grafische Darstellung der bedingten Verteilung ist sowohl mit Hilfe der genesteten als auch mit der gestapelten Form möglich. Abbildung 4.6 zeigt die verschachtelte Darstellung der bedingten Verteilungen des Geschlechts gegeben die verschiedenen Studienfächer. Die Balken gleicher Farbe stellen jeweils eine bedingte Verteilung dar. Abbildung 4.7 stellt die bedingten Verteilungen des Studienfachs gegeben das Geschlecht in gestapelter Form dar, wobei jeder Balken eine bedingte Verteilung mit den kumulierten relativen Häufigkeiten charakterisiert.

Die gemeinsame Verteilung der ersten 20 Fragebögen in Abbildung 4.4 zeigt, dass die Kombinationen (männlich, VWL) und (weiblich, Sonstiges) am häufigsten vorkommen. In der gestapelten Darstellung können wir zusätzlich ablesen, dass bei Männern und Frauen die absolute Häufigkeit der Wirtschaftswissenschaftler (BWL und VWL) fast gleich ist. Bei den bedingten Verteilungen erkennt man, dass die meisten Männer VWL studieren, während bei BWL und Sonstigen die Frauen überwiegen.

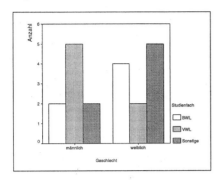

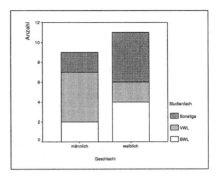

Abb. 4.4. Gemeinsame Verteilung mit den absoluten Häufigkeiten

Abb. 4.5. Gemeinsame Verteilung in 'gestapelter' Darstellung

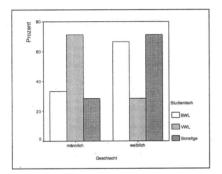

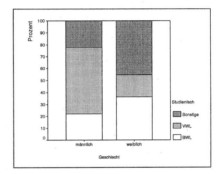

Abb. 4.6. Bedingte Verteilungen des Geschlechts gegeben das Studienfach

Abb. 4.7. Bedingte Verteilungen des Studienfachs gegeben das Geschlecht

4.1.3 Maßzahlen zur Beschreibung der Verteilung bei stetigen und gemischt stetig-diskreten Merkmalen

Ist eines der beiden Merkmale stetig, so gibt es in der Regel sehr viele verschiedene Kombinationen von Merkmalsausprägungen. Die Auflistung der vorkommenden Merkmalsausprägungen bietet damit keinen Informationsgewinn im Vergleich zu den einzelnen Beobachtungen. Ist das eine Merkmal diskret und das andere Merkmal stetig, so ist in der Regel die Darstellung der bedingten Verteilungen des stetigen Merkmals gegeben die Ausprägungen des diskreten Merkmals die gebräuchliche Darstellung. In Analogie zu Kapitel 3 können wir diese bedingten Verteilungen durch die dort behandelten Lage- und Streuungsmaßzahlen beschreiben. Sind beide Merkmale stetig, so liegen in jeder bedingten Verteilung nur eine oder wenige Beobachtungen. Ihre Darstellung ist daher weder praktikabel noch sinnvoll, da beispielsweise die Frage nach der Verteilung des Gewichts gegeben eine Körpergröße von exakt 173 cm nicht interessiert. Die gemeinsame Verteilung der beiden stetigen Merkmale kann im Gegensatz dazu durch Maßzahlen charakterisiert werden. Hierzu gibt man den Vektor der Maßzahlen der einzelnen Randverteilungen an. Das arithmetische Mittel ist dann beispielsweise $(\bar{x}, \bar{y})$ usw. Eine Maßzahl, die nicht auf die Randverteilung sondern direkt auf die gemeinsame Verteilung zweier stetiger Merkmale abzielt, ist die Kovarianz, die in Abschnitt 4.4 behandelt wird.

Beispiel 4.1.4. Zusätzlich zu den Merkmalen 'Geschlecht' und 'Studienfach' sind in Abbildung 4.8 die Werte der Merkmale 'Gewicht' und 'Körpergröße' für die ersten 20 Fragebögen angegeben.

ID	Geschlecht	Studienfach	Körpergröße	Gewicht
1	männlich	BWL	183	90
2	weiblich	VWL	179	54
3	männlich	Sonstige	164	50
4	weiblich	BWL	176	61
5	männlich	VWL	180	80
6	weiblich	Sonstige	171	64
7	weiblich	BWL	177	80
8	männlich	VWL	192	72
9	männlich	VWL	180	65
10	weiblich	Sonstige	171	61
11	weiblich	Sonstige	174	54
12	weiblich	BWL	178	73
13	männlich	VWL	186	85
14	männlich	Sonstige	179	70
15	weiblich	BWL	168	62
16	männlich	BWL	180	80
17	männlich	VWL	178	67
18	weiblich	Sonstige	175	57
19	weiblich	VWL	169	60
20	weiblich	Sonstige	150	50

Abb. 4.8. Werte der ersten 20 Fragebögen

Betrachten wir zunächst das zweidimensionale Merkmal (Y, X), bestehend aus der 'Körpergröße' (Y) und dem 'Geschlecht' (X). Da es sich um ein gemischt stetig-diskretes Merkmal handelt, ist die Darstellung der bedingten Verteilungen der Körpergröße für die Männer bzw. Frauen von Interesse. Die entsprechenden Lage- und Streuungsmaßzahlen sind im SPSS-Output in Abbildung 4.9 angegeben. Interessieren wir uns für das stetige zweidimensionale Merkmal 'Körpergröße' (X) und 'Körpergewicht' (Y), so können wir nur die Maßzahlen der beiden Randverteilungen heranziehen (Abbildung 4.10).

Während die bedingten Verteilungen das zweidimensionale Merkmal (Körpergröße, Geschlecht) gut charakterisieren, können die Randverteilungen von Körpergröße und Körpergewicht keinen Aufschluss über den Zusammenhang der beiden Merkmale geben. Hier benötigt man die im nächsten Abschnitt beschriebene grafische Darstellung.

Geschlecht		Valid N	Mean	Median	Mode	Std. Deviation	Variance
männlich	Körpergröße in cm	9	180.22	180.00	180	7.50	56.19
weiblich	Körpergröße in cm	11	171.64	174.00	171	8.05	64.85

Abb. 4.9. Lage- und Streuungsmaßzahlen der bedingten Verteilungen der Körpergröße gegeben das Geschlecht

	Valid N	Mean	Median	Mode	Std. Deviation	Variance
Körpergröße in cm	20	175.50	177.50	180	8.77	77.00
Körpergewicht in kg	20	66.75	64.50	80	11.71	137.04

Abb. 4.10. Lage- und Streuungsmaßzahlen der Randverteilungen der Körpergröße und des Körpergewichts

4.1.4 Grafische Darstellung der Verteilung stetiger bzw. gemischt stetig-diskreter Merkmale

Neben der Darstellung der Verteilungen durch Maßzahlen können wir auch grafische Darstellungsformen wählen, die insbesondere bei stetigen Merkmalen die gemeinsame Verteilung besser charakterisieren. Zur Darstellung der gemeinsamen Verteilung verwendet man den sogenannten **Scatterplot** (Streudiagramm). Hier werden die Wertepaare (x_i, y_i) in ein X-Y-Koordinatensystem eingezeichnet. Abbildung 4.11 zeigt den Scatterplot zweier stetiger Merkmale. Im Scatterplot in Abbildung 4.12 ist das eine Merkmal diskret. In diesem Fall ist die Darstellung der bedingten Verteilung der Darstellung der gemeinsamen Verteilung vorzuziehen. Hierzu verwenden wir die in den Kapiteln 2 und 3 vorgestellten Histogramme (Abbildung 4.14) bzw. Box-Plots (Abbildung 4.15). Die bedingten Verteilungen können aber auch als empirische Verteilungsfunktion (Abbildung 4.13) dargestellt werden.

Beispiel. Betrachten wir die Ergebnisse aller 253 Fragebögen der Umfrage „Statistik für Wirtschaftswissenschaftler" aus Beispiel 1.3.1. Die gemeinsame Verteilung der beiden stetigen Merkmale 'Körpergröße' und 'Körpergewicht' ist als Scatterplot (Abbildung 4.11) dargestellt. Es ist ein Zusammenhang zwischen den beiden Merkmalen erkennbar, da große Personen auch hohe Gewichtswerte haben und kleine Personen niedrige Gewichtswerte.

Der Scatterplot des stetig-diskreten Merkmals 'Körpergröße' und 'Geschlecht' (Abbildung 4.12) zeigt, dass die verschiedenen Körpergrößen bei den Männern bzw. Frauen jeweils auf einer Linie liegen. Der Abstand zwischen diesen beiden Punktlinien ist rein willkürlich durch die Kodierung 1 = Frauen und 2 = Männer. Er hat aber keine interpretierbare Bedeutung, da bei diskreten Merkmalen keine Abstände definiert sind. Deshalb ist die Darstellung der bedingten Verteilung wesentlich sinnvoller. Zur Darstel-

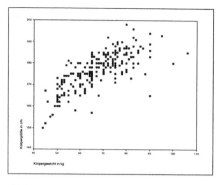

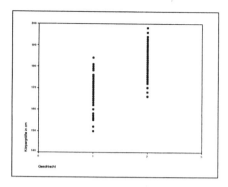

Abb. 4.11. Scatterplot der Merkmale 'Körpergröße' und 'Körpergewicht'

Abb. 4.12. Scatterplot der Merkmale 'Geschlecht' und 'Körpergröße'

lung der bedingten empirischen Verteilungsfunktion berechnen wir zunächst die Punkte $\left(e_j, F(e_j)\right)$ der beiden bedingten Verteilungen, wie in Abschnitt 2.2 und zeichnen dann beide Kurven in ein Diagramm ein (Abbildung 4.13).

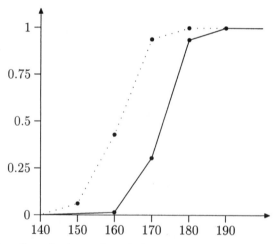

Abb. 4.13. Verteilungsfunktion des Merkmals Körpergröße, gruppiert nach dem Merkmal Geschlecht; gepunktete Linie: Verteilungsfunktion der Körpergröße bei den Frauen; durchgezogene Linie: Verteilungsfunktion bei den Männern.

Alternativ können wir die bedingten Verteilungen auch durch Histogramme (Abbildung 4.14) bzw. Box-Plots (Abbildung 4.15) darstellen. In SPSS ist beim Histogramm im Gegensatz zu den Box-Plots die Anordnung in einer einzigen Grafik nicht möglich.

Die Verteilungsfunktionen zeigen, dass bei jedem Wert der Körpergrößenskala der kumulierte Frauenanteil stets größer oder gleich dem kumulierten Männeranteil ist. Die Verteilung der Körpergröße bei den Frauen ist also

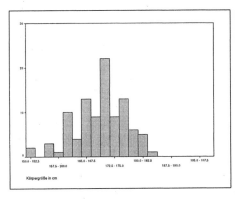 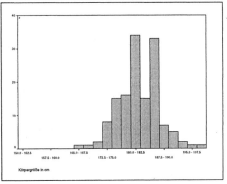

Abb. 4.14. Bedingte Verteilung der Körpergröße bei Frauen (links) bzw. Männern (rechts) als Histogramm

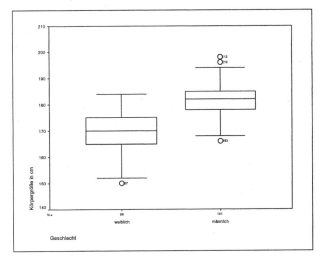

Abb. 4.15. Box-Plot der bedingten Verteilungen der Körpergröße gegeben Geschlecht

gegenüber der der Männer nach links verschoben, was auch durch den Vergleich der Histogramme deutlich wird. Das heißt, Frauen scheinen kleiner als Männer zu sein. Der Box-Plot zeigt darüber hinaus, dass die Streuung bei den Männern geringer ist als bei den Frauen.

4.2 Maßzahlen für den Zusammenhang zweier nominaler Merkmale

Wir behandeln zunächst Maßzahlen für den Zusammenhang nominaler Merkmale. Da bei nominalen Merkmalen die Anordnung der Merkmalsausprägungen willkürlich ist, geben diese Maßzahlen nur an, ob ein Zusammenhang vorliegt. So ist bei einem Zusammenhang zwischen nominalen Merkmalen beispielsweise die Angabe einer Richtung im Gegensatz zu ordinalen oder metrischen Merkmalen nicht möglich. Man spricht daher allgemein von **Assoziation**. Eine Ausnahme stellt die Vier-Felder-Tafel dar. Da es nur jeweils zwei Ausprägungen gibt, kann die Art des Zusammenhangs in diesem Fall durch eine Richtungsangabe beschrieben werden.

Unabhängigkeit. Wir beschäftigen uns im folgenden mit Maßzahlen, die den Zusammenhang zwischen zwei Merkmalen messen. Vorher müssen wir aber erst festlegen, was wir unter der **Unabhängigkeit** der Merkmale – d. h. zwischen ihnen besteht kein Zusammenhang – verstehen. Intuitiv würden wir zwei Merkmale als voneinander unabhängig betrachten, wenn die Ausprägung eines Merkmals keinen Einfluss auf die Ausprägung des anderen Merkmals hat. Formal entspricht dies der Tatsache, dass alle bedingten Verteilungen eines Merkmals gegeben das andere Merkmal gleich sind. Sie sind dann auch gleich der Randverteilung:

$$f_{i|j} = f_{i+} \quad \text{und} \quad f_{j|i} = f_{+j}, \quad i = 1, \ldots, k; j = 1, \ldots, l \qquad (4.2)$$

Die gemeinsame Verteilung zweier Merkmale lässt sich allgemein darstellen als $f_{ij} = f_{i|j} f_{+j}$ bzw. als $f_{ij} = f_{j|i} f_{i+}$. Damit gilt im Fall der Unabhängigkeit, dass die gemeinsame Verteilung gleich dem Produkt der Randverteilungen ist

$$f_{ij} = f_{i+} f_{+j} \,. \qquad (4.3)$$

Die mit Hilfe von (4.3) berechneten relativen Häufigkeiten bezeichnet man auch als (unter der Annahme der Unabhängigkeit) **erwartete relative Häufigkeiten**. Die erwarteten absoluten Häufigkeiten berechnen sich daraus als

$$n_{ij} = n f_{ij} = n \frac{n_{i+}}{n} \frac{n_{+j}}{n} = \frac{n_{i+} n_{+j}}{n} \,.$$

Ein **exakter Zusammenhang** liegt vor, falls durch die Kenntnis der Merkmalsausprägung des einen Merkmals auch die Merkmalsausprägung des anderen Merkmals bekannt ist. Im Fall der quadratischen $k \times k$-Tafel ist diese Beziehung symmetrisch. In diesem Fall ist in jeder Zeile und jeder Spalte nur eine Zelle besetzt, wobei die gemeinsame Häufigkeit gleich den Randhäufigkeiten ist. Diese Situation ist in Tabelle 4.3 dargestellt. Im Fall einer $k \times l$-Kontingenztafel, bei der $k < l$ ist, sprechen wir von einem exakten Zusammenhang, falls bei Kenntnis der Merkmalsausprägung von Y (des Merkmals mit der größeren Anzahl an Ausprägungen) die Merkmalsausprägung von X bekannt ist. In diesem Fall ist also in jeder Spalte nur eine Zelle besetzt, die gemeinsame Häufgkeit ist gleich der Randhäufigkeit des Merkmals Y. Diese Situation ist in Tabelle 4.4 dargestellt.

Tabelle 4.3. Exakter Zusammenhang in einer 3×3-Kontingenztafel

	y_1	y_2	y_3
x_1	$n_{+1} = n_{1+}$	0	0
x_2	0	0	$n_{+3} = n_{2+}$
x_3	0	$n_{+2} = n_{3+}$	0

Tabelle 4.4. Exakter Zusammenhang in einer 2×3-Kontingenztafel

	y_1	y_2	y_3
x_1	n_{+1}	n_{+2}	0
x_2	0	0	n_{+3}

4.2.1 Pearsons χ^2-Statistik

Die Grundlage einer Reihe von Maßzahlen ist die χ^2-Statistik von Pearson, die die beobachteten Zellhäufigkeiten der $k \times l$-Kontingenztafel mit den unter der Annahme der Unabhängigkeit zu erwartenden Zellhäufigkeiten in Beziehung setzt. Dabei wird der quadratische Abstand zwischen beobachteten und erwarteten Zellhäufigkeiten in Relation zu den erwarteten Häufigkeiten berechnet:

$$\chi^2 = \sum_{i=1}^{k} \sum_{j=1}^{l} \frac{\left(n_{ij} - \frac{n_{i+}n_{+j}}{n} \right)^2}{\frac{n_{i+}n_{+j}}{n}} \, . \tag{4.4}$$

In der speziellen Notation der Vier-Felder-Tafel (vgl. Tabelle 4.2) erhalten wir für die χ^2-Statistik (4.4)

$$\chi^2 = \frac{n(ad - bc)^2}{(a+b)(c+d)(a+c)(b+d)} \, . \tag{4.5}$$

Nach Auflösung der quadratischen Gleichung (4.4) ergibt sich die alternative Berechnungsformel

$$\chi^2 = n \left(\sum_{i=1}^{k} \sum_{j=1}^{l} \frac{n_{ij}^2}{n_{i+}n_{+j}} - 1 \right) \, . \tag{4.6}$$

Sind die beiden Merkmale unabhängig, so sind die beobachteten Häufigkeiten gleich den erwarteten Häufigkeiten. Die χ^2-Statistik nimmt damit den Wert Null an. Je mehr die beobachteten Häufigkeiten von den unter der Annahme der Unabhängigkeit zu erwartenden Häufigkeiten abweichen, desto größer wird der Wert der χ^2-Statistik. Im Fall des exakten Zusammenhangs nimmt die χ^2-Statistik den Maximalwert $n\,(\min(k,l) - 1)$ an. Dies lässt sich leicht anhand von (4.6) zeigen: Sei ohne Beschränkung der Allgemeinheit $k \leq l$, dann ist $n_{ij} = n_{+j}$, wie wir in Tabelle 4.4 sehen. Damit wird

$$\chi^2 = n \left(\sum_{i=1}^{k} \sum_{j=1}^{l} \frac{n_{ij}^2}{n_{i+}n_{+j}} - 1 \right) = n \left(\sum_{i=1}^{k} \sum_{j=1}^{l} \frac{n_{ij}n_{+j}}{n_{i+}n_{+j}} - 1 \right)$$

$$= n \left(\sum_{i=1}^{k} \frac{1}{n_{i+}} \sum_{j=1}^{l} n_{ij} - 1 \right) = n \, (k-1)$$

Weiterhin ist die χ^2-Statistik ein symmetrisches Maß, d. h. der χ^2-Wert ist invariant gegen eine Vertauschung von X und Y.

Beispiel 4.2.1. Wir wollen nun den Zusammenhang zwischen dem Studienfach und dem Geschlecht bei unserer Studentenbefragung untersuchen. Hierzu verwenden wir wiederum exemplarisch die 20 Fragebögen aus Beispiel 4.1.1, die in der Kontingenztafel auf Seite 93 dargestellt sind. Berechnen wir den χ^2-Wert mit Hilfe von (4.4), so müssen wir zunächst die unter der Annahme der Unabhängigkeit zu erwartenden Zellhäufigkeiten berechnen. Für die Zelle (männlich, BWL) berechnet sich die erwartete Zellhäufigkeit beispielsweise als

$$\frac{n_{\text{männlich}} n_{\text{BWL}}}{n} = \frac{9 \cdot 6}{20} = 2.7 \, .$$

Wir erhalten schließlich die folgende Kontingenztafel mit den unter der Annahme der Unabhängigkeit zu erwartenden Zellhäufigkeiten, die man auch als Unabhängigkeitstafel bezeichnet:

	BWL	VWL	Sonstige
männlich	2.7	3.15	3.15
weiblich	3.3	3.85	3.85

Damit berechnet sich die χ^2-Statistik gemäß (4.4) als

$$\chi^2 = \frac{(2 - 2.7)^2}{2.7} + \frac{(5 - 3.15)^2}{3.15} + \frac{(2 - 3.15)^2}{3.15}$$

$$+ \frac{(4 - 3.3)^2}{3.3} + \frac{(2 - 3.85)^2}{3.85} + \frac{(5 - 3.85)^2}{3.85}$$

$$= 0.18158 + 1.08651 + 0.41984 + 0.14848 + 0.88896 + 0.34351$$

$$= 3.06878 \, .$$

Alternativ können wir den χ^2-Wert auch gemäß (4.6) berechnen:

$$\chi^2 = 20 \left(\frac{2^2}{9 \cdot 6} + \frac{5^2}{9 \cdot 7} + \frac{2^2}{9 \cdot 7} + \frac{4^2}{11 \cdot 6} + \frac{2^2}{11 \cdot 7} + \frac{5^2}{11 \cdot 7} - 1 \right)$$

$$= 20 \, (0.07407 + 0.39683 + 0.06349 + 0.24242 + 0.05195 + 0.32468 - 1)$$

$$= 3.06878 \, .$$

Es besteht also ein Zusammenhang zwischen dem Geschlecht und dem Studienfach. Da der Maximalwert der χ^2-Statistik hier bei $20(2 - 1) = 20$ liegt, ist der Zusammenhang als schwach einzustufen.

			Studienfach			Total
			BWL	VWL	Sonstige	
Geschlecht	männlich	Count	2	5	2	9
		Expected Count	2.7	3.2	3.2	9.0
	weiblich	Count	4	2	5	11
		Expected Count	3.3	3.9	3.9	11.0
Total		Count	6	7	7	20
		Expected Count	6.0	7.0	7.0	20.0

	Value	df	Asymp. Sig. (2-sided)
Pearson Chi-Square	3.069[a]	2	.216
Likelihood Ratio	3.136	2	.208
Linear-by-Linear Association	.060	1	.806
N of Valid Cases	20		

a. 6 cells (100.0%) have expected count less than
   5. The minimum expected count is 2.70.

Abb. 4.16. SPSS-Listing zu Beispiel 4.2.1

In Abbildung 4.16 ist das entsprechende SPSS-Listing zu sehen. Hier sind in der Kontingenztafel neben den beobachteten Häufigkeiten auch die erwarteten Häufigkeiten angegeben. Die χ^2-Statistik ist mit 'Pearson Chi-Square' bezeichnet. Die beiden anderen Maßzahlen spielen ebenso wie 'df' und 'Asymp. Sig.' erst in der induktiven Statistik eine Rolle.

Die χ^2-Statistik hängt – wie wir gezeigt haben – sowohl vom Erhebungsumfang n als auch von der Dimension der Kontingenztafel ab. Bei großen absoluten Häufigkeiten in einer Kontingenztafel wird aus Gründen der Übersichtlichkeit meist die Einheit verändert. Die dargestellten absoluten Häufigkeiten der Kontingenztafel sind mit dem gewählten einheitlichen Faktor $A > 0$ (Maßeinheit) zu multiplizieren.

Beispiel 4.2.2. Es soll untersucht werden, ob ein Zusammenhang zwischen dem Geschlecht und der Stellung im Beruf besteht. Die folgende Kontingenztafel gibt die Erwerbstätigen nach Geschlecht und Stellung im Beruf, BRD 1992, in Mio., an.

	männlich	weiblich
Selbständige	2.3	0.8
mithelfende Familienang.	0.1	0.4
Angestellte	19.2	14.1

Die Angabe in der Kontingenztafel erfolgt in Mio., d. h. die dargestellten absoluten Häufigkeiten sind mit dem Faktor $A = 1\,000\,000$ zu multiplizieren.

Für die transformierten absoluten Häufigkeiten (Symbol „ ˜ ") gelten folgende Beziehungen: $\tilde{n}_{ij} = A\,n_{ij}$, $\tilde{n}_{i+} = A\,n_{i+}$, $\tilde{n}_{+j} = A\,n_{+j}$ und $\tilde{n} \to A\,n$. Damit gilt folgender Zusammenhang für die Berechnung der χ^2-Statistik gemäß

(4.4)

$$\chi^2_{\text{neu}} = \sum \sum \frac{(An_{ij} - \frac{A^2 n_{i+} n_{+j}}{An})^2}{\frac{A^2 n_{i+} n_{+j}}{An}} = \sum \sum \frac{A^2 (n_{ij} - \frac{n_{i+} n_{+j}}{n})^2}{A \frac{n_{i+} n_{+j}}{n}} = A \chi^2_{\text{alt}} .$$

(4.7)

Die Berechnung des χ^2-Wertes mit den angegebenen Werten der Kontingenztafel (ohne Faktor A) liefert also einen falschen χ^2-Wert. Die Beziehung (4.7) kann jedoch zur vereinfachten Berechnung der χ^2-Statistik verwendet werden.

Beispiel 4.2.3. Wir berechnen nun den χ^2-Wert in Beispiel 4.2.2 unter Verwendung von (4.7). Aus der Kontingenztafel auf S. 105 berechnen wir mit (4.6) den (inkorrekten) Wert

$$\chi^2_{alt} = 36.9 \left(\frac{2.3^2}{3.1 \cdot 21.6} + \frac{0.8^2}{3.1 \cdot 15.3} + \frac{0.1^2}{0.5 \cdot 21.6} + \frac{0.4^2}{0.5 \cdot 15.3} \right.$$
$$\left. + \frac{19.2^2}{33.3 \cdot 21.6} + \frac{14.1^2}{33.3 \cdot 15.3} - 1 \right) = 0.630$$

und erhalten damit nach Multiplikation mit $A = 1\,000\,000$ den korrekten Wert

$$\chi^2_{neu} = 1\,000\,000 \cdot 0.630 = 629\,631.09$$

4.2.2 Phi-Koeffizient

Der Phi-Koeffizient Φ bereinigt die Abhängigkeit der χ^2-Statistik vom Erhebungsumfang n durch folgende Normierung

$$\Phi = \sqrt{\frac{\chi^2}{n}} .$$

(4.8)

Der Phi-Koeffizient nimmt im Fall der Unabhängigkeit ebenso wie die χ^2-Statistik den Wert Null an. Der Maximalwert des Phi-Koeffizienten ist $\sqrt{\frac{n(\min(k,l)-1)}{n}} = \sqrt{\min(k,l) - 1}$.

In der speziellen Notation der Vier-Felder-Tafel lässt sich Φ auch direkt berechnen als

$$\Phi = \frac{ad - bc}{\sqrt{(a + b)(c + d)(a + c)(b + d)}} .$$

(4.9)

In diesem Fall ist es möglich – wie oben bereits erwähnt – die Art des Zusammenhangs durch eine Richtungsangabe zu beschreiben. Φ ist positiv, falls $ad > bc$ ist, und negativ, falls $ad < bc$ ist. Der Maximalwert ist bei einer 2×2-Tafel Eins. Φ liegt also im Intervall $[-1; 1]$, wobei -1 einem exakten negativen Zusammenhang und $+1$ einem exakten positiven Zusammenhang entspricht. Diese beiden Situationen sind in der folgenden Abbildung 4.17 schematisch dargestellt.

		Merkmal Y					Merkmal Y	
		y_1	y_2				y_1	y_2
Merkmal X	x_1	a	0		Merkmal X	x_1	0	b
	x_2	0	d			x_2	c	0

Abb. 4.17. Exakter positiver bzw. negativer Zusammenhang

Beispiel 4.2.4. Wir berechnen nun für den Zusammenhang zwischen Studienfach und Geschlecht aus Beispiel 4.2.1 den Phi-Koeffizienten gemäß (4.8):

$$\Phi = \sqrt{\frac{3.069}{20}} = 0.392\,.$$

Die Fächer BWL und VWL sind bezüglich ihrer Studieninhalte sehr ähnlich. Wir gehen deshalb davon aus, dass eventuelle Geschlechtsunterschiede eher zwischen diesen wirtschaftswissenschaftlichen Fächern einerseits und den sonstigen Studienfächern andererseits bestehen könnten. Wir fassen die Fächer BWL und VWL zusammen und erhalten dadurch folgende Kontingenztafel:

	Wirtschaftswissenschaften	Sonstige
männlich	7	2
weiblich	6	5

Die Berechnung des Phi-Koeffizienten mit (4.9) liefert

$$\Phi = \frac{7 \cdot 5 - 2 \cdot 6}{\sqrt{9 \cdot 11 \cdot 13 \cdot 7}} = \frac{23}{\sqrt{9009}} = 0.242\,.$$

Der Zusammenhang ist positiv, d. h. die Merkmalsausprägungen 'männlich, Wirtschaftswissenschaften' und 'weiblich, Sonstige' treten öfter als unter der Unabhängigkeitsannahme zu erwarten ist auf. Männer studieren also eher ein wirtschaftswissenschaftliches Fach und Frauen eher ein sonstiges Studienfach. Da bei einer Vier-Felder-Tafel der Maximalwert 1 ist, ist der Zusammenhang als schwach einzustufen. In der ursprünglichen 2×3-Tafel ist der Maximalwert ebenfalls 1. Die beiden Φ-Werte sind somit vergleichbar. Da der Zusammenhang in der kleineren Kontingenztafel schwächer ist, haben wir die falschen Fächer zusammengefasst. Dies wird auch deutlich, wenn wir uns die bedingten Verteilungen in Beispiel 4.1.2 anschauen. Dort sind die Fächer BWL und Sonstige eher gleich und VWL weist eine andere Verteilung auf.

Der Phi-Koeffizient ist also eine von n unabhängige Maßzahl. Dadurch hat auch die Veränderung der Einheit der absoluten Häufigkeiten um den Faktor A keinen Einfluss auf Φ, wie folgende Rechnung zeigt:

$$\Phi_{\text{neu}} = \sqrt{\frac{A\,\chi^2_{\text{alt}}}{A\,n_{\text{alt}}}} = \Phi_{\text{alt}}\,.$$

4.2.3 Kontingenzmaß von Cramer

Das Kontingenzmaß V von Cramer bereinigt den Phi-Koeffizienten zusätzlich um die Dimension der Kontingenztafel. V ist definiert als

$$V = \sqrt{\frac{\chi^2}{n(\min(k,l) - 1)}} \, . \qquad (4.10)$$

Das Kontingenzmaß liegt bei allen Kontingenztafeln zwischen 0 und 1 und erfüllt damit alle wünschenswerten Eigenschaften einer Maßzahl für die Assoziation zwischen zwei nominalen Merkmalen. Im Fall der Vier-Felder-Tafel ist das Kontingenzmaß gleich dem Absolutbetrag des Phi-Koeffizienten. Das Kontingenzmaß ist ebenso wie Φ unabhängig von der Einheit.

Beispiel. Betrachten wir die beiden Merkmale 'mathematische Vorkenntnisse' und 'Studienfach' unserer Studentenbefragung, so erhalten wir im SPSS-Listing in Abbildung 4.18 die resultierende Kontingenztafel und die entsprechenden Assoziationsmaße bei den 253 Fragebögen. Da bei einem Fragebogen keine Angabe zu den mathematischen Vorkenntnissen gemacht wurde, reduziert sich die Fallzahl auf 252.

		Studienfach			
		BWL	VWL	anderes	Total
Math. Vorkenntnisse	kein Vorwissen			16	16
	Grundkurs Mathematik	58	6	11	75
	LK Mathematik	25	7	3	35
	Vorlesung Mathematik	108	16	2	126
Total		191	29	32	252

Symmetric Measures

		Value	Approx. Sig.
Nominal by Nominal	Phi	.712	.000
	Cramer's V	.504	.000
N of Valid Cases		252	

Abb. 4.18. SPSS-Listing zum Zusammenhang zwischen den Merkmalen 'Studienfach' und 'mathematischen Vorkenntnisse'

Wir erhalten ein Kontingenzmaß von 0.504, was auf einen Zusammenhang zwischen dem Studienfach und den mathematischen Vorkenntnissen hindeutet. Betrachten wir zusätzlich die Kontingenztafel, so sehen wir, dass geringe Vorkenntnisse eher bei den sonstigen Studienfächern und höhere Vorkenntnisse eher bei den Wirtschaftswissenschaften vorliegen.

4.2.4 Kontingenzkoeffizient C

Eine alternative Normierung der χ^2-Statistik bietet der Kontingenzkoeffizient C nach Pearson. Der Kontingenzkoeffizient C ist definiert als

$$C = \sqrt{\frac{\chi^2}{\chi^2 + n}} \, . \tag{4.11}$$

Der Wertebereich von C ist das Intervall $[0,1)$. Der Maximalwert $C_{\max}$ von C ist ebenso wie der Maximalwert beim Phi-Koeffizienten abhängig von der Größe der Kontingenztafel. Es gilt

$$C_{\max} = \sqrt{\frac{\min(k,l) - 1}{\min(k,l)}} \, . \tag{4.12}$$

Deshalb verwendet man den sogenannten korrigierten Kontingenzkoeffizienten

$$C_{\text{korr}} = \frac{C}{C_{\max}} = \sqrt{\frac{\min(k,l)}{\min(k,l) - 1}} \sqrt{\frac{\chi^2}{\chi^2 + n}} \, , \tag{4.13}$$

der bei jeder Tafelgröße als Maximum den Wert Eins annimmt. Mit C_{korr} können Kontingenztafeln verschiedener Dimension bezüglich der Stärke ihres Zusammenhangs verglichen werden, d. h. der korrigierte Kontingenzkoeffizient besitzt alle wünschenswerten Eigenschaften einer Maßzahl. Der korrigierte Kontingenzkoeffizient ist ebenfalls unabhängig von der Multiplikation mit einem Faktor A.

Beispiel 4.2.5. Wir greifen wieder den Zusammenhang zwischen Geschlecht und Studienfach der 20 Fragebögen aus Beispiel 4.2.4 auf. Mit (4.11) erhalten wir

$$C = \sqrt{\frac{3.069}{3.069 + 20}} = 0.365 \, .$$

In diesem Fall ist $\min(2,3) = 2$ und $C_{\max} = \sqrt{\frac{1}{2}}$. Damit ist

$$C_{\text{korr}} = \sqrt{\frac{2 \cdot 3.069}{1(3.069 + 20)}} = 0.516$$

Nach Zusammenfassung der wirtschaftswissenschaftlichen Fächer erhalten wir

$$C_{\text{korr}} = \sqrt{\frac{2 \cdot 1.1744}{(2 - 1)(1.1744 + 20)}} = 0.333 \, .$$

Der Kontingenzkoeffizient von 0.516 deutet also auf einen Zusammenhang zwischen Geschlecht und Studienfach hin. Ebenso wie beim Phi-Koeffizienten wird auch hier der Zusammenhang nach Zusammenfassung schwächer. Das entsprechende SPSS-Listing finden wir in Abbildung 4.19. Dabei ist zu beachten, dass SPSS nur C, nicht aber C_{korr} angibt.

Symmetric Measures			
		Value	Approx. Sig.
Nominal by Nominal	Contingency Coefficient	.365	.216
N of Valid Cases		20	

Abb. 4.19. SPSS-Listing zum Kontingenzkoeffizienten

4.2.5 Lambda-Maße

Auf einem anderen Konstruktionsprinzip beruhen die Lambda-Maße von Goodman und Kruskal (Goodman und Kruskal, 1954). Hier wird die Assoziation durch die Reduktion des Fehlers in der Vorhersage der Beobachtungen ausgedrückt. Betrachten wir die beiden nominalen Merkmale X und Y. Wir wollen nun bei den n Beobachtungsobjekten die Merkmalsausprägungen von X vorhersagen. Würden wir die Randverteilung vorher kennen, so wäre eine Möglichkeit, jedem Beobachtungsobjekt die häufigste Merkmalsausprägung zuzuordnen. Wir würden damit die n_{modal} Beobachtungen korrekt spezifizieren, bei denen tatsächlich die häufigste Merkmalsausprägung vorliegt, die anderen $n - n_{\text{modal}}$ Beobachtungen würden falsch vorhergesagt werden. Kennt man zusätzlich für jedes Beobachtungsobjekt die Merkmalsausprägung von Y, so kann man die Ausprägung von X anhand der bedingten Verteilung von X gegeben Y vorhersagen. Man würde also die häufigste Ausprägung jeder bedingten Verteilung wählen. Sind die beiden Merkmale abhängig, so führt dieses Vorgehen zu einer Reduktion des Vorhersagefehlers. Das Lambda-Maß ist damit die **relative Fehlerreduktion**

$$\lambda_x = \frac{E_1 - E_2}{E_1} , \tag{4.14}$$

wobei E_1 die Anzahl der Fehler bei Vorhersage mittels der häufigsten Merkmalsausprägung bei der Randverteilung von X, und E_2 die Anzahl der Fehler bei Vorhersage mittels der häufigsten Merkmalsausprägung der bedingten Verteilungen von X gegeben y_j ist. Formal lässt sich das Lambda-Maß berechnen durch

$$\lambda_x = \frac{\sum_{j=1}^{l} \max_i n_{ij} - \max_i n_{i+}}{n - \max_i n_{i+}} . \tag{4.15}$$

Da das so definierte Lambda-Maß nicht symmetrisch ist, ist das Lambda-Maß für Y dementsprechend definiert als

$$\lambda_y = \frac{\sum_{i=1}^{k} \max_j n_{ij} - \max_j n_{+j}}{n - \max_j n_{+j}} . \tag{4.16}$$

Um den Nachteil der Unsymmetrie auszugleichen, wurde von Goodman und Kruskal schließlich noch das symmetrische Lambda-Maß

$$\lambda = \frac{\sum_{j=1}^{l} \max_i n_{ij} + \sum_{i=1}^{k} \max_j n_{ij} - (\max_i n_{i+} + \max_j n_{+j})}{2n - (\max_i n_{i+} + \max_j n_{+j})} \quad (4.17)$$

eingeführt.

Beispiel 4.2.6. Betrachten wir wiederum den Zusammenhang zwischen dem Geschlecht und dem Studienfach der 20 Fragebögen aus Beispiel 4.2.1. Die Randverteilungen und die bedingten Verteilungen sind in Beispiel 4.1.2 angegeben. Der Wert n_{modal} der Randverteilung von 'Geschlecht' ist 11. Für die bedingten Verteilungen des Geschlechts gegeben das Studienfach erhalten wir die Werte 4, 5 und 5 als die Maxima der absoluten Häufigkeiten. Damit ist

$$\lambda_{\text{Geschlecht}} = \frac{14 - 11}{20 - 11} = \frac{3}{9} = 0.33 \,.$$

Der Vorhersagefehler kann damit bei Kenntnis des Studienfachs um etwa 33% reduziert werden. Analog können wir mit den Maxima 5 und 5 der bedingten Verteilungen des Studienfachs gegeben das Geschlecht und einem Wert n_{modal} der Randverteilung des 'Studienfachs' von 7

$$\lambda_{\text{Studienfach}} = \frac{10 - 7}{20 - 7} = \frac{3}{13} = 0.23$$

berechnen. Die Fehlerreduktion ist hier also geringer. Für λ erhalten wir

$$\lambda = \frac{14 + 10 - (11 + 7)}{40 - (11 + 7)} = \frac{6}{22} = 0.27$$

Ist X vollständig von Y abhängig, so nimmt λ_x den Wert 1 an. In einer symmetrischen Kontingenztafel ist dann auch λ gleich 1. Sind die Merkmale X und Y unabhängig, so sind λ_x, λ_y und λ gleich Null. Es ist jedoch zu beachten, dass ein λ-Wert von Null nicht notwendigerweise die Unabhängigkeit impliziert. Liegen alle Spaltenmaxima in derselben Zeile der Kontingenztafel und alle Zeilenmaxima in derselben Spalte, so sind die Lambda-Maße ebenfalls gleich Null. Diese Situation hat jedoch nichts mit der Unabhängigkeit der Merkmale zu tun.

Zur Vorhersage können neben der Verwendung der häufigsten Merkmalsausprägung auch andere Strategien angewandt werden. So kann man zur Vorhersage die relativen bzw. absoluten Häufigkeiten der Randverteilung und der bedingten Verteilung verwenden. Anstatt bei allen Beobachtungen die häufigste Merkmalsausprägung zu vergeben, würde man also n_{1+}-mal die Ausprägung x_1 vergeben, n_{2+}-mal die Ausprägung x_2 usw. Man würde dann erwarten, dass $f_{1+}\%$ der n_{1+} Beobachtungen mit x_1 richtig vorhergesagt wurden, $f_{2+}\%$ der n_{2+} Beobachtungen mit x_2 richtig vorhergesagt wurden, usw. In Analogie zu den Lambda-Maßen erhalten wir damit **Goodmans und Kruskals tau** als

$$\tau_x = \frac{\sum_{i=1}^{k} \sum_{j=1}^{l} f_{i|j} f_{ij} - \sum_{i=1}^{r} f_{i+}^2}{1 - \sum_{i=1}^{r} f_{i+}^2} \,, \quad (4.18)$$

das nicht mit Kendalls τ (4.27) zu verwechseln ist. In der Notation der absoluten Häufigkeiten erhalten wir

$$\tau_x = \frac{n \sum_{i=1}^{k} \sum_{j=1}^{l} \frac{n_{ij}^2}{n_{+j}} - \sum_{i=1}^{r} n_{i+}^2}{n^2 - \sum_{i=1}^{r} n_{i+}^2}. \tag{4.19}$$

τ_y wird in Analogie dazu berechnet.

Beispiel 4.2.7. Für den Zusammenhang zwischen dem Geschlecht und dem Studienfach der 20 Fragebögen aus Beispiel 4.2.1 erhalten wir mit (4.18)

$\tau_{\text{Geschlecht}} =$
$$\frac{\left(\frac{2}{6}0.1 + \frac{4}{6}0.2 + \frac{5}{7}0.25 + \frac{2}{7}0.1 + \frac{2}{7}0.1 + \frac{5}{7}0.25\right) - \left(0.45^2 + 0.55^2\right)}{1 - \left(0.45^2 + 0.55^2\right)} = 0.153$$

$\tau_{\text{Studienfach}} =$
$$\frac{\left(\frac{2}{9}0.1 + \frac{5}{9}0.25 + \frac{2}{9}0.1 + \frac{4}{11}0.2 + \frac{2}{11}0.1 + \frac{5}{11}0.25\right) - \left(0.3^2 + 0.35^2 + 0.35^2\right)}{1 - \left(0.3^2 + 0.35^2 + 0.35^2\right)}$$
$$= 0.080$$

Das entsprechende SPSS-Listing finden wir in Abbildung 4.20.

Directional Measures

			Value	Asymp. Std. Error[a]	Approx. T[b]	Approx. Sig.
Nominal by Nominal	Lambda	Symmetric	.273	.175	1.491	.136
		Geschlecht Dependent	.333	.240	1.172	.241
		Studienfach Dependent	.231	.178	1.172	.241
	Goodman and Kruskal tau	Geschlecht Dependent	.153	.160		.233[c]
		Studienfach Dependent	.080	.086		.221[c]

a. Not assuming the null hypothesis.

b. Using the asymptotic standard error assuming the null hypothesis.

c. Based on chi-square approximation

Abb. 4.20. SPSS-Listing der Lambda- und tau-Maße von Goodman und Kruskal

4.2.6 Der Yule-Koeffizient

Der Yule-Koeffizient ist eine Maßzahl, die nur für Vier-Felder-Tafeln definiert ist. Ihre Konstruktion beruht auf der Beziehung zwischen konkordanten und diskordanten Paaren von Merkmalsausprägungen. Die Definition konkordanter und diskordanter Merkmalsausprägungen ist im allgemeinen nur bei zwei ordinalen Merkmalen möglich. Im Spezialfall der Vier-Felder-Tafel bezeichnen wir die Merkmalskombination (x_2, y_2) als **konkordant** zur Merkmalskombination (x_1, y_1) und die Kombination (x_2, y_1) als **diskordant** zur Merkmalskombination (x_1, y_2). Der Yule-Koeffizient Q setzt die konkordanten und diskordanten Paare wie folgt in Beziehung:

$$Q = \frac{ad - bc}{ad + bc} \qquad (4.20)$$

Der Yule-Koeffizient liegt zwischen -1 und $+1$. Im Fall der Unabhängigkeit ist $Q = 0$. Die Werte -1 und $+1$ werden bereits angenommen, falls a oder d bzw. b oder c Null sind. Es handelt sich hierbei um eine spezielle Definition des exakten Zusammenhangs.

Beispiel 4.2.8. Wir wollen untersuchen, ob Studenten, die kein Bafög erhalten, eher einer Nebentätigkeit nachgehen als Bafög-Empfänger. Hierzu verwenden wir wiederum unsere Studentenbefragung. Die Kontingenztafel ist in Abbildung 4.21 angegeben.

		Nebenbei jobben		
		ja	nein	Total
Bafög-Empfänger	ja	13	89	102
	nein	144	7	151
Total		157	96	253

Symmetric Measures

		Value	Asymp. Std. Error[a]	Approx. T[b]	Approx. Sig.
Ordinal by Ordinal	Gamma	-.986	.007	-19.454	.000
N of Valid Cases		253			

a. Not assuming the null hypothesis.

b. Using the asymptotic standard error assuming the null hypothesis.

Abb. 4.21. SPSS-Listing zum Zusammenhang zwischen 'Empfang von Bafög' und 'nebenbei Jobben'

Wir berechnen daraus mit (4.20)

$$Q = \frac{13 \cdot 7 - 89 \cdot 144}{13 \cdot 7 + 89 \cdot 144} = \frac{-12725}{12907} = -0.986$$

Es liegt also ein starker, negativer Zusammenhang vor. Es besteht eine Beziehung zwischen 'Bafög-Empfang' und 'keiner Nebentätigkeit' und 'nebenbei Jobben' und 'keinem Bafög-Empfang'. Wie wir später sehen werden, ist der Yule-Koeffizient ein Spezialfall des γ-Koeffizienten. Daher wird im SPSS-Listing nur die Bezeichnung 'Gamma' verwendet.

4.2.7 Der Odds-Ratio

Der Odds-Ratio ist eine Maßzahl, die nur für Vier-Felder-Tafeln definiert ist. Das zugrundeliegende Konstruktionsprinzip lässt sich am leichtesten im medizinischen Kontext erklären. Betrachten wir das Merkmal X als Schichtungsmerkmal, d. h. X definiert die Gruppen x_1 und x_2. Dann kann für diese beide Gruppen das Verhältnis der relativen Häufigkeiten der Merkmalsausprägungen von Y – das sogenannte **relative Risiko** –

$$\frac{f_{1|1}}{f_{1|2}} \quad \text{bzw.} \quad \frac{f_{2|1}}{f_{2|2}} \tag{4.21}$$

angegeben werden. Der Odds-Ratio ist dann das Verhältnis dieser beiden relativen Risiken

$$OR = \frac{f_{1|1}/f_{1|2}}{f_{2|1}/f_{2|2}} = \frac{f_{1|1}f_{2|2}}{f_{2|1}f_{1|2}} \,. \tag{4.22}$$

Mit der allgemeinen Beziehung $f_{i|j} = \frac{f_{ij}}{f_{+j}}$ lässt sich (4.22) umformen in

$$OR = \frac{f_{11}f_{22}}{f_{21}f_{12}}$$

bzw. in der Notation der Vier-Felder-Tafel

$$OR = \frac{a\,d}{b\,c} \,. \tag{4.23}$$

Im Fall der Unabhängigkeit sind die beiden relativen Risiken (4.21) gleich. Damit nimmt der Odds-Ratio im Fall der Unabhängigkeit den Wert 1 an. Falls eine hohe Übereinstimmung zwischen X und Y dahingehend vorliegt, dass die gleichgerichteten Paare (x_1, y_1) und (x_2, y_2) häufiger als die gegenläufigen Paare (x_1, y_2) und (x_2, y_1) beobachtet werden, so liegt ein positiver Zusammenhang zwischen X und Y vor. Der Odds-Ratio ist dann größer 1. Liegt ein negativer Zusammenhang vor, d. h. die gegenläufigen Paare (x_1, y_2) und (x_2, y_1) werden häufiger beobachtet als die gleichgerichteten Paare (x_1, y_1) und (x_2, y_2), so ist der Odds-Ratio kleiner 1. Der Odds-Ratio ist stets größer Null, wie man an (4.23) leicht erkennen kann.

Beispiel 4.2.9. Wir wollen für den Zusammenhang zwischen 'Empfang von Bafög' und 'nebenbei Jobben' aus Beispiel 4.2.8 den Odds-Ratio bestimmen. Wir erhalten aus Abbildung 4.21 mit (4.23)

$$OR = \frac{13 \cdot 7}{89 \cdot 144} = 0.007$$

Der starke negative Zusammenhang wird auch hier sichtbar. Im SPSS-Listing in Abbildung 4.22 sind neben dem Odds-Ratio die relativen Risiken für 'nebenbei Jobben' bei den Bafög-Empfängern und bei den Studenten ohne Bafög

Risk Estimate			
		95% Confidence Interval	
	Value	Lower	Upper
Odds Ratio for Nebenbei jobben (ja / nein)	.007	.003	.018
For cohort Bafög-Empfänger = ja	.089	.053	.151
For cohort Bafög-Empfänger = nein	12.579	6.154	25.709
N of Valid Cases	253		

Abb. 4.22. SPSS-Listing für den Odds-Ratio und das relative Risiko

angegeben. Das relative Risiko für einen Nebenjob bei den Bafög-Empfängern beträgt rund 9:100, bei den Studenten ohne Bafög rund 13:1.

In Abbildung 4.23 sind die bedingten relativen Häufigkeiten des Bafög-Empfangs gegeben den Nebenjob grafisch dargestellt. Die Kreisfläche ist dabei proportional zur bedingten relativen Häufigkeit. Da die Kreisflächen der Nebendiagonalen deutlich größer als die Kreisflächen der Hauptdiagonalen sind, ist auch hier der starke negative Zusammenhang erkennbar.

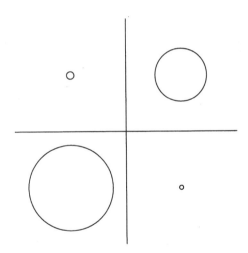

Abb. 4.23. Häufigkeitsplot der Vier-Felder-Tafel in Beispiel 4.2.9

Wir haben in diesem Abschnitt Zusammenhangsmaße für den Fall zweier nominaler Merkmale behandelt. Ist eines der Merkmale nominalskaliert und das andere ordinalskaliert, so sind die Maßzahlen für nominalskalierte Merkmale zu verwenden. Die Ordnungsinformation des ordinalen Merkmals kann dabei jedoch nicht genutzt werden. Ist eines der beiden Merkmale metrisch skaliert und das andere nominal, so kann die Maßzahl **eta** (Guttman, 1988) verwendet werden, auf die wir hier nicht eingehen wollen. Alternativ kann man das metrische Merkmal klassieren. Dies ist jedoch mit erheblichem Informationsverlust verbunden und besitzt darüber hinaus den Nachteil, dass der Zusammenhang sehr stark von der gewählten Klasseneinteilung abhängt.

4.3 Maßzahlen für den Zusammenhang ordinaler Merkmale

Im Gegensatz zu den nominalen Merkmalen besitzen ordinale Merkmale eine Ordnungsstruktur, die bei der Berechnung und Interpretation der Maßzahlen genutzt werden kann. Aussagen wie „... je größer der Wert von X, desto größer der Wert von Y ..." machen hier also Sinn. Wir haben für den Spezialfall der Vier-Felder-Tafel bereits in Abschnitt 4.2 das Yulesche Assoziationsmaß kennengelernt, das auf dem Konstruktionsprinzip konkordanter und diskordanter Paare beruht. Wir wollen diese Begriffe nun für eine allgemeine $k \times l$-Kontingenztafel zweier ordinaler Merkmale einführen.

Konkordanz und Diskordanz. Wir bezeichnen die Ausprägung (x_{i_2}, y_{j_2}) des zweidimensionalen Merkmals (X, Y) als zur Ausprägung (x_{i_1}, y_{j_1}) **konkordant**, falls $i_2 > i_1$ und $j_2 > j_1$ oder $i_2 < i_1$ und $j_2 < j_1$ ist. Die Ausprägungen heißen **diskordant**, falls $i_2 < i_1$ und $j_2 > j_1$ oder $i_2 > i_1$ und $j_2 < j_1$ ist. Ist $i_2 = i_1$ oder $j_2 = j_1$, so liegt eine Bindung vor. Die Zuordnung der konkordanten und diskordanten Merkmalsausprägung sowie die Bindungen zu jeder einzelnen Zelle sind in Abbildung 4.24 anhand einer 2×3-Tafel dargestellt.

	y_1	y_2	y_3
x_1		b	b
x_2	b	k	k

	y_1	y_2	y_3
x_1	b		b
x_2	d	b	k

	y_1	y_2	y_3
x_1	b	b	
x_2	d	d	b

	y_1	y_2	y_3
x_1	b	d	d
x_2		b	b

	y_1	y_2	y_3
x_1	k	b	d
x_2	b		b

	y_1	y_2	y_3
x_1	k	k	b
x_2	b	b	

Abb. 4.24. Konkordante (k), diskordante (d) Merkmalsausprägungen und Bindungen (b) zu den Merkmalsausprägungen (x_1, y_1) bis (x_2, y_3)

Die Anzahl der konkordanten Beobachtungen zur Merkmalsausprägung (x_1, y_1) ist $n_{11}n_{22} + n_{11}n_{23}$. Entsprechend berechnet sich die Anzahl der konkordanten Beobachtungen zu (x_1, y_2) als $n_{12}n_{23}$. Allgemein erhalten wir die Anzahl der konkordanten Beobachtungen in einer $k \times l$-Kontingenztafel durch

$$K = \sum_{i<m} \sum_{j<n} n_{ij} n_{mn} \tag{4.24}$$

und die Anzahl der diskordanten Paare als

$$D = \sum_{i<m} \sum_{j>n} n_{ij} n_{mn} \, . \tag{4.25}$$

4.3.1 Gamma

Goodmans und Kruskals γ bildet die Differenz aus den Anteilen der konkordanten Beobachtungen $K/(K + D)$ und diskordanten Beobachtungen $D/(K + D)$:

$$\gamma = \frac{K - D}{K + D} \tag{4.26}$$

Für den Fall der Vier-Felder-Tafel reduziert sich – wie bereits erwähnt – (4.26) zu (4.20). Im Fall der Unabhängigkeit nimmt γ den Wert Null an. Umgekehrt impliziert jedoch ein Wert von Null nicht notwendigerweise die Unabhängigkeit der beiden Merkmale, wie die Kontingenztafel 4.5 zeigt. γ ist -1, falls es keine konkordanten Beobachtungen gibt, und 1, falls es keine diskordanten Beobachtungen gibt. In diesen Fällen muss jedoch kein streng monotoner Zusammenhang in der Kontingenztafel bestehen, wie wir aus den Tabellen 4.6 und 4.7 sehen.

Tabelle 4.5. 3×3-Kontingenztafel der absoluten Häufigkeiten. $\gamma = 0, V = 0.7$

	y_1	y_2	y_3
x_1	a	0	a
x_2	a	0	a
x_3	0	a	0

Tabelle 4.6. 3×3-Kontingenztafel der absoluten Häufigkeiten mit $\gamma = 1$

	y_1	y_2	y_3
x_1	a	0	0
x_2	a	a	0
x_3	0	a	a

Tabelle 4.7. 3×3-Kontingenztafeln der absoluten Häufigkeiten mit $\gamma = -1$

	y_1	y_2	y_3
x_1	0	0	a
x_2	0	a	a
x_3	a	a	0

Beispiel 4.3.1. Wir wollen den Zusammenhang zwischen den 'mathematischen Vorkenntnissen' und der 'Anzahl der Versuche in Statistik I' betrachten und ziehen hierfür die 253 Fragebögen unserer Studentenbefragung heran. Die resultierende Kontingenztafel ist in Abbildung 4.25 gegeben. Wir fassen beide Merkmale als ordinal auf. Mit (4.24) und (4.25) erhalten wir die Anzahl der konkordanten und diskordanten Beobachtungen:

$$
\begin{aligned}
K = {} & 13 \cdot 21 + 13 \cdot 2 + 13 \cdot 10 + 13 \cdot 22 + 13 \cdot 5 \\
& + 3 \cdot 2 + 3 \cdot 5 \\
& + 52 \cdot 10 + 52 \cdot 22 + 52 \cdot 5 \\
& + 21 \cdot 5 \\
& + 25 \cdot 22 + 25 \cdot 5 \\
& + 10 \cdot 5 \\
= {} & 3\,555 \\
D = {} & 3 \cdot 52 + 3 \cdot 25 + 3 \cdot 99 \\
& + 2 \cdot 10 + 2 \cdot 25 + 2 \cdot 22 + 2 \cdot 99 \\
& + 21 \cdot 25 + 21 \cdot 99 \\
& + 10 \cdot 99 \\
= {} & 4\,434
\end{aligned}
$$

Damit ergibt sich

$$
\gamma = \frac{3\,555 - 4\,434}{3\,555 + 4\,434} = \frac{-879}{7989} = -0.110
$$

		Versuch Statistik I			
		1. Versuch	2. Versuch	3. Versuch	Total
Math. Vorkenntnisse	kein Vorwissen	13	3		16
	Grundkurs Mathematik	52	21	2	75
	LK Mathematik	25	10		35
	Vorlesung Mathematik	99	22	5	126
Total		189	56	7	252

Symmetric Measures

		Value	Asymp. Std. Error[a]	Approx. T[b]	Approx. Sig.
Ordinal by Ordinal	Gamma	-.110	.113	-.959	.338
N of Valid Cases		252			

a. Not assuming the null hypothesis.

b. Using the asymptotic standard error assuming the null hypothesis.

Abb. 4.25. SPSS-Listing zum Zusammenhang zwischen 'mathematischen Vorkenntnissen' und 'Anzahl der Versuche in Statistik I'

Es besteht also nur ein schwacher negativer Zusammenhang zwischen den mathematischen Vorkenntnissen und der Anzahl der Versuche bei der Statistikklausur. Die Aussage ist in diesem Fall jedoch etwas problematisch, da wir die Vorlesung Mathematik als beste 'Vorkenntnis' einstufen. Andererseits sollte auch jeder Student, der zum zweiten Versuch antritt, die Vorlesung Mathematik gehört haben, so dass eine monotone Beziehung zwischen den Vorkenntnissen und der Anzahl der Versuche sachlogisch wohl nicht gerechtfertigt erscheint.

4.3.2 Kendalls tau-b und Stuarts tau-c

In die Berechnung von γ gehen nur die konkordanten und diskordanten Paare ein, die Bindungen bleiben unberücksichtigt. Die Bindungen können in drei verschiedene Gruppen unterteilt werden. Es gibt die Bindungen von X, bei denen für die Merkmalsausprägungen (x_{i_2}, y_{j_2}) und (x_{i_1}, y_{j_1}) $i_2 = i_1$ und $j_2 \neq j_1$ ist. Bei den Bindungen von Y ist $i_2 \neq i_1$ und $j_2 = j_1$. Die dritte Gruppe ist die Gruppe der Bindungen, bei denen $i_2 = i_1$ und $j_2 = j_1$ ist. Es liegt also eine Bindung in X und Y vor. Die Anzahl der Beobachtungen in diesen drei Gruppen wird mit T_X, T_Y und T bezeichnet.

Kendalls tau-b berücksichtigt die Bindungen von X und Y bei der Adjustierung der Differenz:

$$\tau_b = \frac{K - D}{\sqrt{(K + D + T_X)(K + D + T_Y)}}. \qquad (4.27)$$

Wenn alle Randhäufigkeiten größer als Null sind, nimmt τ_b nur im Fall einer quadratischen Kontingenztafel Werte im ganzen Bereich $[-1; 1]$ an. Um diesen Nachteil auszugleichen, berücksichtigt tau-c die Dimension der Kontingenztafel:

$$\tau_c = \frac{2 \min(k, l)(K - D)}{n^2(\min(k, l) - 1)}. \qquad (4.28)$$

Beispiel 4.3.2. Wir berechnen für den Zusammenhang zwischen den mathematischen Vorkenntnissen und der Anzahl der Versuche bei der Statistikklausur aus Beispiel 4.3.1 tau-b und tau-c. Hierzu benötigen wir zunächst die Anzahl T_X der X-Bindungen und die Anzahl T_Y der Y-Bindungen:

$$\begin{aligned}
T_X &= 13 \cdot 3 + 52 \cdot 21 + 52 \cdot 2 + 21 \cdot 2 \\
&\quad + 25 \cdot 10 + 99 \cdot 22 + 99 \cdot 5 + 22 \cdot 5 \\
&= 4\,310 \\
T_Y &= 13 \cdot 52 + 13 \cdot 25 + 13 \cdot 99 + 52 \cdot 25 + 52 \cdot 99 + 25 \cdot 99 \\
&\quad + 3 \cdot 21 + 3 \cdot 10 + 3 \cdot 22 + 21 \cdot 10 + 21 \cdot 22 + 10 \cdot 22 \\
&\quad + 2 \cdot 5 \\
&= 12\,272
\end{aligned}$$

Damit erhalten wir

$$\tau_b = \frac{3\,555 - 4\,434}{\sqrt{(3\,555 + 4\,434 + 4\,310)(3\,555 + 4\,434 + 12\,272)}} = -0.056$$

und

$$\tau_c = \frac{2 \cdot 3(3\,555 - 4\,434)}{252^2(3-1)} = \frac{-5\,274}{127\,008} = -0.042\,.$$

Das entsprechende SPSS-Listing findet man in Abbildung 4.26. Der Zusammenhang erscheint hier noch schwächer als bei γ. Dies ist sicherlich auch durch die große Anzahl von Bindungen bedingt, die bei γ unberücksichtigt bleiben.

Symmetric Measures

		Value	Asymp. Std. Error[a]	Approx. T[b]	Approx. Sig.
Ordinal by Ordinal	Kendall's tau-b	-.056	.058	-.959	.338
	Kendall's tau-c	-.042	.043	-.959	.338
N of Valid Cases		252			

a. Not assuming the null hypothesis.

b. Using the asymptotic standard error assuming the null hypothesis.

Abb. 4.26. SPSS-Listing zu tau-b und tau-c

4.3.3 Rangkorrelationskoeffizient von Spearman

Ist die Kontingenztafel dünn besetzt, d. h., in jede Zelle fallen nur wenige oder gar keine Beobachtungen, so ist die Darstellung in einer Kontingenztafel wenig aussagekräftig. Dies ist beispielsweise der Fall, wenn die Merkmale X und Y die Platzierung der Formel-1-Rennfahrer bei den Rennen in Monaco und Hockenheim sind. Die Merkmalsausprägung (x_i, y_i) ist dann in der Regel für jeden Fahrer verschieden. Da die Platzierungen jedoch nur ordinalskaliert sind, kann eine geeignete Maßzahl für den Zusammenhang nur die Information der Rangordnung nutzen.

Für die Beobachtungen des Merkmals (X, Y) sind zunächst für jede Komponente die Ränge zu vergeben. Dabei bezeichne $R_i^X = R(x_i)$ den Rang der X-Komponente der i-ten Beobachtung und $R_i^Y = R(y_i)$ den Rang der Y-Komponente. Haben zwei oder mehr Beobachtungen die gleiche Ausprägung des Merkmals X oder Y, so liegt eine sogenannte **Bindung** vor. Als Rang der einzelnen Beobachtungen wird dann der Mittelwert der zu vergebenden Ränge genommen.

Beispiel. Bei 5 BWL-Studenten wurden folgende Noten in der Mathematikklausur und in der Statistikklausur notiert:

Student	Note in Mathematik	Note in Statistik
1	1	1
2	2	4
3	2	3
4	4	4
5	2	2

Der erste Student bekommt die Ränge $(1,1)$ zugewiesen. Die Note '2' kommt in Mathematik dreimal vor. Hierfür sind also die Ränge 2, 3 und 4 zu vergeben. Alle Studenten mit der Note '2' erhalten damit den Rang $\frac{1}{3}(2+3+4) = 3$. Die Note '4' kommt in der Statisikklausur zweimal vor. Hierfür sind die Ränge 4 und 5 zu vergeben, d. h. für die entsprechenden Beobachtungen ergibt sich ein mittlerer Rang von 4.5. Student 2 bekommt somit das Rangpaar $(3, 4.5)$ zugewiesen. Insgesamt erhalten wir schließlich folgende Ränge

Student	Rang in Mathematik	Rang in Statistik
1	1	1
2	3	4.5
3	3	3
4	5	4.5
5	3	2

Die Maßzahl für den Zusammenhang vergleicht nun die jeweiligen X- und Y-Ränge. Da auf Grund des ordinalen Skalenniveaus keine Abstände definiert sind, basiert der **Rangkorrelationskoeffizient von Spearman** nur auf der Differenz $d_i = R(x_i) - R(y_i)$ der X- bzw. Y-Rangordnung. Liegen keine Bindungen vor, so ist der Rangkorrelationskoeffizient definiert als

$$R = 1 - \frac{6 \sum\limits_{i=1}^{n} d_i^2}{n(n^2 - 1)} \tag{4.29}$$

Der Wertebereich von R liegt in den Grenzen von -1 bis $+1$, wobei bei $R = +1$ zwei identische Rangreihen vorliegen. Ist $R = -1$, so liegen zwei gegenläufige Rangreihen vor. Aus dem Vorzeichen von R lassen sich also Aussagen über die Richtung des Zusammenhangs ableiten.

Anmerkung. Während der Begriff 'Assoziation' für einen beliebigen Zusammenhang steht, legt der Begriff '**Korrelation**' die Struktur des Zusammenhangs – eine lineare Beziehung – fest. Da diese lineare Beziehung bei ordinalen Daten nur auf den Rängen basiert, sprechen wir vom Rangkorrelationskoeffizienten.

Beispiel 4.3.3. An einem Hallenfußballturnier und einem Freiluftfußballturnier nahmen jeweils die gleichen 5 Mannschaften teil. In der folgenden Tabelle sind die Platzierungen der Mannschaften A bis E bei den beiden Turnieren angegeben. Wir wollen untersuchen, ob es einen Zusammenhang zwischen den Platzierungen bei den beiden Turnieren gibt oder nicht.

| Mannschaft | Platzierung | |
	Hallenfußballturnier	Freiluftfußballturnier
A	1	2
B	2	3
C	3	1
D	4	5
E	5	4

Da hier die Platzierungen bereits die Ränge darstellen, können wir gleich die Rangdifferenzen d_i berechnen. Wir erhalten

Mannschaft	d_i	d_i^2
A	-1	1
B	-1	1
C	2	4
D	-1	1
E	1	1

Damit ist $\sum_{i=1}^{n} d_i^2 = 8$ und mit (4.29) ergibt sich

$$R = 1 - \frac{6 \cdot 8}{5(25-1)} = 0.6\,.$$

Es besteht also ein positiver Zusammenhang zwischen den Platzierungen bei den beiden Turnieren, d. h. je besser eine Mannschaft beim Hallenfußballturnier abgeschnitten hat, desto besser hat sie auch beim Freiluftturnier abgeschnitten.

Tritt eine Merkmalsausprägung öfter auf, so liegt – wie bereits oben erwähnt – eine Bindung vor. Diese Bindungen sind bei der Berechnung des Rangkorrelationskoeffizienten zu berücksichtigen. Der sogenannte **korrigierte Rangkorrelationskoeffizient** lautet:

$$R_{\text{korr}} = \frac{n(n^2-1) - \frac{1}{2}\sum_j b_j(b_j^2-1) - \frac{1}{2}\sum_k c_k(c_k^2-1) - 6\sum_i d_i^2}{\sqrt{n(n^2-1) - \sum_j b_j(b_j^2-1)}\sqrt{n(n^2-1) - \sum_k c_k(c_k^2-1)}}\,. \quad (4.30)$$

wobei $j = 1, \ldots, J$ die Gruppen mit den verschiedenen Merkmalsausprägungen von X bezeichnet. b_j ist die Anzahl der Beobachtungen mit der gleichen Merkmalsausprägung in der j-ten Gruppe. Analog bezeichnet $k = 1, \ldots, K$ die Gruppen mit den verschiedenen Merkmalsausprägungen von Y. c_k ist die Anzahl der Beobachtungen mit der gleichen Merkmalsausprägung in der k-ten Gruppe. Die Gruppen mit nur einer Beobachtung – d. h. es liegt hier keine Bindung vor – können bei der Berechnung der Summen $\sum_{j=1}^{J} b_j(b_j^2-1)$ bzw. $\sum_{k=1}^{K} c_k(c_k^2-1)$ auch weglassen werden, da $1(1^2-1) = 0$ keinen Beitrag liefert.

Beispiel 4.3.4. Bei einer Unternehmensbefragung wurde die derzeitige Auftragslage und die Konjunkturprognose für das nächste Jahr erhoben. Beide Fragen konnten mit 'sehr schlecht', 'schlecht', 'normal', 'gut' oder 'sehr gut' beantwortet werden. 10 Unternehmen haben wie folgt geantwortet:

Unternehmen	derzeitige Auftragslage	Konjunkturprognose
1	gut	sehr gut
2	normal	schlecht
3	normal	normal
4	schlecht	schlecht
5	gut	gut
6	schlecht	schlecht
7	sehr gut	gut
8	schlecht	schlecht
9	gut	gut
10	gut	schlecht

Um R_{korr} zu ermitteln, müssen zunächst die Ränge vergeben werden. Dabei gehen wir so vor, dass dem Unternehmen mit der besten Auftragslage der kleinste X-Rang und dem Unternehmen mit der besten Prognose der kleinste Y-Rang zugewiesen wird. Da hier bei beiden Merkmalen Bindungen auftreten, müssen mittlere Ränge vergeben werden. So erhalten wir folgende Tabelle:

Unternehmen	$R(x_i)$	$R(y_i)$	d_i	d_i^2
1	$\frac{2+3+4+5}{4} = 3.5$	1	2.5	6.25
2	$\frac{6+7}{2} = 6.5$	$\frac{6+7+8+9+10}{5} = 8$	-1.5	2.25
3	$\frac{6+7}{2} = 6.5$	5	1.5	2.25
4	$\frac{8+9+10}{3} = 9$	$\frac{6+7+8+9+10}{5} = 8$	1	1
5	$\frac{2+3+4+5}{4} = 3.5$	$\frac{2+3+4}{3} = 3$	0.5	0.25
6	$\frac{8+9+10}{3} = 9$	$\frac{6+7+8+9+10}{5} = 8$	1	1
7	1	$\frac{2+3+4}{3} = 3$	-2	4
8	$\frac{8+9+10}{3} = 9$	$\frac{6+7+8+9+10}{5} = 8$	1	1
9	$\frac{2+3+4+5}{4} = 3.5$	$\frac{2+3+4}{3} = 3$	0.5	0.25
10	$\frac{2+3+4+5}{4} = 3.5$	$\frac{6+7+8+9+10}{5} = 8$	-4.5	20.25

Es ist $\sum_{i=1}^{n} d_i^2 = 38.5$. In der X-Rangreihe liegen Bindungen bei 'gut', 'normal' und 'schlecht' vor. Damit ist

$$\sum_{j=1}^{J} b_j(b_j^2 - 1) = 4(4^2 - 1) + 2(2^2 - 1) + 3(3^2 - 1) = 90$$

In der Y-Rangreihe liegen Bindungen bei 'gut' und 'schlecht' vor, damit ist

$$\sum_{k=1}^{K} c_k(c_k^2 - 1) = 3(3^2 - 1) + 5(5^2 - 1) = 144$$

Wir setzen die Werte in (4.30) ein und erhalten

$$R_{\text{korr}} = \frac{10(10^2 - 1) - \frac{1}{2}90 - \frac{1}{2}144 - 6 \cdot 38.5}{\sqrt{10(10^2 - 1) - 90}\sqrt{10(10^2 - 1) - 144}}$$

$$= \frac{990 - 45 - 72 - 231}{\sqrt{990 - 90}\sqrt{990 - 144}} = 0.736 \,.$$

Es liegt also ein starker positiver Zusammenhang zwischen der aktuellen Auftragslage und der Konjunkturprognose vor. D. h. je besser es einem dieser Unternehmen geht, desto optimistischer fällt die Prognose aus. Abbildung 4.27 enthält das entsprechende SPSS-Listing. Der Rangkorrelationskoeffizient 'Spearmans rho' ist in einer sogenannten Matrixdarstellung angegeben. Würden wir drei oder mehr Merkmale gleichzeitig betrachten, so werden alle bivariaten Korrelationen gleichzeitig in dieser Matrix dargestellt.

			Auftragslage	Konjunkturprognose
Spearman's rho	Correlation Coefficient	Auftragslage	1.000	.736
		Konjunkturprognose	.736	1.000
	Sig. (2-tailed)	Auftragslage	.	.015
		Konjunkturprognose	.015	.
	N	Auftragslage	10	10
		Konjunkturprognose	10	10

Abb. 4.27. SPSS-Listing des Rangkorrelationskoeffizienten nach Spearman

Hätten wir die Bindungen nicht berücksichtigt und zur Berechnung (4.29) verwendet, so hätten wir $R = 1 - \frac{6 \cdot 38.5}{10 \cdot 99} = 0.767$ eine (fälschlicherweise) höhere Korrelation erhalten.

4.4 Zusammenhang zwischen zwei stetigen Merkmalen

Sind die beiden Merkmale X und Y metrisch skaliert, so sind die Abstände zwischen den Merkmalsausprägungen interpretierbar und können bei der Konstruktion eines Zusammenhangsmaßes berücksichtigt werden. Liegt ein exakter positiver Zusammenhang vor, so erwartet man, dass bei Erhöhung des einen Merkmals um eine Einheit sich auch das andere Merkmal um das Vielfache seiner Einheit erhöht. Liegt ein exakter negativer Zusammenhang vor, so erniedrigt sich der Wert des einen Merkmals um das Vielfache seiner Einheit, wenn das andere Merkmal um eine Einheit erhöht wird. Der Zusammenhang lässt sich also durch eine lineare Funktion der Form $y = a + b\,x$ beschreiben. Wir sprechen daher auch von **Korrelation** und wollen damit ausdrücken, dass es sich um einen linearen Zusammenhang handelt. Ein exakter Zusammenhang dürfte nur selten vorkommen. Abbildung 4.28 zeigt die drei typischen Situationen.

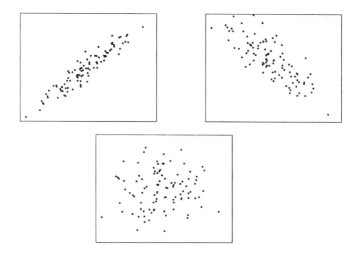

Abb. 4.28. Stark positive, schwach negative bzw. keine Korrelation

Als Maß für den Zusammenhang zweier metrischer Merkmale dient der **Korrelationskoeffizient von Bravais-Pearson**, der die Abstände zwischen den Beobachtungen der beiden Merkmale und deren arithmetischen Mitteln zueinander in Beziehung setzt. Der Korrelationskoeffizient ist definiert als $r(X, Y) = r$ mit

$$r = \frac{\sum\limits_{i=1}^{n}(x_i - \bar{x})(y_i - \bar{y})}{\sqrt{\sum\limits_{i=1}^{n}(x_i - \bar{x})^2 \cdot \sum\limits_{i=1}^{n}(y_i - \bar{y})^2}}$$

$$= \frac{S_{xy}}{\sqrt{S_{xx}S_{yy}}} \tag{4.31}$$

$$= \frac{\sum\limits_{i=1}^{n} x_i y_i - n\bar{x}\bar{y}}{\sqrt{(\sum\limits_{i=1}^{n} x_i^2 - n\bar{x}^2)(\sum\limits_{i=1}^{n} y_i^2 - n\bar{y}^2)}} . \tag{4.32}$$

Dabei sind

$$S_{xx} = \sum_{i=1}^{n}(x_i - \bar{x})^2 \quad \text{bzw.} \quad S_{yy} = \sum_{i=1}^{n}(y_i - \bar{y})^2 \tag{4.33}$$

die Quadratsummen und

$$S_{xy} = \sum_{i=1}^{n}(x_i - \bar{x})(y_i - \bar{y}) \tag{4.34}$$

die Summe der gemischten Produkte. Es gilt

$$S_{xy} = \sum_{i=1}^{n} x_i y_i - n\bar{x}\bar{y}. \tag{4.35}$$

Der Korrelationskoeffizient ist ein dimensionsloses Maß, in das beide Merkmale X und Y symmetrisch eingehen, d. h. es gilt $r(X,Y) = r(Y,X)$.

Anmerkung. Mit den Varianzen $s_x^2 = \frac{1}{n}S_{xx}$ und $s_y^2 = \frac{1}{n}S_{yy}$ und dem mittleren gemischten Produkt – der deskriptiven **Kovarianz** – $s_{xy} = \frac{1}{n}S_{xy}$ lässt sich der Korrelationskoeffizient auch darstellen als

$$r = \frac{s_{xy}}{\sqrt{s_x^2}\sqrt{s_y^2}} = \frac{s_{xy}}{s_x s_y}$$

Der Korrelationskoeffizient r liegt zwischen den Grenzen -1 und $+1$. Ist $r = +1$ oder $r = -1$, so liegt ein **exakter linearer** Zusammenhang zwischen X und Y vor, d. h. es gilt $Y = a + bX$. Dies gilt speziell für $a = 0$ und $b = 1$, d. h. $Y = X$. Jede stetige Variable ist mit sich selbst mit $r(X,X) = 1$ korreliert. Im Fall $a = 0$ und $b = -1$ folgt $Y = -X$ und $r(X,-X) = -1$. Es lässt sich zeigen, dass die Anwendung des Korrelationskoeffizienten von Bravais-Pearson auf Rangdaten gleich dem Wert des Rangkorrelationskoeffizienten von Spearman ist. Wir geben diesen Beweis hier an.

Beweis: Sei das Merkmal (X,Y) gegeben, das in das rangskalierte Merkmal (R_i^x, i) umgewandelt wird. Dabei ist i (i=1,...,n) der Rang innerhalb der Y-Komponente und $R_i^x = x_i$ der zugehörige Rang der X-Komponente. Wir setzen voraus, dass keine Bindungen vorliegen. Die x_i stellen eine Permutation der i dar. Der Mittelwert der i bzw. der x_i ist $\frac{1}{2}(n+1)$ und ihre Varianz ist $\frac{1}{12}(n^2 - 1)$. Damit wird der Korrelationskoeffizient von Bravais-Pearson für die Rangdaten (x_i, i) mit Formel (4.31) zu:

$$r = \frac{\sum_{i=1}^{n} i x_i - n\frac{1}{4}(n+1)^2}{\frac{n}{12}(n^2 - 1)} \tag{4.36}$$

Mit den Beziehungen:

$$\sum_{i=1}^{n}(x_i - i)^2 = \sum_{i=1}^{n} x_i^2 + \sum_{i=1}^{n} i^2 - 2\sum_{i=1}^{n} i x_i \tag{4.37}$$

$$\sum_{i=1}^{n} x_i^2 = \sum_{i=1}^{n} i^2 = \frac{1}{6}n(n+1)(2n+1) \tag{4.38}$$

folgt

$$\sum_{i=1}^{n} i x_i = \frac{1}{6}n(n+1)(2n+1) - \frac{1}{2}\sum_{i=1}^{n}(x_i - i)^2. \tag{4.39}$$

Damit wird der Zähler von (4.36) zu:

$$12 \sum_{i=1}^{n} i x_i - 12n \frac{1}{4}(n+1)^2 = n(n^2 - 1) - 6 \sum_{i=1}^{n} (x_i - i)^2 \qquad (4.40)$$

Damit gilt:

$$r = 1 - \frac{6 \sum_{i=1}^{n} d_i^2}{n(n^2 - 1)} = R. \qquad (4.41)$$

Dieser Zusammenhang kann bei der Berechnung des Rangkorrelationskoeffizienten ausgenutzt werden (vgl. Beispiel 4.4.2).

Beispiel 4.4.1. In einem Unternehmen wurde folgende Umsatz- und Gewinnentwicklung in den Jahren 1990 bis 1994 verzeichnet.

$$\begin{pmatrix} \text{Jahr} & \text{Umsatz} & \text{Gewinn} \\ 1990 & 60 & 2 \\ 1991 & 70 & 3 \\ 1992 & 70 & 5 \\ 1993 & 80 & 3 \\ 1994 & 90 & 5 \end{pmatrix}$$

Wir interessieren uns für den Zusammenhang zwischen Umsatz und Gewinn. Zur Berechnung des Korrelationskoeffizienten stellen wir die folgende Arbeitstabelle auf:

Jahr	Umsatz (X)	Gewinn (Y)	x_i^2	y_i^2	$x_i y_i$
1990	60	2	3 600	4	120
1991	70	3	4 900	9	210
1992	70	5	4 900	25	350
1993	80	3	6 400	9	240
1994	90	5	8 100	25	450
$\sum$	370	18	27 900	72	1 370

Daraus berechnen wir $\bar{x} = 74$ und $\bar{y} = 3.6$ und mit (4.32) erhalten wir

$$r = \frac{1\,370 - 5 \cdot 74 \cdot 3.6}{\sqrt{27\,900 - 5 \cdot 74^2} \sqrt{72 - 5 \cdot 3.6^2}} = \frac{38}{\sqrt{520 \cdot 7.2}} = 0.6210.$$

Es liegt also eine positive Korrelation zwischen X : Umsatz und Y : Gewinn vor: Je höher der Umsatz, desto höher der Gewinn.

Beispiel 4.4.2. Bei $n = 10$ Filialen in 10 Städten eines Kaufhauskonzerns wird der Zusammenhang zwischen dem Umsatz (Y) und der Entfernung (X) (in km) von der zentralen Fußgängerzone beurteilt.

$$\begin{array}{ccc} \text{Stadt} & \text{Entfernung} & \text{Umsatz} \\ \begin{pmatrix} 1 \\ 2 \\ 3 \\ 4 \\ 5 \\ 6 \\ 7 \\ 8 \\ 9 \\ 10 \end{pmatrix} & \begin{matrix} 0 \\ 10 \\ 30 \\ 15 \\ 4 \\ 1 \\ 2 \\ 5 \\ 7 \\ 9 \end{matrix} & \begin{matrix} 450 \\ 130 \\ 100 \\ 150 \\ 300 \\ 400 \\ 320 \\ 310 \\ 250 \\ 270 \end{matrix} \end{array}$$

Da beide Merkmale stetig sind, beurteilen wir den Zusammenhang zwischen X und Y anhand des Korrelationskoeffizienten nach Bravais-Pearson. Wir berechnen $\bar{x} = 8.3$, $\bar{y} = 268$, $S_{xy} = -7724$, $S_{xx} = 712.1$, $S_{yy} = 117\,560$ und erhalten mit (4.31)

$$r = \frac{S_{xy}}{\sqrt{S_{xx}S_{yy}}} = \frac{-7\,724}{\sqrt{712.1 \cdot 117\,560}} = -0.84\,.$$

Es besteht also ein starker negativer Zusammenhang zwischen der Entfernung und dem Umsatz, d. h. je größer die Entfernung vom Zentrum ist, desto geringer ist der Umsatz. Die grafische Darstellung des Zusammenhangs ist in Abbildung 4.29 gegeben.

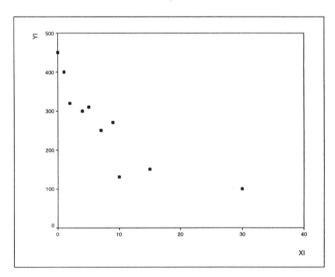

Abb. 4.29. Zusammenhang zwischen Umsatz Y und Entfernung X

Wir verwenden nun nur noch die ordinale Struktur der Beobachtungen und berechnen den Rangkorrelationskoeffizienten von Spearman. Hierzu vergeben wir zunächst die Ränge für die beiden Merkmale und wenden den Korrelationskoeffizienten von Bravais-Pearson auf die Rangdaten an, wobei $\overline{R^X} = \overline{R^Y} = 5.5$ ist:

i	R_i^X	$R_i^X - \overline{R^X}$	R_i^Y	$R_i^Y - \overline{R^Y}$	$\left(R_i^X - \overline{R^X}\right)\left(R_i^Y - \overline{R^Y}\right)$
1	10	4.5	1	-4.5	- 20.25
2	3	-2.5	9	3.5	-8.75
3	1	-4.5	10	4.5	-20.25
4	2	-3.5	8	2.5	-8.75
5	7	1.5	5	-0.5	-0.75
6	9	3.5	2	-3.5	-12.25
7	8	2.5	3	-2.5	-6.25
8	6	0.5	4	-1.5	-0.75
9	5	-0.5	7	1.5	-0.75
10	4	-1.5	6	0.5	-0.75

Wir erhalten die Quadratsummen $\sum_{i=1}^n (R_i^X - \overline{R^X})^2 = 82.5$, $\sum_{i=1}^n (R_i^Y - \overline{R^Y})^2 = 82.5$ und $\sum_{i=1}^n (R_i^X - \overline{R^X})(R_i^Y - \overline{R^Y}) = -79.5$. Die Anwendung von (4.31) auf die Rangdaten liefert

$$r = \frac{-79.5}{\sqrt{82.5 \cdot 82.5}} = -0.96\,.$$

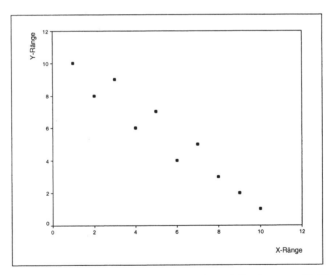

Abb. 4.30. Zusammenhang zwischen Umsatz Y und Entfernung X (Rangdaten)

Die starke negative Korrelation wird also auch bei Verwendung des Rangkorrelationskoeffizienten deutlich. Der schwächere Zusammenhang (ausgedrückt durch den betragsmäßig kleineren Koeffizienten $r = -0.84$) bei den Originaldaten kann durch eine gewisse „Glättung" beim Übergang von Originaldaten zu Rangdaten erklärt werden (vgl. hierzu die Abbildungen 4.29 und 4.30).

Transformation des Korrelationskoeffizienten. Wir wollen nun untersuchen, ob und wie sich der Korrelationskoeffizient ändert, wenn X oder Y (oder beide) linear transformiert werden. Sei $\tilde{X} = u + vX$ und $\tilde{Y} = w + zY$, so erhalten wir $\bar{\tilde{x}} = u + v\bar{X}$ und $\bar{\tilde{y}} = w + z\bar{y}$ und damit

$$\tilde{x}_i - \bar{\tilde{x}} = (u + vx_i) - (u + v\bar{x}) = v(x_i - \bar{x})$$

und

$$\tilde{y}_i - \bar{\tilde{y}} = z(y_i - \bar{y}) \, .$$

Somit gilt für den Korrelationskoeffizienten der beiden transformierten Merkmale $\tilde{X}$ und $\tilde{Y}$

$$r(\tilde{X}, \tilde{Y}) = \frac{vz \sum (x_i - \bar{x})(y_i - \bar{y})}{\sqrt{v^2 \sum (x_i - \bar{x})^2 z^2 \sum (y_i - \bar{y})^2}} = r(X, Y) \, . \tag{4.42}$$

Damit ist der Korrelationskoeffizient ein translationsäquivariantes Maß.

Beispiel. Wir betrachten die beiden Merkmale X: Betriebszugehörigkeit in Jahren und Y: Höhe der Weihnachtsgratifikation in DM bei $n = 5$ Mitarbeitern im Jahr 2000.

i	x_i	y_i
1	10	1 000
2	12	1 700
3	15	2 000
4	20	3 000
5	23	4 500

Die Firma wird nun von einem US-amerikanischen Eigentümer übernommen. Er führt die obige Analyse erneut durch, misst jedoch die Betriebszugehörigkeit in der Einheit 10 Jahre und die Gratifikation in US-Dollar (1 DM $= 0.625\,\$$). Es gilt also $\tilde{X} = 0.1X$ und $\tilde{Y} = 0.625Y$. Der transformierte Datensatz lautet:

i	$\tilde{x}_i$	$\tilde{y}_i$
1	1.0	625.00
2	1.2	1 062.50
3	1.5	1 250.00
4	2.0	1 875.00
5	2.3	2 687.50

Wir berechnen $\bar{x} = \frac{80}{5} = 16, \bar{y} = \frac{12\,200}{5} = 2\,440$ und

i	$(x_i - \bar{x})$	$(x_i - \bar{x})^2$	$(y_i - \bar{y})$	$(y_i - \bar{y})^2$	$(x_i - \bar{x})(y_i - \bar{y})$
1	-6	36	-1 440	2073600	8 640
2	-4	16	-740	547600	2 960
3	-1	1	-440	193600	440
4	4	16	560	313600	2 240
5	7	49	2 060	4243600	14 420
		$S_{xx} = 118$		$S_{yy} = 7372 \times 10^3$	$S_{xy} = 28\,700$

Damit ist

$$r = \frac{28\,700}{\sqrt{118 \cdot 7372 \times 10^3}} = \frac{287}{294.9} = 0.973\,.$$

Wir berechnen weiter $\bar{\bar{x}} = 0.1\bar{x} = 1.6, \bar{\bar{y}} = 0.625\bar{y} = 1\,525$ und

$$S_{\bar{x}\bar{x}} = 0.1^2 S_{xx} = 1.18$$
$$S_{\bar{y}\bar{y}} = 0.625^2 S_{yy} = 287.97 \times 10^4$$
$$S_{\bar{x}\bar{y}} = 0.1 \cdot 0.625 S_{xy} = 1\,793.75$$

und erhalten damit (vgl. (4.42))

$$r = \frac{1\,793.75}{\sqrt{1.18 \cdot 287.97 \times 10^4}} = 0.973\,.$$

4.5 Aufgaben und Kontrollfragen

Aufgabe 4.1: Der Geburtenstatistik einer Großen Kreisstadt in der BRD für 1989 entnehmen wir folgende Daten:

	männlich	weiblich	$\sum$
ehelich	480	320	800
unehelich	70	130	200
$\sum$	550	450	1 000

Berechnen Sie den χ^2-Wert, den Phi-Koeffizienten, den korrigierten Kontingenzkoeffizienten und den Odds-Ratio. Interpretieren Sie das Ergebnis.

Aufgabe 4.2: Für die Therapie von Kreislaufbeschwerden stehen zwei Medikamente A und B zur Verfügung, die mit einer Kontrollgruppe (keine Therapie) verglichen werden. Das Ergebnis der Studie findet man in nachstehender Kontingenztafel.

		Therapie		
		Med. A	Med. B	kein Med.
Kreislauf-	nein	50	40	10
beschwerden	ja	10	10	80

a) Berechnen Sie ein Zusammenhangsmaß, das für den Vergleich von Kontingenztafeln verschiedener Dimension geeignet ist.

b) Fassen Sie in obiger Kontingenztafel die Medikamente A und B zur Gruppe Medikamente zusammen. Berechnen Sie die geeigneten Zusammenhangsmaße. Vergleichen und interpretieren Sie die Ergebnisse mit Teilaufgaben a).

Aufgabe 4.3: In der Erhebung der Kleinbetriebe in Aufgabe 2.7 wurden die Merkmale 'Art des Unternehmens' und 'Einschätzung für 1997' erhoben. Stellen Sie die dazugehörige Kontingenztafel auf und beurteilen Sie den Zusammenhang mit Hilfe der Lambda-Maße.

Aufgabe 4.4: In einem Bundesland wurden die Studierenden der Fächer BWL, VWL und der Naturwissenschaften befragt, ob sie Bafög erhalten oder nicht. Die nachfolgende Tabelle enthält das Ergebnis der Erhebung (Angabe in 100):

	Bafög	kein Bafög
BWL	30	10
VWL	5	15
Naturwissenschaften	10	30

a) Berechnen Sie die unter der Annahme der Unabhängigkeit der beiden Merkmale 'Studienfach' und 'Empfang von Bafög' zu erwartenden Häufigkeiten und berechnen Sie eine geeignete Maßzahl, die eine Aussage über den Zusammenhang zwischen den Merkmalen 'Studienfach' und 'Empfang von Bafög' liefert.
b) Welcher Zusammenhang ergibt sich, wenn man nur noch zwischen Wirtschaftswissenschaften und Naturwissenschaften unterscheidet?
c) Vergleichen und interpretieren Sie die Ergebnisse aus a) und b).

Aufgabe 4.5: Eine Erhebung der Merkmale 'Geschlecht' und 'Beteiligung am Erwerbsleben' im April 1989 in der BRD ergab die folgende Kontingenztafel (Angabe in 1 000):

	Erwerbstätig	Erwerbslos	Nichterwerbspersonen
männlich	16 950	1 050	11 780
weiblich	10 800	1 100	20 200

a) Berechnen Sie die dazugehörigen Zusammenhangsmaße und interpretieren Sie das Ergebnis.
b) Wir unterscheiden das Merkmal 'Beteiligung am Erwerbsleben' nur nach Erwerbspersonen (= Erwerbstätig oder Erwerbslos) und Nichterwerbspersonen. Stellen Sie die entsprechende Vier-Felder-Tafel auf und berechnen Sie den korrigierten Kontingenzkoeffizienten und den Phi-Koeffizienten.

Aufgabe 4.6: Aus dem letzten Semester sind die Noten von 100 Teilnehmern an den Klausuren in Mathematik und Statistik bekannt:

		Note Mathematik				
		1	2	3	4	5
	1	5	5	0	0	0
	2	4	6	0	0	0
Note Statistik	3	1	9	40	0	0
	4	0	0	0	0	10
	5	0	0	0	10	10

a) Besteht ein Zusammenhang zwischen den Noten in den beiden Klausuren? Prüfen Sie dies durch Berechnung einer geeigneten Maßzahl.

b) Wir interessieren uns nun nur noch dafür, ob ein Teilnehmer die jeweilige Klausur bestanden hat (Note besser als 5) oder nicht. Stellen Sie die zugehörige Kontingenztafel auf und prüfen Sie nun in dieser Kontingenztafel den Zusammenhang zwischen dem Abschneiden in den beiden Klausuren.

c) Vergleichen und interpretieren Sie die Ergebnisse aus a) und b).

Aufgabe 4.7: In einer zahnmedizinischen Studie wurden die zwei Füllungsmaterialen 'Hältimmer' und 'Totalfest' auf ihre Festigkeit hin getestet, wobei nur das Ergebnis 'fest' oder 'nicht fest' erhoben wurde. Das Ergebnis der Studie ist in der folgenden Kontingenztafel dargestellt:

	fest	nicht fest
Hältimmer	6	4
Totalfest	2	8

a) Berechnen Sie die geeigneten Maßzahlen zur Beurteilung des Zusammenhangs zwischen der Festigkeit und dem Füllungsmaterial.

b) Nehmen wir an, es wurden weitere 20 Zähne mit dem Füllungsmaterial 'Hältimmer' auf ihre Festigkeit untersucht. 12 Füllungen waren fest und 8 Füllungen waren nicht fest. Berücksichtigen Sie diese zusätzlichen Beobachtungen und berechnen Sie die Maßzahlen aus Teilaufgabe a) mit den neuen Häufigkeiten. Wie ist das Ergebnis zu interpretieren?

Aufgabe 4.8: Die Weißwürste von fünf Münchner Metzgereien werden zwei Testessern vorgelegt. Zur Bewertung der Wurstqualität wurde ein Punkteschema von 1 (= miserabel) bis 15 (= ausgezeichnet) eingeführt. Die jeweiligen Urteile der Testesser X und Y sind der folgenden Tabelle zu entnehmen:

Metzgerei i	x_i	y_i
1	14	11
2	13	13
3	12	13
4	10	15
5	5	7

Beurteilen Sie die Wertungen der beiden Testesser zueinander mit Hilfe des Rangkorrelationskoeffizienten von Spearman.

Aufgabe 4.9: Um die Arbeitsabläufe in einer KFZ-Werkstatt zu überprüfen, wurden bei 6 Kraftfahrzeugen, die zur Reparatur kamen, jeweils die Verweildauern in der Werkstatt (in Geschäftszeitstunden) und die Reparaturzeiten gemessen. Die Werte sind in nachfolgender Tabelle festgehalten:

Fahrzeug	1	2	3	4	5	6
Verweildauer in Std.	8	3	8	5	10	8
Reparaturzeit in Std.	1	2	2	0.5	1.5	2

a) Messen Sie mit Hilfe des Korrelationskoeffizienten nach Bravais–Pearson, ob ein linearer Zusammenhang zwischen Verweildauer und Reparaturzeit vorliegt.

b) Verwenden Sie zur Messung des linearen Zusammenhangs den Rangkorrelationskoeffizienten nach Spearman, wobei Sie die Ränge aufsteigend vergeben.

c) Zu welchem Ergebnis kommen Sie, wenn Sie die Ränge der Reparaturzeit absteigend vergeben?

Aufgabe 4.10: In den Jahren 1952 bis 1961 entwickelten sich das Bruttosozialprodukt (BSP zu Preisen von 1954 in Mrd. DM) und der Primärenergieverbrauch (PEV in Mio. t SKE) wie folgt:

Jahr	'52	'53	'54	'55	'56	'57	'58	'59	'60	'61
BSP	135	145	160	170	190	200	210	220	250	270
PEV	150	150	160	175	185	190	180	185	215	220

Besteht ein linearer Zusammenhang zwischen dem Primärenergieverbrauch und dem Bruttosozialprodukt?

5. Zweidimensionale quantitative Merkmale: Lineare Regression

5.1 Einleitung

In Kapitel 4 haben wir den Begriff des zweidimensionalen Merkmals behandelt, wobei Maße für den Zusammenhang zweier Merkmale X und Y für die verschiedenen Skalenniveaus hergeleitet wurden. In diesem Kapitel diskutieren wir Methoden zur Analyse und Modellierung des Einflusses eines quantitativen Merkmals X auf ein anderes quantitatives Merkmal Y. Die Erweiterung auf den Fall der Modellbildung bei qualitativem X wird in Abschnitt 5.9 behandelt.

Wir setzen voraus, dass an einem Untersuchungsobjekt (Person, Firma, Geldinstitut usw.) zwei Merkmale X und Y gleichzeitig beobachtet werden. Diese Merkmale seien quantitativ (Intervall- oder Ratioskala). Es werden also n Beobachtungen (x_i, y_i), $i = 1, \ldots, n$ des zweidimensionalen Merkmals (X, Y) erfasst. Diese Daten werden – wie bereits in Kapitel 1 beschrieben – in einer Datenmatrix zusammengestellt.

$$
\begin{array}{c}
i \\
1 \\
2 \\
\vdots \\
n
\end{array}
\begin{array}{cc}
X & Y \\
\left(\begin{array}{cc}
x_1 & y_1 \\
x_2 & y_2 \\
\vdots & \vdots \\
x_n & y_n
\end{array} \right)
\end{array}
$$

Beispiele.

- Einkommen (X) und Kreditwunsch (Y) eines Bankkunden
- Geschwindigkeit (X) und Bremsweg (Y) eines Pkw
- Einsatz von Werbung in EUR (X) und Umsatz in EUR (Y) in einer Filiale
- Investition (X) und Exporterlös (Y) eines Betriebs
- Flussmittelmenge (X) und Schmelzpunkt (Y) von Glasuren

Beispiel 5.1.1. In einem Versuch lässt man ein Testauto mit unterschiedlichen Geschwindigkeiten an einen Messpunkt fahren und dort bremsen. Man misst jeweils die Geschwindigkeit X in km/h und den Bremsweg Y in m. Mit diesen Daten erhalten wir den Scatterplot in Abbildung 5.1.

$$
\begin{array}{cc}
X & Y \\
\begin{pmatrix}
20 & 25 \\
30 & 57 \\
35 & 62 \\
41 & 65 \\
60 & 90
\end{pmatrix}
\end{array}
$$

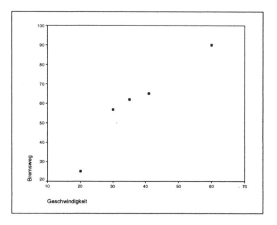

Abb. 5.1. Scatterplot Geschwindigkeit/Bremsweg eines Pkw

Um überhaupt einen Zusammenhang zwischen X und Y darstellen und aufdecken zu können, müssen X und Y an verschiedenen Stellen beobachtet werden. Würde man X konstant halten ($X = c$), so ergäbe sich die folgende Darstellung (Abbildung 5.2), aus der kein Zusammenhang zwischen X und Y erkannt werden kann. Man erkennt aber die natürliche Streuung von Y bei gegebenem X-Wert $x = c$.

Neben der grafischen Darstellung eines zweidimensionalen quantitativen Merkmals (X, Y) kann man die Stärke und die Richtung des linearen Zusammenhangs zwischen den beiden Merkmalskomponenten X und Y durch ein Maß erfassen. Für zwei quantitative Merkmale X und Y auf metrischem Skalenniveau ist dies der Korrelationskoeffizient von Bravais-Pearson (vgl. (4.31))

$$
r(X, Y) = r = \frac{S_{xy}}{\sqrt{S_{xx} S_{yy}}}.
$$

Er ist ein dimensionsloses Maß, das die Stärke und die Richtung des linearen Zusammenhangs zwischen X und Y angibt, wobei beide Merkmale X und Y gleichberechtigt (symmetrisch) in dieses Maß eingehen. Es gilt also $r(X, Y) = r(Y, X)$.

Wir gehen nun einen Schritt weiter und versuchen, den linearen Zusammenhang zwischen X und Y durch ein Modell zu erfassen. Dazu setzen wir

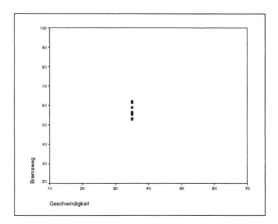

Abb. 5.2. Kein Zusammenhang zwischen konstanter Geschwindigkeit X und Bremsweg Y erkennbar

voraus, dass ein Merkmal (X) als gegeben oder beeinflussbar angesetzt werden kann, während das andere Merkmal (Y) als Reaktion auf X beobachtet wird. Dies ist die allgemeine Struktur einer Ursache-Wirkungs-Beziehung zwischen X und Y. Das einfachste Modell für einen Zusammenhang $Y = f(X)$ ist die lineare Gleichung

$$Y = a + bX. \tag{5.1}$$

Eine lineare Funktion liefert einen einfach zu handhabenden mathematischen Ansatz und ist auch insofern gerechtfertigt, als sich viele andere Funktionstypen gut durch lineare Funktionen approximieren lassen. Stehen X und Y in diesem Zusammenhang (5.1), so spricht man von **linearer Regression** von Y auf X. Das Merkmal Y heißt der **Regressand** oder **Response**, X heißt der **Regressor** oder **Einflussgröße**.

Das Merkmal X ist – wie oben beschrieben – fest gegeben. Das Merkmal Y wird zu vorgegebenem X beobachtet und weist im allgemeinen eine natürliche Streuung auf. Aus diesem Grund werden die Werte von Y nicht exakt auf der Geraden (5.1) liegen. Deshalb bezieht man ein Fehlerglied oder Residuum e in den linearen Zusammenhang mit ein:

$$Y = a + bX + e. \tag{5.2}$$

Eine genauere Definition und Interpretation von e wird mit Formel (5.3) und dem darauffolgenden Absatz gegeben.

5.2 Plots und Hypothesen

Bevor man an die Modellierung einer Ursache-Wirkungs-Beziehung geht, sollte man sich durch grafische Darstellungen eine Vorstellung vom möglichen Verlauf (Modell) verschaffen.

Beispiel. In der Baubranche schneidet man angelieferte Baustähle auf die geforderte Länge zu, wobei Laserschneidegeräte eingesetzt werden. Werden in einem Versuch nur Baustähle mit gleicher Materialstärke eingesetzt und mit variierender Laserleistung bearbeitet, so lässt sich der Zusammenhang zwischen Leistung X und Arbeitsgeschwindigkeit Y als Scatterplot darstellen, wie er in Abbildung 5.3 zu sehen ist.

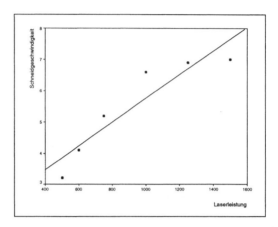

Abb. 5.3. Positive Korrelation, monoton wachsender nichtlinearer Zusammenhang

Die Geschwindigkeit nimmt mit zunehmender Leistung zunächst linear zu und erreicht dann eine Sättigungsgrenze, so dass insgesamt ein nichtlinearer Zusammenhang gegeben scheint (Abbildung 5.3). Ein lineares Regressionsmodell für den gesamten Wertebereich ist also nicht passend.

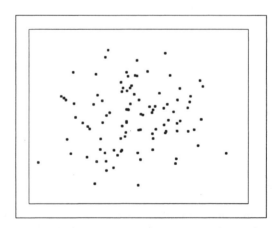

Abb. 5.4. Keine Korrelation, kein linearer Zusammenhang

Falls zwei Merkmale X und Y keinen Zusammenhang aufweisen, so ergibt sich als typisches Bild der Punktwolke (x_i, y_i) eine Darstellung wie in Abbildung 5.4. Die Punktwolke weist kein erkennbares Muster auf, die Anordnung der Punkte wirkt rein zufällig. Man nennt ein solches Bild auch Null-Plot.

Häufig wird ein erkennbarer Zusammenhang durch einzelne, von der großen Masse der Daten wesentlich entfernt liegende Werte gestört. Diese sogenannten Ausreißer müssen gesondert eingeschätzt und gegebenenfalls – bei sachlicher oder statistischer Rechtfertigung – aus dem Datensatz entfernt werden.

Beispiel 5.2.1. Wir demonstrieren den Einfluss von 'Ausreißern' auf die Regression. Mit den in der folgenden Tabelle angegebenen Werten erhalten wir die zwei Grafiken in Abbildung 5.5. Sie geben die geschätzte Regressionsgerade an, die mit bzw. ohne den Punkt $(x_5, y_5) = (5, 1)$ bestimmt wurde. Wie man an den Grafiken sieht, kann ein Punkt den Verlauf der Regressionsgeraden entscheidend beeinflussen. Wir gehen auf diese Problematik im Verlauf des Kapitels noch detaillierter ein.

x_i	1	2	3	4	5
y_i	2.1	3.2	4.5	4.9	1.0

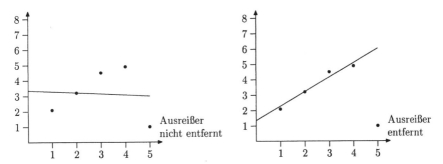

Abb. 5.5. Regression mit und ohne Berücksichtigung des als Ausreißer eingestuften Punktes $(x_i, y_i) = (5, 1)$

5.3 Prinzip der kleinsten Quadrate

Die n Beobachtungen $P_i = (x_i, y_i)$, $i = 1, \ldots, n$, des zweidimensionalen Merkmals $P = (X, Y)$, werden als Punktwolke (bivariater Scatterplot) in das x-y-Koordinatensystem eingetragen. Durch die Punktwolke P_i wird die Ausgleichsgerade $\hat{y} = a + bx$ gelegt (vgl. Abbildung 5.6). Dabei sind der Achsenabschnitt a und der Anstieg b frei wählbare Parameter, die nach dem auf Gauß zurückgehenden **Prinzip der kleinsten Quadrate** bestimmt werden.

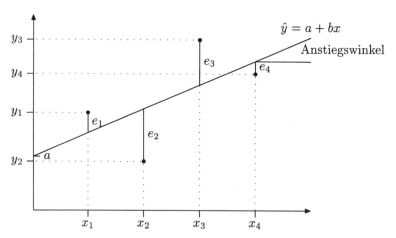

Abb. 5.6. Regressionsgerade, Beobachtungen y_i und Residuen e_i

Wir greifen einen beliebigen Beobachtungspunkt $P_i = (x_i, y_i)$ heraus. Ihm entspricht der Punkt $\hat{P}_i = (x_i, \hat{y}_i)$ auf der Geraden, d. h. es gilt

$$\hat{y}_i = a + bx_i \,.$$

Vergleicht man den beobachteten Punkt (x_i, y_i) mit dem durch die Gerade angepassten Punkt $(x_i, \hat{y}_i)$, so erhält man als Differenz (in y-Richtung) das sogenannte **Residuum** oder **Fehlerglied**

$$e_i = y_i - \hat{y}_i = y_i - a - bx_i \,. \tag{5.3}$$

Die Residuen e_i $(i = 1, \ldots, n)$ messen die Abstände der beobachteten Punktwolke $P_i = (x_i, y_i)$ von den angepassten Punkten $(x_i, \hat{y}_i)$ längs der y-Achse. Je größer die Residuen e_i insgesamt sind, um so schlechter ist die Anpassung der Regressionsgeraden an die Punktwolke. Als globales Maß für die Güte der Anpassung muss man eine Funktion wählen, die dafür sorgt, dass die absoluten Fehler erhalten bleiben. Ein Maß wie z. B. $\sum e_i$ wäre wenig sinnvoll, da sich positive und negative e_i gegeneinander aufheben könnten. Dieses Maß $\sum e_i$ wäre dann durch Veränderung des Geradenverlaufs nicht sinnvoll zu beeinflussen und damit nicht zu minimieren. Um zu verhindern, dass sich positive und negative e_i's gegenseitig aufheben, nimmt man statt der e_i selbst ihren Absolutbetrag $|e_i|$ oder ihr Quadrat e_i^2 und definiert dann z. B. folgende Maße

$$\sum_{i=1}^{n} |e_i|, \quad \max_i |e_i|, \quad \sum_{i=1}^{n} e_i^2 \,. \tag{5.4}$$

Der Absolutbetrag ist eine bei Minimierungen recht unhandliche mathematische Funktion. Dagegen lassen sich quadratische Funktionen leichter minimieren. Üblicherweise wird daher das Maß $\sum e_i^2$ gewählt. Auf der Minimierung dieses Maßes basiert das Prinzip der kleinsten Quadrate.

Die durch das Optimierungsproblem

$$\min_{a,b} \sum_{i=1}^{n} e_i^2 = \min_{a,b} \sum_{i=1}^{n} (y_i - a - bx_i)^2 \qquad (5.5)$$

gewonnenen Lösungen $\hat{a}$ und $\hat{b}$ heißen empirische **Kleinste-Quadrate-Schätzungen** von a und b, auch KQ-Schätzungen. Die damit gebildete Gerade $\hat{y} = \hat{a} + \hat{b}x$ heißt (empirische) **Regressionsgerade** von Y nach X.

5.3.1 Bestimmung der Schätzungen

Notwendige Bedingung für die Existenz eines Minimums der quadratischen Funktion

$$S(a,b) = \sum_{i=1}^{n} e_i^2 = \sum_{i=1}^{n} (y_i - a - bx_i)^2 \qquad (5.6)$$

ist das Vorliegen einer Nullstelle der partiellen Ableitungen erster Ordnung nach a bzw. b. Hinreichend dafür, dass bei der Nullstelle tatsächlich ein Minimum der Zielfunktion vorliegt, ist, dass die Matrix der partiellen Ableitungen zweiter Ordnung – die **Hesse-Matrix** – an dieser Stelle positiv definit ist.

5.3.2 Herleitung der Kleinste-Quadrate-Schätzungen

Wir wollen nun die Herleitung der Kleinste-Quadrate-Schätzungen ausführlich demonstrieren. Wir bestimmen zunächst die partiellen Ableitungen erster Ordnung von $S(a,b)$ nach a bzw. b. Mit Hilfe der bekannten Regeln für die Differentiation einer quadratischen Funktion erhalten wir

$$\frac{\partial}{\partial a} S(a,b) = \sum_{i=1}^{n} \frac{\partial}{\partial a}(y_i - a - bx_i)^2 = -2\sum_{i=1}^{n}(y_i - a - bx_i), \qquad (5.7)$$

$$\frac{\partial}{\partial b} S(a,b) = \sum_{i=1}^{n} \frac{\partial}{\partial b}(y_i - a - bx_i)^2 = -2\sum_{i=1}^{n}(y_i - a - bx_i)x_i. \qquad (5.8)$$

Durch Nullsetzen von (5.7) und (5.8) erhalten wir die sogenannten **Normalgleichungen** zur Bestimmung der Werte von a und b an der Stelle des möglichen Minimums:

(I) $\sum_{i=1}^{n}(y_i - \hat{a} - \hat{b}x_i) = 0$
(II) $\sum_{i=1}^{n}(y_i - \hat{a} - \hat{b}x_i)x_i = 0$.

Auflösen der Klammern liefert die Gleichungen

(I') $n\hat{a} + \hat{b}\sum_{i=1}^{n} x_i = \sum_{i=1}^{n} y_i$
(II') $\hat{a}\sum_{i=1}^{n} x_i + \hat{b}\sum_{i=1}^{n} x_i^2 = \sum_{i=1}^{n} x_i y_i$

Multiplikation von Gleichung (I$'$) mit $\frac{1}{n}$ liefert

$$\hat{a} + \hat{b}\bar{x} = \bar{y} \, .$$

Damit lautet die Lösung für a

$$\hat{a} = \bar{y} - \hat{b}\bar{x} \, .$$

Setzen wir diesen Wert für $\hat{a}$ in die Gleichung (II$'$) ein, so ergibt sich

$$(\bar{y} - \hat{b}\bar{x}) \sum_{i=1}^{n} x_i + \hat{b} \sum_{i=1}^{n} x_i^2 = \sum_{i=1}^{n} x_i y_i \, .$$

Daraus folgt mit $\sum_{i=1}^{n} x_i = n\bar{x}$

$$\hat{b} \left(\sum_{i=1}^{n} x_i^2 - n\bar{x}^2 \right) = \sum_{i=1}^{n} x_i y_i - n\bar{x}\bar{y} \, .$$

Nutzen wir die Beziehungen

$$\sum_{i=1}^{n} x_i^2 - n\bar{x}^2 = \sum_{i=1}^{n} (x_i - \bar{x})^2 = S_{xx}$$

und

$$\sum_{i=1}^{n} x_i y_i - n\bar{x}\bar{y} = \sum_{i=1}^{n} (x_i - \bar{x})(y_i - \bar{y}) = S_{xy} \, ,$$

so erhalten wir schließlich

$$\hat{b} S_{xx} = S_{xy}$$
$$\hat{b} = \frac{S_{xy}}{S_{xx}} = \frac{\sum_{i=1}^{n} (x_i - \bar{x})(y_i - \bar{y})}{\sum_{i=1}^{n} (x_i - \bar{x})^2} \, .$$

Die Kleinste-Quadrate-Schätzungen von a und b lauten also

$$\left. \begin{array}{l} \hat{b} = \dfrac{S_{xy}}{S_{xx}} \\ \hat{a} = \bar{y} - \hat{b}\bar{x} \end{array} \right\} \tag{5.9}$$

Anmerkung. Der Vollständigkeit halber weisen wir jetzt nach, dass die hinreichenden Bedingungen für ein Minimum erfüllt sind. Diese Ausführungen setzen Kenntnisse in Matrixtheorie voraus. Einen Überblick über Sätze der Matrixtheorie findet man in Toutenburg (1992a) bzw. Toutenburg (2002a).

Wir berechnen die folgenden partiellen Ableitungen zweiter Ordnung:

$$\frac{\partial^2}{\partial a^2} S(a, b) = -2 \sum_{i=1}^{n} (-1) = 2n,$$

$$\frac{\partial^2}{\partial b^2} S(a, b) = 2 \sum_{i=1}^{n} x_i^2,$$

$$\frac{\partial^2}{\partial a \partial b} S(a, b) = 2 \sum_{i=1}^{n} x_i = 2n\bar{x}.$$

Damit erhalten wir die Matrix der partiellen Ableitungen zweiter Ordnung

$$\mathbf{H} = \begin{pmatrix} \frac{\partial^2}{\partial a^2} S(a, b) & \frac{\partial^2}{\partial a \partial b} S(a, b) \\ \frac{\partial^2}{\partial a \partial b} S(a, b) & \frac{\partial^2}{\partial b^2} S(a, b) \end{pmatrix}$$

$$= 2 \begin{pmatrix} n & n\bar{x} \\ n\bar{x} & \sum_{i=1}^{n} x_i^2 \end{pmatrix}$$

$$= 2 \begin{pmatrix} \mathbf{1}'_n \\ \mathbf{x}' \end{pmatrix} (\mathbf{1}_n, \mathbf{x}) \tag{5.10}$$

wobei $\mathbf{1}'_n = (1, \ldots, 1)$ der Einsvektor und $\mathbf{x}' = (x_1, \ldots, x_n)$ der Vektor aus den Beobachtungswerten von X ist. Eine Matrix der Gestalt (5.10) ist niemals indefinit. Sie ist positiv definit, falls die Determinante positiv ist,

$$|\mathbf{H}| = 2 \left(n \sum_{i=1}^{n} x_i^2 - n^2 \bar{x}^2 \right) = 2n \left(\sum_{i=1}^{n} x_i^2 - n\bar{x}^2 \right)$$

$$= 2n \sum_{i=1}^{n} (x_i - \bar{x})^2 \tag{5.11}$$

und der Eintrag in der ersten Zeile und Spalte von H positiv ist $(2n > 0)$. Nun gilt entweder $\sum_{i=1}^{n}(x_i - \bar{x})^2 > 0$ und damit $|H| > 0$, oder $\sum_{i=1}^{n}(x_i - \bar{x})^2 = 0$. Im ersten Fall ist H für beliebiges (a, b) positiv definit; deshalb hat $S(a, b)$ ein eindeutiges globales Minimum in $(\hat{a}, \hat{b})$. Der zweite Fall ist der Fall identischer Beobachtungen $x_i = c$. Wir haben bereits in der Einleitung erläutert, dass in diesem Fall ein Zusammenhang zwischen X und Y nicht definiert ist.

5.3.3 Eigenschaften der Regressionsgeraden

Wir wollen nun einige interessante Eigenschaften der linearen Regression diskutieren. Generell ist vorab festzuhalten, dass die Regressionsgerade $\hat{y}_i = \hat{a} + \hat{b}x_i$ nur sinnvoll im Wertebereich $[x_{(1)}, x_{(n)}]$ der x-Werte zu interpretieren ist. Vergleiche dazu auch Beispiel 5.4.2 auf Seite 151.

Für die Beobachtungen $x_1, \ldots, x_n$ und $y_1, \ldots, y_n$ können wir als Lageparameter das jeweilige arithmetische Mittel $\bar{x}$ bzw. $\bar{y}$ berechnen. Damit erhalten wir mit $(\bar{x}, \bar{y})$ den Lageparameter „arithmetisches Mittel" des zweidimensionalen Merkmals (X, Y). Physikalisch stellt $(\bar{x}, \bar{y})$ den Schwerpunkt der bivariaten Daten (x_i, y_i) dar. Es gilt, dass der Schwerpunkt $(\bar{x}, \bar{y})$ auf der Geraden liegt. Aus (5.9) folgt für die Werte $\hat{P}_i = (x_i, \hat{y}_i)$ die Beziehung

$$\hat{y}_i = \hat{a} + \hat{b}x_i = \bar{y} + \hat{b}(x_i - \bar{x}). \qquad (5.12)$$

Setzt man $x_i = \bar{x}$, so wird $\hat{y}_i = \bar{y}$, d. h. der Punkt $(\bar{x}, \bar{y})$ liegt auf der Geraden.

Die Summe der geschätzten Residuen ist Null. Die geschätzten Residuen sind

$$\hat{e}_i = y_i - \hat{y}_i$$
$$= y_i - (\hat{a} + \hat{b}x_i)$$
$$= y_i - (\bar{y} + \hat{b}(x_i - \bar{x})). \qquad (5.13)$$

Damit erhalten wir für ihre Summe

$$\sum_{i=1}^{n} \hat{e}_i = \sum_{i=1}^{n} y_i - \sum_{i=1}^{n} \bar{y} - \hat{b} \sum_{i=1}^{n} (x_i - \bar{x})$$
$$= n\bar{y} - n\bar{y} - \hat{b}(n\bar{x} - n\bar{x}) = 0. \qquad (5.14)$$

Die Regressionsgerade ist also fehlerausgleichend in dem Sinne, dass die Summe der negativen Residuen (absolut genommen) gleich der Summe der positiven Residuen ist.

Die durch die Regression angepassten Werte $\hat{y}_i$ haben das gleiche arithmetische Mittel wie die Originaldaten y_i:

$$\bar{\hat{y}} = \frac{1}{n} \sum_{i=1}^{n} \hat{y}_i = \frac{1}{n}(n\bar{y} + \hat{b}(n\bar{x} - n\bar{x})) = \bar{y}. \qquad (5.15)$$

Im folgenden wollen wir den Zusammenhang zwischen der KQ-Schätzung $\hat{b}$ und dem Korrelationskoeffizienten r betrachten. Der Korrelationskoeffizient der beiden Messreihen (x_i, y_i), $i = 1, \ldots, n$, ist (vgl. (4.31))

$$r = \frac{S_{xy}}{\sqrt{S_{xx}S_{yy}}}.$$

Damit gilt (vgl. (5.9)) folgende Relation zwischen $\hat{b}$ und r

$$\hat{b} = \frac{S_{xy}}{S_{xx}} = \frac{S_{xy}}{\sqrt{S_{xx}}\sqrt{S_{yy}}} \cdot \sqrt{\frac{S_{yy}}{S_{xx}}} = r\sqrt{\frac{S_{yy}}{S_{xx}}}. \qquad (5.16)$$

Die Richtung des Anstiegs, d. h. der steigende bzw. fallende Verlauf der Regressionsgeraden, wird durch das positive bzw. negative Vorzeichen des Korrelationskoeffizienten r bestimmt. Der Anstieg $\hat{b}$ der Regressionsgeraden ist also direkt proportional zum Korrelationskoeffizienten r. Der Anstieg $\hat{b}$ ist andererseits proportional zur Größe des Anstiegswinkels selbst. Sei der Korrelationskoeffizient r positiv, so dass die Gerade steigt. Der Einfluss von X

auf Y ist dann um so stärker je größer $\hat{b}$ ist. Die Größe von $\hat{b}$ wird gemäß (5.16) aber nicht nur vom Korrelationskoeffizienten r sondern auch vom Faktor $\sqrt{S_{yy}/S_{xx}}$ bestimmt, so dass eine höhere Korrelation nicht automatisch einen steileren Anstieg $\hat{b}$ bedeutet. Andererseits bedeutet eine identische Korrelation nicht den gleichen Anstieg $\hat{b}$. Wir verdeutlichen den zweiten Sachverhalt in einem Beispiel.

Beispiel 5.3.1. In zwei landwirtschaftlichen Betrieben A und B werden Kartoffeln angebaut. Gemessen wird der Response Y, der Ertrag in t je ha Anbaufläche. Als Einflussgröße X wird eine gewisse Sorte Dünger in fünf verschiedenen Mengen x_i auf fünf verschiedenen Feldern des Betriebs A und auf fünf verschiedenen Feldern des Betriebs B eingesetzt. Wir erhalten als Versuchsergebnis die beiden folgenden Datensätze für Betrieb A und Betrieb B.

$$
\begin{array}{ccc}
& \text{Betrieb A} & \\
i & x_i & y_i \\
\hline
1 & 1 & 5 \\
2 & 2 & 7 \\
3 & 3 & 9 \\
4 & 4 & 11 \\
5 & 5 & 13
\end{array}
\qquad
\begin{array}{ccc}
& \text{Betrieb B} & \\
i & x_i & y_i \\
\hline
1 & 1 & 7 \\
2 & 2 & 11 \\
3 & 3 & 15 \\
4 & 4 & 19 \\
5 & 5 & 23
\end{array}
$$

Wir berechnen für den ersten Betrieb $\bar{x} = 3$ und $\bar{y} = 9$. Für den zweiten Betrieb erhalten wir ebenfalls $\bar{x} = 3$ aber $\bar{y} = 15$. Mit den Werten aus der folgenden Arbeitstabelle berechnen wir mit (4.33) und (4.34) die Quadratsummen S_{xx}, S_{yy} sowie S_{xy} für die beiden Betriebe A und B.

	Betrieb A		Betrieb B	
$(x_i - \bar{x})^2$	$(y_i - \bar{y})^2$	$(x_i - \bar{x})(y_i - \bar{y})$	$(y_i - \bar{y})^2$	$(x_i - \bar{x})(y_i - \bar{y})$
$(-2)^2$	$(-4)^2$	8	$(-8)^2$	16
$(-1)^2$	$(-2)^2$	2	$(-4)^2$	4
0^2	0^2	0	0^2	0
1^2	2^2	2	4^2	4
2^2	4^2	8	8	16

Wir erhalten $S_{xx} = 10$ für Betrieb A und Betrieb B, da wir jeweils die gleichen Düngermengen, also die gleichen Kovariablen vorliegen haben. Weiterhin erhalten wir $S_{yy} = 40$, $S_{xy} = 20$ für Betrieb A und $S_{yy} = 160$, $S_{xy} = 40$ für Betrieb B. Für r und $\hat{b}$ erhalten wir damit jeweils:

Betrieb A

$$r = \frac{S_{xy}}{\sqrt{S_{xx}S_{yy}}} = \frac{20}{\sqrt{10\cdot40}} = \frac{20}{20} = 1$$

$$\hat{b} = \frac{S_{xy}}{S_{xx}} = \frac{20}{10} = 2$$

Betrieb B

$$r = \frac{S_{xy}}{\sqrt{S_{xx}S_{yy}}} = \frac{40}{\sqrt{10\cdot160}} = \frac{40}{40} = 1$$

$$\hat{b} = \frac{S_{xy}}{S_{xx}} = \frac{40}{10} = 4$$

In beiden Fällen A und B ist der Korrelationskoeffizient gleich 1. Im Fall B ist der Anstieg $\hat{b}$ jedoch doppelt so groß wie im Fall A. Vergleiche dazu Abbildung 5.7. Die Ursache liegt in der größeren Variabilität $S_{yy} = 160$ für Betrieb B gegenüber $S_{yy} = 40$ für Betrieb A.

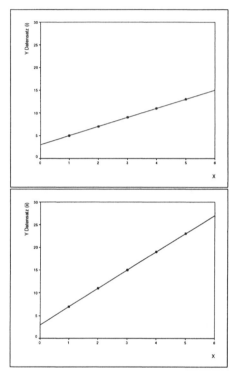

Abb. 5.7. Geschätzte Regressionsgeraden für die Betriebe A und B aus Beispiel 5.3.1

Wir fassen die bisherigen Ergebnisse zusammen: Zu einem gegebenen zweidimensionalen Datensatz $P_i = (x_i, y_i)$, $i = 1, \ldots, n$ haben wir eine Ausgleichsgerade – die lineare Regression $\hat{y}_i = a + bx_i$ – berechnet. Dabei wurden die zunächst frei wählbaren Parameter a und b nach dem Prinzip der kleinsten Quadrate so bestimmt, dass die Funktion $S(a, b) = \sum e_i^2$ minimal wird. Das Ergebnis ist die lineare Regression $\hat{y} = \hat{a} + \hat{b}x$ mit $\hat{a}$ und $\hat{b}$ aus (5.9). Die Regressionsgerade erklärt im Sinne des Prinzips der kleinsten Quadrate in optimaler Weise die Ursache-Wirkungs-Beziehung zwischen X und Y. Trotzdem stimmen natürlich – von Ausnahmefällen abgesehen – die beobachteten Punkte $P_i = (x_i, y_i)$ nicht völlig mit den angepassten Punkten $\hat{P}_i = (x_i, \hat{y}_i)$ überein. Es bleiben Abstände $\hat{e}_i = y_i - \hat{y}_i$, die man als geschätzte Residuen bezeichnet. Diese Abstände hängen von den Beobachtungen ab. Wir müssen nun einschätzen, wie groß diese Abstände in ihrer Gesamtheit sind und insbesondere untersuchen, wie gut die Regressionsgerade den Zusammenhang zwischen X und Y beschreibt (Güte der Anpassung). Diese Betrachtungen können mit zwei verschiedenen Vorgehensweisen durchgeführt werden, die wir in den folgenden Abschnitten demonstrieren.

5.4 Güte der Anpassung

5.4.1 Varianzanalyse

Wir wollen nun ein erstes Maß für die Güte der Anpassung der Regressionsgeraden an die Punktwolke (x_i, y_i), $i = 1, \ldots, n$, herleiten und analysieren deshalb die geschätzten Residuen $\hat{e}_i = y_i - \hat{y}_i$. Dazu verwenden wir folgende Identität

$$y_i - \hat{y}_i = (y_i - \bar{y}) - (\hat{y}_i - \bar{y}). \tag{5.17}$$

Wir quadrieren beide Seiten und summieren:

$$\sum_{i=1}^{n}(y_i - \hat{y}_i)^2 = \sum_{i=1}^{n}(y_i - \bar{y})^2 + \sum_{i=1}^{n}(\hat{y}_i - \bar{y})^2 - 2\sum_{i=1}^{n}(y_i - \bar{y})(\hat{y}_i - \bar{y}).$$

Für das gemischte Glied erhalten wir

$$\sum_{i=1}^{n}(y_i - \bar{y})(\hat{y}_i - \bar{y}) = \sum_{i=1}^{n}(y_i - \bar{y})\hat{b}(x_i - \bar{x}) \quad [\text{vgl. } (5.12)]$$

$$= \hat{b}S_{xy}$$

$$= \hat{b}^2 S_{xx} \quad [\text{vgl. } (5.9)]$$

$$= \sum_{i=1}^{n}(\hat{y}_i - \bar{y})^2 \quad [\text{vgl. } (5.12)].$$

Damit gilt

$$\sum_{i=1}^{n}(y_i - \hat{y}_i)^2 = \sum_{i=1}^{n}(y_i - \bar{y})^2 - \sum_{i=1}^{n}(\hat{y}_i - \bar{y})^2,$$

oder anders geschrieben

$$\sum_{i=1}^{n}(y_i - \bar{y})^2 = \sum_{i=1}^{n}(\hat{y}_i - \bar{y})^2 + \sum_{i=1}^{n}(y_i - \hat{y}_i)^2. \tag{5.18}$$

Die Quadratsumme S_{yy} auf der linken Seite von Gleichung (5.18) misst die totale Variabilität der y-Messreihe bezogen auf das arithmetische Mittel $\bar{y}$. Sie wird auch mit SQ_{Total} bezeichnet. Die beiden Quadratsummen auf der rechten Seite haben folgende Bedeutung:

$$SQ_{\text{Rest}} = \sum_{i=1}^{n}(y_i - \hat{y}_i)^2 \qquad (5.19)$$

misst die Abweichung (längs der y-Achse) zwischen der Originalpunktwolke und den durch die Regression angepassten, also durch die Gerade vorhergesagten Werten. SQ_{Rest} heißt auch häufig SQ_{Residual}, da $\hat{e}_i = (y_i - \hat{y}_i)$ die geschätzten Residuen sind, so dass wir SQ_{Rest} auch mit $S(\hat{a}, \hat{b})$ (vgl. (5.6)) bezeichnen können.

Die andere Quadratsumme aus (5.18)

$$SQ_{\text{Regression}} = \sum_{i=1}^{n}(\hat{y}_i - \bar{y})^2 \qquad (5.20)$$

misst den durch die Regression erklärten Anteil an der Gesamtvariabilität. Damit lautet die fundamentale Formel der **Streuungszerlegung**

$$SQ_{\text{Total}} = SQ_{\text{Regression}} + SQ_{\text{Residual}} \,. \qquad (5.21)$$

Ausgehend von dieser Gleichung definiert man folgendes Maß für die Güte der Anpassung

$$R^2 = \frac{SQ_{\text{Regression}}}{SQ_{\text{Total}}} = 1 - \frac{SQ_{\text{Residual}}}{SQ_{\text{Total}}} \,. \qquad (5.22)$$

R^2 heißt **Bestimmtheitsmaß**. Es gilt $0 \leq R^2 \leq 1$.

Interpretation: Mit den Werten (x_i, y_i) ist auch die Variabilität der y-Werte, gemessen mit der Varianz $s^2 = \frac{1}{n}\sum_{i=1}^{n}(y_i - \bar{y})^2 = \frac{1}{n}SQ_{\text{Total}}$ gegeben. Die Formel der Streuungszerlegung (5.21) besagt, dass sich diese Variabilität in zwei Komponenten zerlegen lässt. Das Bestimmtheitsmaß R^2 setzt beide Komponenten in Relation zu SQ_{Total}. Würde man R^2 mit 100 multiplizieren, so bedeutet

$$R^2 \cdot 100 = \frac{SQ_{\text{Regression}}}{SQ_{\text{Total}}} \cdot 100$$

den prozentualen Anteil der durch die Regression erklärten Variabilität. Analog wäre

$$\frac{SQ_{\text{Residual}}}{SQ_{\text{Total}}} \cdot 100$$

der prozentuale Anteil der nicht durch die Regression erklärbaren Variabilität. Nach Gleichung (5.22) gilt

$$R^2 = \text{Anteil der erklärten Variabilität}$$
$$= 1 - \text{Anteil der nicht erklärten Variabilität} \,.$$

Je kleiner SQ_{Residual} ist, d.h. je näher R^2 an 1 liegt, desto besser ist die mit der Regression erzielte Anpassung an die Punktwolke. Wir betrachten die beiden möglichen Grenzfälle.

Falls alle Punkte (x_i, y_i) auf der Regressionsgeraden liegen würden, wäre $y_i = \hat{y}_i$, $(i = 1, \ldots, n)$ und damit $SQ_{\text{Residual}} = 0$ und

$$R^2 = \frac{SQ_{\text{Regression}}}{SQ_{\text{Total}}} = 1 \ .$$

Diesen Grenzfall bezeichnet man als perfekte Anpassung (vgl. Abbildung 5.8).

Beispiel. Eine Firma zahlt Gehälter nach dem Schlüssel „Grundbetrag a plus Steigerung in Abhängigkeit von der Dauer der Betriebszugehörigkeit", d. h. nach dem linearen Modell

$$\text{Gehalt} = a + b \cdot \text{Dauer der Betriebszugehörigkeit} \ .$$

Die Gehälter y_i in Abhängigkeit von der Dauer der Betriebszugehörigkeit x_i liegen damit exakt auf einer Geraden (Abbildung 5.8).

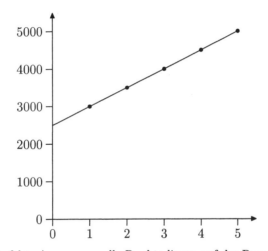

Abb. 5.8. Perfekte Anpassung, alle Punkte liegen auf der Regressionsgeraden

Der andere Grenzfall $R^2 = 0$ (Null-Anpassung) tritt ein, falls $SQ_{\text{Regression}} = 0$, bzw. äquivalent $SQ_{\text{Residual}} = SQ_{\text{Total}}$ ist. Dies bedeutet $\hat{y}_i = \bar{y}$ für alle i und $\hat{b} = 0$. Die Regressionsgerade verläuft dann parallel zur x-Achse, so dass zu jedem x-Wert derselbe $\hat{y}$-Wert, nämlich $\bar{y}$, gehört. Damit hat X überhaupt keinen Einfluss auf Y, es existiert also keine Ursache-Wirkungs-Beziehung.

Beispiel 5.4.1. Wir erheben die Merkmale X 'Punktezahl in der Mathematikklausur' und Y 'Punktezahl in der Deutschklausur' bei $n = 4$ Schülern. Mit den beobachteten Wertepaaren $(10, 20)$, $(40, 10)$, $(50, 40)$ und $(20, 50)$ erhalten wir $\bar{x} = 30$, $\bar{y} = 30$, $S_{xy} = 0$ und $\hat{b} = 0$ und damit $R^2 = 0$. Es besteht also kein Zusammenhang zwischen beiden Merkmalen.

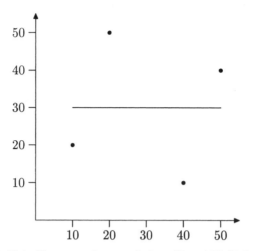

Abb. 5.9. Kein Zusammenhang zwischen X und Y (Beispiel 5.4.1)

5.4.2 Korrelation

Die Güte der Anpassung der Regression an die Daten wird durch R^2 gemessen. Je größer R^2, desto stärker ist eine lineare Ursache-Wirkungs-Beziehung zwischen X und Y ausgeprägt. Andererseits gibt auch der Korrelationskoeffizient r Auskunft über die Stärke des linearen Zusammenhangs zwischen X und Y.

Das Bestimmtheitsmaß R^2 und der Korrelationskoeffizient r stehen in folgendem direkten Zusammenhang:

$$R^2 = r^2 \,. \tag{5.23}$$

Diese Beziehung lässt sich leicht herleiten. Es gilt:

$$
\begin{aligned}
SQ_{\text{Residual}} &= \sum_{i=1}^{n}(y_i - (\hat{a} + \hat{b}x_i))^2 \\
&= \sum_{i=1}^{n}[(y_i - \bar{y}) - \hat{b}(x_i - \bar{x})]^2 \\
&= S_{yy} + \hat{b}^2 S_{xx} - 2\hat{b}S_{xy} \\
&= S_{yy} - \hat{b}^2 S_{xx} \\
&= S_{yy} - \frac{(S_{xy})^2}{S_{xx}} \,,
\end{aligned}
\tag{5.24}
$$

$$SQ_{\text{Regression}} = S_{yy} - SQ_{\text{Residual}} \tag{5.25}$$

$$= \frac{(S_{xy})^2}{S_{xx}} \tag{5.26}$$

und damit

$$R^2 = \frac{SQ_{\text{Regression}}}{S_{yy}} = \frac{(S_{xy})^2}{S_{xx}S_{yy}} = r^2.$$

In der einfachen linearen Regression wird die Güte der Anpassung durch das Quadrat des Korrelationskoeffizienten von X und Y bestimmt. Wir wollen nun anhand eines Beispiels die Berechnung der linearen Regression und des Bestimmtheitsmaßes ausführlich demonstrieren.

Beispiel 5.4.2. In einem Kaufhauskonzern mit $n = 10$ Filialen sollen die Auswirkungen von Werbeausgaben auf die Umsatzsteigerung untersucht werden. Wir betrachten die Merkmale X 'Werbung' mit 1 000 EUR als Einheit und Y 'Umsatzsteigerung' mit 10 000 EUR als Einheit.

i	x_i	y_i
1	1.5	2.0
2	2.0	3.0
3	3.5	6.0
4	2.5	5.0
5	0.5	1.0
6	4.5	6.0
7	4.0	5.0
8	5.5	11.0
9	7.5	14.0
10	8.5	17.0

Daraus berechnen wir $\bar{x} = 4.0$ und $\bar{y} = 7.0$. Mit den Werten in der folgenden Arbeitstabelle

i	Umsatzsteigerung y_i	Werbung x_i	$x_i - \bar{x}$	$y_i - \bar{y}$	$(x_i - \bar{x})(y_i - \bar{y})$
1	2.0	1.5	−2.5	−5.0	12.5
2	3.0	2.0	−2.0	−4.0	8.0
3	6.0	3.5	−0.5	−1.0	0.5
4	5.0	2.5	−1.5	−2.0	3.0
5	1.0	0.5	−3.5	−6.0	21.0
6	6.0	4.5	0.5	−1.0	−0.5
7	5.0	4.0	0.0	−2.0	0.0
8	11.0	5.5	1.5	4.0	6.0
9	14.0	7.5	3.5	7.0	24.5
10	17.0	8.5	4.5	10.0	45.0

erhalten wir $S_{xx} = 60.0$, $S_{yy} = 252.0$ und $S_{xy} = 120.0$. Mit (5.9) erhalten wir damit die KQ-Schätzungen

$$\hat{b} = \frac{S_{xy}}{S_{xx}} = \frac{120}{60} = 2$$

$$\hat{a} = \bar{y} - \hat{b}\bar{x} = 7 - 2 \cdot 4 = -1 \,,$$

also die Regressionsgerade

$$\hat{y}_i = -1 + 2x_i \, .$$

Die Schätzwerte $\hat{y}_i$ und die daraus resultierenden Residuen $\hat{e}_i = y_i - \hat{y}_i$ sind in der folgenden Tabelle angegeben.

i	y_i	$\hat{y}_i$	$\hat{e}_i = y_i - \hat{y}_i$	$\hat{y}_i - \bar{y}$
1	2.0	2.0	0.0	-5.0
2	3.0	3.0	0.0	-4.0
3	6.0	6.0	0.0	-1.0
4	5.0	4.0	1.0	-3.0
5	1.0	0.0	1.0	-7.0
6	6.0	8.0	-2.0	1.0
7	5.0	7.0	-2.0	0.0
8	11.0	10.0	1.0	3.0
9	14.0	14.0	0.0	7.0
10	17.0	16.0	1.0	9.0

Wir erhalten damit $SQ_{\text{Residual}} = \sum_{i=1}^{n}(y_i - \hat{y}_i)^2 = 12.0$ und $SQ_{\text{Regression}} = \sum_{i=1}^{n}(\hat{y}_i - \bar{y})^2 = 240.0$, d. h. (vgl. Relation (5.21), beachte $SQ_{\text{Total}} = S_{yy}$)

$$SQ_{\text{Total}} = SQ_{\text{Regression}} + SQ_{\text{Residual}}$$
$$252 = 240 + 12$$

Der Korrelationskoeffizient ist

$$r = \frac{S_{xy}}{\sqrt{S_{xx}S_{yy}}} = \frac{120}{\sqrt{60 \cdot 252}} = 0.9759 \, ,$$

das Bestimmtheitsmaß ist

$$R^2 = \frac{SQ_{\text{Regression}}}{S_{yy}} = \frac{240}{252} = 0.9523 = (0.9759)^2 \, .$$

In diesem Beispiel werden 95.23 % der Variabilität der Umsatzsteigerungen y_i durch das lineare Regressionsmodell erklärt. Die Regressionsgleichung $\hat{y}_i = -1 + 2 \cdot x_i$ besagt, dass bei Erhöhung der Werbeausgaben um eine Einheit (d. h. um $1\,000$ EUR) eine Umsatzsteigerung um zwei Einheiten (d. h. um $20\,000$ EUR) zu erwarten ist.

Die Regressionsgleichung gilt nur im Wertebereich der x_i, d. h. in dem Intervall $[x_{(1)}, x_{(n)}] = [0.5, 8.5]$. Damit ist beispielsweise die Regression an der Stelle $x = 0$ nicht sinnvoll zu extrapolieren, es gilt also nicht: keine Werbung = Umsatzrückgang ($\hat{y} = \hat{a} = -1$).

Abbildung 5.10 enthält die Ergebnisse obiger Berechnungen mit SPSS. Es sind hier sowohl Maße der deskriptiven Statistik wie der induktiven Statistik (die wir hier nicht kommentieren) angegeben. Wir erkennen folgende deskriptive Maßzahlen: den Korrelationskoeffizienten $r = 0.976$ ('R'), das Bestimmtheitsmaß $R^2 = 0.952 = r^2$ ('R Square'), sowie in der Tabelle 'ANOVA' die Größen $SQ_{\text{Regression}} = 240.000$ ('Regression'), $SQ_{\text{Residual}} = 12.000$ ('Residual'), und $SQ_{\text{Total}} = 252.000$ ('Total'). Die geschätzten Regressionskoeffizienten sind in der Tabelle 'Coefficients' durch die Werte $\hat{a} = -1.000$ ('Constant', Spalte 'B') und $\hat{b} = 2.000$ ('Werbung', Spalte 'B') angegeben.

In Abbildung 5.11 sind die berechneten Residuen und die Schätzwerte $\hat{y}_i$ als von SPSS berechnete neue Variablen dargestellt. In Abbildung 5.12 ist die geschätzte Regressionsgerade abgebildet.

Variables Entered/Removed[b]

Model	Variables Entered	Variables Removed	Method
1	Werbung[a]	.	Enter

a. All requested variables entered.

b. Dependent Variable: Umsatzsteigerung

Model Summary

Model	R	R Square	Adjusted R Square	Std. Error of the Estimate
1	.976[a]	.952	.946	1.2247

a. Predictors: (Constant), Werbung

ANOVA[b]

Model		Sum of Squares	df	Mean Square	F	Sig.
1	Regression	240.000	1	240.000	160.000	.000[a]
	Residual	12.000	8	1.500		
	Total	252.000	9			

a. Predictors: (Constant), Werbung

b. Dependent Variable: Umsatzsteigerung

Coefficients[a]

Model		Unstandardized Coefficients		Standardized Coefficients		
		B	Std. Error	Beta	t	Sig.
1	(Constant)	-1.000	.742		-1.348	.214
	Werbung	2.000	.158	.976	12.649	.000

a. Dependent Variable: Umsatzsteigerung

Abb. 5.10. Berechnungen zum Beispiel 5.4.2 mit SPSS

Beispiel 5.4.3. Wir wollen den Einfluss von Ausreißern auf die Güte der Anpassung untersuchen und demonstrieren dies anhand der Daten aus Beispiel

Predicted	Residual
2.00000	.00000
3.00000	.00000
6.00000	.00000
4.00000	1.00000
.00000	1.00000
8.00000	-2.00000
7.00000	-2.00000
10.00000	1.00000
14.00000	.00000
16.00000	1.00000

Abb. 5.11. Von SPSS berechnete Schätzwerte und Residuen zum Beispiel 5.4.2

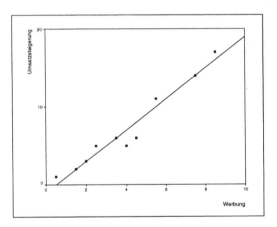

Abb. 5.12. Regressionsgerade und Originalwerte aus Beispiel 5.4.2

5.2.1. Ermitteln wir die Schätzungen der Regressionskoeffizienten und das Bestimmtheitsmaß unter Verwendung aller Werte, so erhalten wir

$$\hat{a} = 3.148\,,$$
$$\hat{b} = -0.047\,,$$
$$R^2 = 0.002\,.$$

Schließen wir die von den anderen vier Punkten entfernt liegende Beobachtung (x_5, y_5) aus den Berechnungen aus, so erhalten wir

$$\hat{a} = -1.147\,,$$
$$\hat{b} = 0.992\,,$$
$$R^2 = 0.963\,.$$

Wie wir aus den Ergebnissen und aus Abbildung 5.5 ersehen, hat die Entfernung der Beobachtung (x_5, y_5) weitreichende Konsequenzen. Die Parame-

terschätzungen ändern sich grundlegend und das Bestimmtheitsmaß wächst
von fast Null auf fast Eins.

5.5 Residualanalyse

Im Beispiel 5.4.2 haben wir mit SPSS die vorhergesagten Werte $\hat{y}_i$ und die
geschätzten Residuen $\hat{e}_i = y_i - \hat{y}_i$ berechnet. Die grafische Analyse der Residuen gibt häufig Auskunft darüber, ob die Annahme eines linearen Modells
gerechtfertigt ist. Dazu plottet man entweder die $\hat{e}_i$ gegen die $\hat{y}_i$ im $(\hat{y},\hat{e})$-
Koordinatensystem oder man berechnet die sogenannten **standardisierten
Residuen**

$$\hat{d}_i = \frac{y_i - \hat{y}_i}{\sqrt{SQ_{\text{Residual}}}} = \frac{\hat{e}_i}{\sqrt{SQ_{\text{Residual}}}} \tag{5.27}$$

und plottet die $\hat{d}_i$ gegen die $\hat{y}_i$ im $(\hat{y},\hat{d})$-Koordinatensystem. Die folgenden
Abbildungen zeigen typische Verläufe derartiger Plots.

Die Abbildung 5.13 zeigt den Verlauf für den Fall, dass ein lineares Modell
korrekt ist. Die Punktwolke zeigt kein geordnetes Muster. Abbildung 5.14
deutet auf einen Trend in den Residuen und damit darauf hin, dass eine
Regressionsgerade nicht geeignet ist, den Zusammenhang zu beschreiben. In
Abbildung 5.15 erkennt man einen parabelförmigen Verlauf der Punkte, was
ebenfalls auf ein nichtlineares Regressionsmodell hindeutet.

5.6 Lineare Transformation der Originaldaten

Wir haben bei der Einführung von Maßzahlen stets das Problem untersucht,
welchen Einfluss lineare Transformationen der Daten auf diese Maßzahlen haben. Eine wünschenswerte Eigenschaft ist die Unempfindlichkeit der Maßzahl
gegenüber solchen Transformationen (Translationsäquivarianz). Seien wiederum folgende lineare Transformationen von X und Y vorzunehmen:

$$\tilde{X} = u + vX , \quad \tilde{Y} = w + zY . \tag{5.28}$$

Dann gilt für die arithmetischen Mittel und die Quadratsummen:

$$\bar{x}_{\text{neu}} = u + v\bar{x}_{\text{alt}} , \quad \bar{y}_{\text{neu}} = w + z\bar{y}_{\text{alt}}$$
$$S_{xx(\text{neu})} = v^2 S_{xx(\text{alt})} , \quad S_{xy(\text{neu})} = vzS_{xy(\text{alt})} .$$

Damit erhalten wir für die Regressionsparameter $\hat{a}$ und $\hat{b}$ (vgl. (5.9))

$$\hat{b}_{\text{neu}} = \frac{S_{xy(\text{neu})}}{S_{xx(\text{neu})}} = \frac{vzS_{xy(\text{alt})}}{v^2 S_{xx(\text{alt})}} \tag{5.29}$$

$$\hat{a}_{\text{neu}} = \bar{y}_{\text{neu}} - \hat{b}_{\text{neu}}\bar{x}_{\text{neu}} = (w + z\bar{y}_{\text{alt}}) - \frac{vzS_{xy(\text{alt})}}{v^2 S_{xx(\text{alt})}}(u + v\bar{x}_{\text{alt}}). \tag{5.30}$$

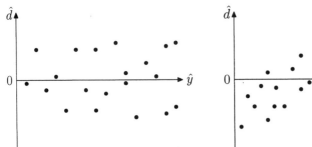

Abb. 5.13. Korrekt spezifiziertes lineares Modell

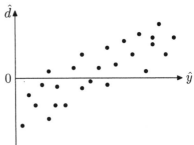

Abb. 5.14. Trend in den Residuen

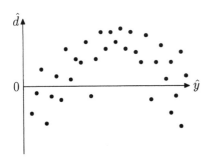

Abb. 5.15. Parabelförmiger Verlauf, Hinweis auf ein nichtlineares Regressionsmodell

Für den allgemeinen Fall ist kein direkter Zusammenhang bei diesen Transformationen zwischen $\hat{a}_{\text{neu}}$ und $\hat{a}_{\text{alt}}$ festzustellen. Falls $v^2 = vz$, also $v = z$ gilt, so erhält man stets $\hat{b}_{\text{neu}} = \hat{b}_{\text{alt}}$, der Anstieg bleibt also unverändert.

Zentrierungstransformation. Wir betrachten folgende spezielle lineare Transformation

$$\tilde{X} = -\bar{x} + X, \quad \tilde{Y} = -\bar{y} + Y, \tag{5.31}$$

die ein Spezialfall der Transformation (5.28) mit der Wahl $u = -\bar{x}, v = 1, w = -\bar{y}$ und $z = 1$ ist. Diese Transformation führt die Originalwerte (x_i, y_i) in ihre Abweichungen vom jeweiligen Mittelwert über, die Werte werden zentriert: $(x_i - \bar{x}, y_i - \bar{y})$. Damit wird $\bar{x}_{\text{neu}} = 0$, $\bar{y}_{\text{neu}} = 0$ und $\hat{b}_{\text{neu}} = \frac{S_{xy(\text{alt})}}{S_{xx(\text{alt})}} = \hat{b}_{\text{alt}}$ (vgl. (5.29)) und $\hat{a}_{\text{neu}} = 0$ (vgl. (5.30)).

Der Anstieg $\hat{b}$ bleibt also unverändert, die Regressionsgerade wird mit Hilfe einer Parallelverschiebung durch den Ursprung gelegt. Die zentrierte Regression wird verwendet, wenn man am Vergleich von relativen Entwicklungen (bezogen auf die Mittelwerte) und nicht an den Originaldaten interessiert ist. Verglichen wird dann der Anstieg von zwei oder mehr Regressionsbeziehungen im selben Koordinatensystem.

Regression durch den Ursprung. In vielen Zusammenhängen in den Naturwissenschaften, Technik oder Sozialwissenschaften bewirkt ein Wert $x = 0$ auch einen Wert $y = 0$. Beispiele sind Geschwindigkeit X und Bremsweg Y eines PKW, Spannung X und Brenndauer Y einer Glühbirne usw. Wenn man also aus sachlogischen Erwägungen weiß, dass ein Modell des Zusammenhangs durch den Koordinatenursprung (0,0) gehen muss, so wird man die Merkmalswerte nicht durch ein Modell $y_i = a + bx_i$ sondern durch ein Modell $y_i = bx_i$ anpassen, also den Parameter a (Achsenabschnitt auf der y-Achse bei $x = 0$) von vornherein Null setzen. Dann verändert sich der empirische Regressionskoeffizient $\hat{b}$ zu

$$\hat{b} = \frac{\sum x_i y_i}{\sum x_i^2} \, .$$

Beispiel. Der elektrische Widerstand Y eines Kabels hängt von seiner Länge X ab. Wir beschreiben diesen Zusammenhang durch eine lineare Regression, die natürlicherweise durch den Ursprung geht. Für 7 Kabel verschiedener Längen erhalten wir folgende Versuchsmessungen:

$$\begin{pmatrix} i & x_i & y_i \\ 1 & 1.0 & 17.2 \\ 2 & 1.1 & 19.7 \\ 3 & 1.5 & 26.4 \\ 4 & 1.9 & 32.9 \\ 5 & 2.0 & 35.6 \\ 6 & 2.2 & 40.0 \\ 7 & 3.0 & 52.1 \end{pmatrix}$$

Da die Regression natürlicherweise durch den Ursprung verläuft, passen wir eine Gerade $y_i = bx_i$ an und berechnen

$$\hat{b} = \frac{\sum_{i=1}^{n} x_i y_i}{\sum_{i=1}^{n} x_i^2} = 17.62.$$

Mit jedem Meter Länge erhöht sich der Widerstand um 17.62 mΩ.

5.7 Multiple lineare Regression und nichtlineare Regression

Wir haben bereits in einem einführenden Beispiel in Abbildung 5.3 – Schneidgeschwindigkeit eines Laserschneidegeräts in Abhängigkeit von der Laserleistung in Watt – gezeigt, dass das Problem auftreten kann, dass der Zusammenhang zwischen X und Y nichtlinear ist. Wir unterscheiden dabei zwei grundsätzliche Fälle: Die funktionale Abhängigkeit von X und Y wird durch eine

(i) in X nichtlineare Funktion, die jedoch in den Parametern linear ist
(ii) in X und in den Parametern nichtlineare Funktion

beschrieben.

Beispiele.

$$
\begin{array}{ll}
 & \text{Typ} \\
y = b_0 + b_1 e^x + \dfrac{b_2}{x} & \text{(i)} \\
y = b_0 + b_1 x + b_2 x^2 + \cdots + b_p x^p \quad \text{(Polynom p-ter Ordnung)} & \text{(i)} \\
y = b_0 e^{b_1 x} & \text{(ii)} \\
y = b_1 \sin x + b_2 \cos x & \text{(i)}
\end{array}
$$

Die Funktionen vom Typ (i) sind linear in den Parametern und lassen sich durch Umkodierung als lineares Regressionsmodell darstellen, wobei sich allerdings die Dimension (d. h. die Anzahl der Variablen bzw. Einflussgrößen) erhöhen kann, so dass ein **multiples Regressionsmodell**

$$y = b_0 + b_1 x_1 + \cdots + b_p x_p + e \tag{5.32}$$

entsteht, das die Abhängigkeit zwischen der Variablen y und den p Einflussgrößen $x_1, \ldots, x_p$ simultan modelliert.

Beispiel 5.7.1. Wir betrachten als Regressionsmodell ein Polynom p-ter Ordnung in x

$$y = b_0 + b_1 x + b_2 x^2 + \ldots + b_p x^p + e$$

und führen eine Umkodierung durch, indem wir neue Einflussgrößen $\tilde{x}_1, \ldots, \tilde{x}_p$ wie folgt definieren:

$$
\begin{aligned}
x &\mapsto \tilde{x}_1 \\
x^2 &\mapsto \tilde{x}_2 \\
&\;\;\vdots \\
x^p &\mapsto \tilde{x}_p
\end{aligned}
$$

Das Ergebnis der Umkodierung ist ein multiples lineares Regressionsmodell $y = b_0 + b_1 \tilde{x}_1 + \cdots + b_p \tilde{x}_p + e$ mit einer Konstanten und p Regressoren $\tilde{x}_1, \ldots, \tilde{x}_p$.

Beispiel 5.7.2. Gegeben sei die Funktion $y = a + b e^x + \frac{c}{x} + e$. Durch folgende Umkodierung erhalten wir ein multiples lineares Regressionsmodell $y = a + b\tilde{x}_1 + c\tilde{x}_2 + e$ mit zwei Regressoren $\tilde{x}_1$ und $\tilde{x}_2$.

$$
\begin{aligned}
e^x &\mapsto \tilde{x}_1 \\
\frac{1}{x} &\mapsto \tilde{x}_2 \,.
\end{aligned}
$$

Bei den in X und in den Parametern nichtlinearen Funktionen des Typs (ii) kann man häufig durch geschickte Transformationen wieder ein lineares Modell erhalten.

Beispiel 5.7.3. Gegeben sei eine nichtlineare Ursache-Wirkungs-Beziehung zwischen x und y der Gestalt $y = ae^{bx}$. Logarithmieren liefert eine lineare Funktion

$$\ln y = \ln a + bx \,.$$

Wählen wir die Umkodierung:

$$\ln y \mapsto \tilde{y}$$
$$\ln a \mapsto \tilde{a} \,,$$

so können wir nach Datenerhebung eine lineare Regression $\tilde{y} = \tilde{a} + bx + e$ in der neuen Variablen $\tilde{y} = \ln y$ und in x durchführen.

Anmerkung. Liegt eine nicht zu linearisierende Funktion vor, so muss die Parameterschätzung mittels alternativer, z. B. iterativer Verfahren durchgeführt werden. Auf diese Problematik gehen wir hier nicht ein.

5.8 Polynomiale Regression

Mit einem Polynom p-ter Ordnung in x

$$y = f(x) = b_0 + b_1 x + b_2 x^2 + \ldots + b_p x^p + e$$

lässt sich eine recht weite Klasse von nichtlinearen Funktionen approximieren. Ist der Funktionstyp unbekannt und liegen Beobachtungen der Funktion in Gestalt von Wertepaaren (x_i, y_i), $i = 1, \ldots, n$ vor, so kann man den tatsächlichen Kurvenverlauf durch eine polynomiale Regression mit Hilfe der empirischen Methode der kleinsten Quadrate schätzen. Dazu wird die in Beispiel 5.7.1 angegebene Transformation durchgeführt. Dies ergibt das multiple lineare Regressionsmodell (5.32), das sich in Matrixschreibweise als

$$\mathbf{y} = \mathbf{X}\mathbf{b} + \mathbf{e}$$

darstellen lässt, mit

$$\mathbf{y} = \begin{pmatrix} y_1 \\ \vdots \\ y_n \end{pmatrix}, \quad \mathbf{X} = \begin{pmatrix} 1 & x_{11} & x_{12} & \cdots & x_{1p} \\ 1 & x_{21} & x_{22} & \cdots & x_{2p} \\ \vdots & & & & \\ 1 & x_{n1} & x_{n2} & \cdots & x_{np} \end{pmatrix},$$

$$\mathbf{b} = \begin{pmatrix} b_0 \\ b_1 \\ \vdots \\ b_p \end{pmatrix}, \quad \mathbf{e} = \begin{pmatrix} e_1 \\ e_2 \\ \vdots \\ e_n \end{pmatrix}.$$

Der empirische Kleinste-Quadrate-Schätzer des gesamten Parametervektors **b** hat die Gestalt

$$\hat{\mathbf{b}} = (\mathbf{X}'\mathbf{X})^{-1}\mathbf{X}'\mathbf{y}.$$

Die Berechnung dieses Schätzers setzt die Lösung eines linearen Gleichungssystems voraus, so dass wir im Rahmen dieses Buches nur die Anwendung demonstrieren können.

Das Ziel der polynomialen Regression ist es, den unbekannten Funktionsverlauf durch ein Polynom möglichst niedriger Ordnung p zu modellieren. Dazu werden folgende Schritte durchgeführt:

a) Start mit $p = 1$. Wir erhalten ein lineares Modell $y = b_0 + b_1 x$. Durch Beurteilung der Plots verschaffen wir uns einen Eindruck über die Güte der Anpassung. Falls der Eindruck einer schlechten Anpassung entsteht, gehen wir zum nächsten Schritt über.

b) Durch Erhöhung des Grades um 1 erhalten wir ein quadratisches Modell $y = b_0 + b_1 x + b_2 x^2$, das wir wiederum durch die Beurteilung der Plots einschätzen.

c) Falls die Diskrepanz zwischen dem Modell und den Daten noch „groß" ist, wird die Ordnung des Polynoms erneut um 1 erhöht usw. Dies geschieht solange, bis eine weitere Erhöhung nur noch zu unbedeutenden Veränderungen führt. Da „klein" nicht definiert werden kann, sollte man dieses Vorgehen durch Vergleich der jeweiligen Plots zu jeder Polynomordnung begleiten, um durch dieses empirische Vorgehen eine Vorstellung von der Güte der Anpassung in Abhängigkeit von der Ordnung des Polynoms zu gewinnen.

In SPSS wird diese Modellwahl über p-values der sogenannten F_{Change}-Statistik gesteuert. Dieses Vorgehen kann erst in der Induktiven Statistik erläutert werden. Wir wollen das oben beschriebene deskriptive Vorgehen hier an einem Beispiel erklären.

Beispiel. Betrachten wir wieder die Situation, die in Abbildung 5.3 dargestellt wurde (Schneidgeschwindigkeit eines Laserschneidegeräts in Abhängigkeit von der Laserleistung in Watt). Zunehmende Schneidgeschwindigkeit eines Laserschneidegerätes bei zunehmender Leistung: zunächst linear und nach Erreichen einer Sättigungsgrenze flacher, insgesamt also ein nichtlinearer Verlauf. In Abbildung 5.16 sind die angepassten Polynome der oben beschriebenen einzelnen Schritte der Modellwahl gezeigt.

Wie wir aus Abbildung 5.16 erkennen, liegt ein nichtlinearer Zusammenhang zwischen Laserleistung und Schneidgeschwindigkeit vor. Der Übergang vom quadratischen zum kubischen Polynom bringt keine wesentliche Verbesserung.

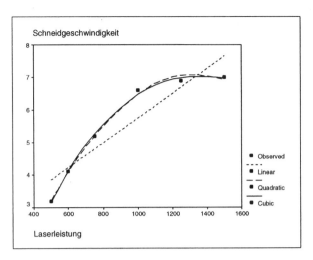

Abb. 5.16. SPSS Grafik (Curve Fitting) lineare, quadratische und kubische Polynome

5.9 Lineare Regression mit kategorialen Regressoren

In den bisherigen Ausführungen haben wir Y und X stets als quantitativ stetig vorausgesetzt. Wir wollen nun den in Anwendungen ebenfalls wichtigen Fall behandeln, dass der Regressor X kategoriales Skalenniveau besitzt. Wir betrachten zunächst einige Beispiele für kategoriale Regressoren:

Beispiele.

- Geschlecht: männlich, weiblich
- Familienstand: ledig, verheiratet, geschieden, verwitwet
- Prädikat des Diplomzeugnisses: sehr gut, gut, befriedigend, ausreichend

Regressoren mit kategorialem Skalenniveau erfordern eine spezifische Behandlung. Die kodierten Merkmalsausprägungen wie z. B. 'ledig'=1, 'verheiratet'=2, 'geschieden'=3, 'verwitwet'=4 können wir nicht wie reelle Zahlen in die Berechnung der Parameterschätzungen $\hat{a}$ und $\hat{b}$ einbeziehen, da den Kodierungen wie z. B. beim nominalen Merkmal 'Familienstand' nicht notwendig eine Ordnung zugrundeliegt und Abstände bei ordinalen Merkmalen nicht definiert sind. Um diesem Problem zu begegnen, müssen kategoriale Regressoren umkodiert werden. Hierfür gibt es zwei Möglichkeiten: Dummy- und Effektkodierung. Dabei wird ein kategorialer Regressor mit k möglichen Merkmalsausprägungen in $k-1$ neue Regressoren (Dummys) umgewandelt. Eine der Originalkategorien (Merkmalsausprägungen) wird dabei als sogenannte **Referenzkategorie** ausgewählt.

Dummykodierung. Ein kategoriales Merkmal X mit k möglichen Merkmals-ausprägungen wird durch $k - 1$ Dummys X_i kodiert. Nach Wahl einer Referenzkategorie $j \in \{1, \ldots, k\}$ ergeben sich die Dummys X_i, $i = 1, \ldots, k$, $i \neq j$ wie folgt:

$$x_i = \begin{cases} 1 \text{ falls Kategorie } i \text{ vorliegt,} \\ 0 \text{ sonst.} \end{cases} \tag{5.33}$$

Effektkodierung. Ein kategoriales Merkmal X mit k möglichen Merkmals-ausprägungen wird durch $k - 1$ Dummys X_i kodiert. Nach Wahl einer Referenzkategorie $j \in \{1, \ldots, k\}$ ergeben sich die Dummys X_i, $i = 1, \ldots, k$, $i \neq j$ wie folgt:

$$x_i = \begin{cases} 1 \text{ falls Kategorie } i \text{ vorliegt,} \\ -1 \text{ falls Kategorie } j \text{ vorliegt,} \\ 0 \text{ sonst.} \end{cases} \tag{5.34}$$

Beispiel. Betrachten wir das Merkmal X 'mathematische Vorkenntnisse' der Studentenbefragung. Es besitzt vier mögliche Merkmalsausprägungen ('keine', 'Mathe-Grundkurs', 'Mathe-Leistungskurs' und 'Vorlesung Mathematik'), die mit 1, 2, 3 und 4 kodiert sind. Wir verwenden die letzte Kategorie, d. h. die Kategorie 4 'Vorlesung Mathematik', als Referenzkategorie. Damit erhalten wir die Dummys X_1, X_2 und X_3 wie in folgender Tabelle angegeben.

| Merkmalsausprägung | Wert von | | |
von X	X_1	X_2	X_3
1 'keine'	1	0	0
2 'Mathe-Grundkurs'	0	1	0
3 'Mathe-Leistungskurs'	0	0	1
4 'Vorlesung Mathematik'	0	0	0

Für die Effektkodierung erhalten wir

| Merkmalsausprägung | Wert von | | |
von X	X_1	X_2	X_3
1 'keine'	1	0	0
2 'Mathe-Grundkurs'	0	1	0
3 'Mathe-Leistungskurs'	0	0	1
4 'Vorlesung Mathematik'	−1	−1	−1

Beispiel 5.9.1. Wir wollen die Berechnung der Parameterschätzungen an einem Rechenbeispiel demonstrieren. Dazu betrachten wir die bei der Statistikklausur erreichten Punktezahlen (Merkmal Y) abhängig vom Studienfach (Merkmal X). Ein Ausschnitt der Daten ist in der folgenden Datenmatrix angegeben.

$$
\begin{array}{c}
\quad\quad \text{Punkte} \quad \text{Studienfach} \\
\begin{array}{c} 1 \\ 2 \\ 3 \\ 4 \\ 5 \\ \vdots \end{array}
\left(\begin{array}{cc}
34 & \text{BWL} \\
78 & \text{BWL} \\
30 & \text{Sonstige} \\
64 & \text{VWL} \\
71 & \text{VWL} \\
\vdots & \vdots
\end{array}\right)
\end{array}
$$

Mit der Kodierung BWL=1, VWL=2, Sonstige=3 erhalten wir mit Wahl der Referenzkategorie 3 (Sonstige) zwei Dummys X_1 (für BWL) und X_2 (für VWL) gemäß folgendem Schema

Merkmalsausprägung von X	Wert von X_1	X_2
1 'BWL'	1	0
2 'VWL'	0	1
3 'Sonstige'	0	0

Die Datenmatrix wird damit zu

$$
\begin{array}{c}
\quad\quad y \quad x_1 \quad x_2 \\
\begin{array}{c} 1 \\ 2 \\ 3 \\ 4 \\ 5 \\ \vdots \end{array}
\left(\begin{array}{ccc}
34 & 1 & 0 \\
78 & 1 & 0 \\
30 & 0 & 0 \\
64 & 0 & 1 \\
71 & 0 & 1 \\
\vdots & \vdots & \vdots
\end{array}\right)
\end{array}
$$

Wir berechnen die Schätzungen $\hat{a}$, $\hat{b}_1$ und $\hat{b}_2$ mit SPSS und erhalten die Ausgabe in Abbildung 5.17. Aus den Parameterschätzungen erhalten wir die angepassten Werte $\hat{y}$ gemäß

$$\hat{y} = \hat{a} + \hat{b}_1 X_1 + \hat{b}_2 X_2 \,.$$

Diese entsprechen gerade den durchschnittlichen Punktezahlen der Studenten der verschiedenen Fachrichtungen. Wir erhalten für

BWL $\hat{y} = \hat{a} + \hat{b}_1 \cdot 1 + \hat{b}_2 \cdot 0 = 62.800 + 1.083 = 63.883 \,,$

VWL $\hat{y} = \hat{a} + \hat{b}_1 \cdot 0 + \hat{b}_2 \cdot 1 = 62.800 + (-6.229) = 56.571 \,,$

Sonstige $\hat{y} = \hat{a} + \hat{b}_1 \cdot 0 + \hat{b}_2 \cdot 0 = 62.800 \,.$

Verwenden wir nun die Effektkodierung zur Berechnung der Parameterschätzungen, wobei wir wieder als Referenzkategorie die Kategorie 3, Sonstige, verwenden, so erhalten wir folgende Datenmatrix

Coefficients[a]

Model		Unstandardized Coefficients		Standardized Coefficients		
		B	Std. Error	Beta	t	Sig.
1	(Constant)	62.800	7.432		8.450	.000
	x_1	1.083	7.501	.013	.144	.885
	x_2	-6.229	9.731	-.058	-.640	.523

a. Dependent Variable: PUNKTE

Abb. 5.17. Berechnungen der Parameterschätzungen bei Dummykodierung in Beispiel 5.9.1 mit SPSS

$$
\begin{matrix}
 & y & x_1 & x_2 \\
1 \\
2 \\
3 \\
4 \\
5 \\
\vdots
\end{matrix}
\begin{pmatrix}
34 & 1 & 0 \\
78 & 1 & 0 \\
30 & -1 & -1 \\
64 & 0 & 1 \\
71 & 0 & 1 \\
\vdots & \vdots & \vdots
\end{pmatrix}
$$

Wir berechnen ebenfalls die Schätzungen $\hat{a}$, $\hat{b}_1$ und $\hat{b}_2$ mit SPSS und erhalten die Ausgabe in Abbildung 5.18. Aus den Parameterschätzungen erhalten wir die angepassten Werte $\hat{y}$ wiederum gemäß

$$\hat{y} = \hat{a} + \hat{b}_1 X_1 + \hat{b}_2 X_2\,,$$

nun aber mit anderen Parameterschätzungen. Die angepassten Werte $\hat{y}$ entsprechen auch bei Effektkodierung den durchschnittlichen Punktezahlen der verschiedenen Fachrichtungen. Wir erhalten:

BWL $\hat{y} = \hat{a} + \hat{b}_1 \cdot 1 + \hat{b}_2 \cdot 0 = 61.085 + 2.798 = 63.883\,,$

VWL $\hat{y} = \hat{a} + \hat{b}_1 \cdot 0 + \hat{b}_2 \cdot 1 = 61.085 + (-4.513) = 56.571\,,$

Sonstige $\hat{y} = \hat{a} + \hat{b}_1 \cdot (-1) + \hat{b}_2 \cdot (-1) = 61.085 - 2.798 + 4.513 = 62.799\,.$

Wie wir sehen liefern Dummy- und Effektkodierung die gleichen Ergebnisse für die mittleren erreichten Punktezahlen der verschiedenen Fachrichtungen. Die Interpretation der Parameter ist jedoch verschieden. Bei der Dummykodierung sind die Parameter als Abweichung zur Referenzkategorie zu verstehen. Hier bedeutet $\hat{b}_1 = 1.083$, dass die BWL-Studenten um 1.083 Punkte besser abgeschnitten haben als die Studenten sonstiger Fachrichtungen, die die Referenzkategorie bilden. Bei der Effektkodierung sind die Parameter als Abweichung zu einer mittleren Kategorie zu verstehen. Hier bedeutet $\hat{b}_1 = 2.798$, dass die BWL-Studenten um 2.798 Punkte besser abgeschnitten haben als Studenten einer 'mittleren' Fachrichtung, also

'durchschnittliche' Studenten, bei denen der Effekt des Studienfachs heraus-
gerechnet ist.

Coefficients[a]

Model		Unstandardized Coefficients		Standardized Coefficients		
		B	Std. Error	Beta	t	Sig.
1	(Constant)	61.085	3.261		18.731	.000
	x_1	2.798	3.313	.051	.845	.399
	x_2	-4.513	4.877	-.056	-.925	.356

a. Dependent Variable: PUNKTE

Abb. 5.18. Berechnungen der Parameterschätzungen bei Effektkodierung in Beispiel 5.9.1 mit SPSS

5.10 Spezielle nichtlineare Modelle – Wachstumskurven

Wachstumskurven liefern eine flexible Klasse von nichtlinearen Modellen zur
Beschreibung zahlreicher Vorgänge in den Wirtschaftswissenschaften sowie
in biologischen und technischen Systemen. Häufig benutzte und in der Praxis
erprobte Typen sind

- die Exponentialfunktion $y_t = \alpha e^{\beta t}$
- die modifizierte Exponentialfunktion $y_t = \delta + \alpha e^{\beta t}$
- die Gompertz-Kurve $y_t = \alpha e^{(\beta e^{\gamma t})}$
- die logistische Funktion $y_t = \dfrac{\alpha}{1 + \beta e^{\gamma t}}$
- die logarithmische Parabel $y_t = \alpha e^{\beta t + \gamma t^2}$

Als Einflussgröße haben wir hier die Zeit t, $t = 1, \ldots, T$.

Diese Wachstumskurven werden durch maximal drei Parameter beschrieben. Der Behandlung nichtlinearer Modelle mit deskriptiven Methoden sind
Grenzen gesetzt. Wir wollen uns deshalb darauf beschränken, den Verlauf
einiger Wachstumskurven grafisch darzustellen (vgl. Abbildungen 5.19 bis
5.22). Abbildung 5.21 zeigt z. B. einen Wachstumsprozess mit Sättigungs-
verhalten, wie wir ihn bei der Markteinführung neuer Produkte beobachten
können. Nach einem Anstieg des Umsatzes über die Zeit tritt eine Sättigung
ein.

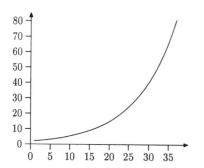

Abb. 5.19. Exponentialfunktion mit $\alpha = 2.0$ und $\beta = 0.1$

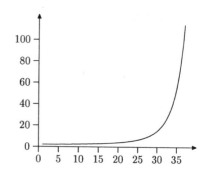

Abb. 5.20. Gompertz-Funktion mit $\alpha = 2.0$, $\beta = 0.1$ und $\gamma = 0.1$

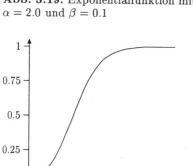

Abb. 5.21. Logistische Funktion mit $\alpha = 1.0$, $\beta = 30$ und $\gamma = -0.3$

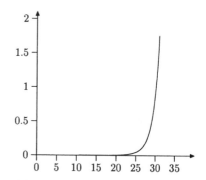

Abb. 5.22. Logarithmische Parabel mit $\alpha = 2.0$, $\beta = 0.05$ und $\gamma = 0.01$

5.11 Aufgaben und Kontrollfragen

Aufgabe 5.1: In den Jahren 1952 bis 1961 entwickelten sich das Bruttosozialprodukt (BSP zu Preisen von 1954 in Mrd. DM) und der Primärenergieverbrauch (PEV in Mio. t SKE) wie folgt:

Jahr	'52	'53	'54	'55	'56	'57	'58	'59	'60	'61
BSP	135	145	160	170	190	200	210	220	250	270
PEV	150	150	160	175	185	190	180	185	215	220

a) Ermitteln Sie die Regressionsgerade für den PEV in Abhängigkeit vom BSP.

b) Berechnen Sie das Bestimmtheitsmaß.

Aufgabe 5.2: Eine Gesamtheit von 20 Elementen, bei der man sich für ein zweidimensionales Merkmal (X, Y) interessiert, wird aufgeteilt in zwei gleich große Teilgesamtheiten. Für die Teilgesamtheiten ergeben sich die folgenden Maßzahlen:

Teilgesamtheit	$\bar{x}$	$\bar{y}$	s_x^2	s_y^2	r
1	0	6	9	36	1
2	12	0	36	9	1

Wie groß ist der Korrelationskoeffizient r der Gesamtheit?

Aufgabe 5.3: Ein fiktives Science-fiction-Beispiel: Space racer industries, ein Hersteller von flinken kleinen Raumschiffen, verzeichnet in den Jahren 2090 bis 2095 die folgenden Umsätze (in Mio. Sterntalern):

Jahr	2090	2091	2092	2093	2094	2095
Umsatz	20	10	10	30	40	70
Subventionen	8	6	8	12	16	22

Die Tabelle gibt zugleich die Höhe der Subventionen wieder, die space racer industries in diesen Jahren erhalten hat (ebenfalls in Mio. Sterntalern).

a) Ermitteln Sie die Regressionsgerade des Umsatzes in Abhängigkeit von der Höhe der erhaltenen Subventionen.

b) Berechnen Sie das Bestimmtheitsmaß und interpretieren Sie den berechneten Wert.

Aufgabe 5.4: Zur Überprüfung der Wirkung von Kraftfutter für Milchkühe verwenden sechs benachbarte Bauern mit gleichem Viehbestand verschiedene Mengen. Die Kraftfuttermengen und die Milcherträge sind in der folgenden Tabelle dargestellt (Angaben jeweils in kg bzw. l):

Bauer	Kraftfuttermenge (X)	Milchertrag (Y)
A	80	2 700
B	200	3 250
C	240	3 500
D	140	3 100
E	400	4 000
F	320	3 800

a) Stellen Sie die Werte der Tabelle grafisch dar und überprüfen Sie anhand dieser Zeichnung, ob es gerechtfertigt ist, einen annähernd linearen Zusammenhang zwischen den beiden Merkmalen anzunehmen.

b) Berechnen Sie die Parameter der Regressionsgeraden.

c) Lohnt sich der Einsatz des Kraftfutters, wenn 1 kg 0.80 EUR kostet und für 100 l Milch ein Preis von 30.00 EUR erzielt werden kann?

d) Welchen Milchertrag könnte man bei globaler Gültigkeit der in Teilaufgabe b) berechneten Regressionsgeraden bei einem Kraftfuttereinsatz von 1 500 kg pro Stall erwarten? Ist dieses Ergebnis realistisch?

Aufgabe 5.5: Um die Arbeitsabläufe in einer KFZ-Werkstatt zu überprüfen, wurden bei 6 Kraftfahrzeugen, die zur Reparatur kamen, jeweils die Verweildauern in der Werkstatt (in Geschäftszeitstunden) und die Reparaturzeiten gemessen. Die Werte sind in nachfolgender Tabelle festgehalten:

Fahrzeug	1	2	3	4	5	6
Verweildauer in Std.	8	3	8	5	10	8
Reparaturzeit in Std.	1	2	2	0.5	1.5	2

a) Stellen Sie die Datenlage grafisch dar.

b) Messen Sie mit Hilfe einer geeigneten Maßzahl, ob ein linearer Zusammenhang zwischen Verweildauer und Reparaturzeit vorliegt. Bestimmen Sie die Regressionsgerade der Verweildauer in Abhängigkeit von der Reparaturzeit, falls Sie einen linearen Zusammenhang feststellen.

Aufgabe 5.6: Gegeben seien die Beobachtungen $(x_1, y_1), \ldots, (x_n, y_n)$. Für diese Beobachtungen gelte $SQ_{\text{Total}} = 0$. Welchen Wert von R^2 erhält man damit? Wie verläuft die Regressionsgerade? Liegt eine perfekte oder eine Nullanpassung vor?

Aufgabe 5.7: Bei einer statistischen Gesamtheit mit n Untersuchungseinheiten wird ein zweidimensionales Merkmal (X, Y) untersucht. Die Regressionsgleichung von Y bezüglich X lautet:

$$y = 3 - 2x.$$

Mit E bezeichnen wir die Residualvariable (Fehlervariable) mit den Ausprägungen

$$e_i = y_i - (3 - 2x_i), \quad i = 1, \ldots, n.$$

Die Varianz von E sei 0. Wie groß ist der Korrelationskoeffizient von Bravais-Pearson zwischen X und Y?

Aufgabe 5.8: Bei einer Gesamtheit mit n Untersuchungseinheiten werden zwei Merkmale X und Y untersucht. Die beiden Merkmale seien standardisiert und die Kovarianz zwischen ihnen betrage -0.5.

a) Wie groß ist der Korrelationskoeffizient von Bravais-Pearson zwischen X und Y?

b) Wie lautet die Regressionsgleichung?

c) Wie groß ist die Varianz der Residualvariablen?

Aufgabe 5.9: Gegeben ist die Cobb-Douglas-Produktionsfunktion $Y = A \cdot L^\alpha \cdot K^{1-\alpha}$. Dabei ist A eine Konstante, α der unbekannte Parameter, L die eingesetzte Arbeitsmenge, K der Kapitaleinsatz und Y der Output. Führen Sie eine geeignete Variablentransformation durch, so dass die Regressionsgleichung linear ist.

Aufgabe 5.10: Versuchen Sie, folgende Regressionen in lineare Regressionen zu transformieren:

$$y = \alpha + \beta x^\gamma$$
$$y = \alpha e^{\beta x}$$
$$y = \alpha + \beta x_1 + \gamma x_2^2$$
$$y = \frac{k}{1 + \alpha e^{-\beta x}}$$

Aufgabe 5.11: Ein Warenhauskonzern hat Filialen in den USA und Deutschland und untersucht den Zusammenhang zwischen Werbung und Umsatzsteigerung. Um die Filialen in den USA und Deutschland vergleichen zu können, führt man eine Bereinigung um die unterschiedlichen Ausgangspositionen (Währungen $ bzw. EUR, andere Mittelwerte) durch. Schlagen Sie eine geeignete Transformation vor!

Aufgabe 5.12: Bei Verwendung von Dummy- bzw. Effektkodierung erhält man verschiedene Schätzungen für die Regressionskoeffizienten. Erklären Sie die Unterschiede der beiden Vorgehensweisen anhand der Ergebnisse in Beispiel 5.9.1.

6. Zeitreihen

In den bisherigen Kapiteln haben wir im wesentlichen Bestandsmassen und ihre statistische Beschreibung betrachtet. Im folgenden wollen wir Merkmale betrachten, die im Laufe der Zeit wiederholt erfasst werden (Bestandsmassen zu verschiedenen Zeitpunkten, nicht zu verwechseln mit Bewegungsmassen).

6.1 Kurvendiagramme

Hat man ein Merkmal wiederholt über die Zeit beobachtet, so kann die zeitliche Entwicklung durch ein Kurvendiagramm dargestellt werden. Bei einem einfachen Kurvendiagramm unterstellt man einen linearen Verlauf zwischen zwei Beobachtungen. Die horizontale Achse des Kurvendiagramms (Abbildung 6.1) ist die Zeitachse, auf der vertikalen Achse werden die Merkmalsausprägungen zum jeweiligen Zeitpunkt abgetragen.

Beispiele.

- Bei Patienten in einem Krankenhaus ist es üblich, wiederholt die Körpertemperatur zu messen und dann aus der Fieberkurve Informationen etwa über den Verlauf der Genesung zu erhalten.
- In meteorologischen Instituten werden Niederschlagsmengen, Temperaturen, Windstärke und andere Werte täglich erfasst und im zeitlichen Verlauf ausgewertet.
- Die Werte eines Aktienindex werden täglich festgehalten und über die Zeit abgetragen.
- Umsätze eines Unternehmens werden erfasst und ihre zeitliche Entwicklung (Umsatzentwicklung) wird dargestellt und ausgewertet.

Bei allen diesen Beispielen ist nicht nur die Beschreibung der Vergangenheit von Interesse, sondern auch die Prognose von zukünftigen Werten oder die Möglichkeit, Veränderungen im Verlauf zu erkennen (wie z. B. bei der Fieberkurve) um dadurch entsprechende Gegenmaßnahmen treffen zu können.

All dies ist Gegenstand der Zeitreihenanalyse. Die Folge der Beobachtungswerte wird als Zeitreihe bezeichnet. Gemessen wird jeweils die Ausprägung eines zweidimensionalen Merkmals (t, y_t) mit der Zeit t als Einflussgröße und der Messung y_t als Response.

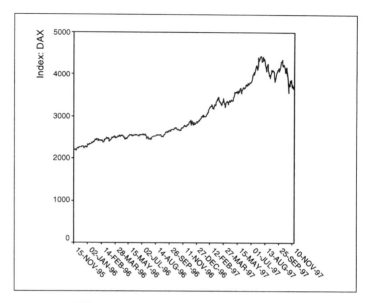

Abb. 6.1. Kurvendiagramm einer Zeitreihe

6.2 Zerlegung von Zeitreihen

Die Beobachtungen y_t werden als Summe verschiedener Einzelkomponenten aufgefasst. Den Grundbestandteil bildet die **glatte Komponente** g_t, die die langfristige Entwicklung modelliert. Eventuelle saisonale Schwankungen, wie sie beispielsweise bei den Arbeitslosenzahlen bekannt sind, werden durch die **saisonale Komponente** s_t wiedergegeben. Der Rest, also die Differenz zwischen den beobachteten Werten y_t und dem durch g_t und s_t modellierten Anteil wird in der **irregulären Komponente** r_t erfasst, die im Mittel den Wert 0 haben soll.

Insgesamt haben wir damit das lineare Modell

$$y_t = g_t + s_t + r_t , \quad t = 1, \dots, T , \tag{6.1}$$

unter der Nebenbedingung $\sum r_t = 0$. Eine andere Darstellungsmöglichkeit (bei Wachstumsprozessen wie Inflationszeitreihen) ist die multiplikative Form

$$\tilde{y}_t = \tilde{g}_t \cdot \tilde{s}_t \cdot \tilde{r}_t ,$$

die durch entsprechende Transformationen (vergleiche dazu Abschnitt 5.7) in die additive Form (6.1) übergeführt werden kann. Dabei ist die Nebenbedingung $\prod \tilde{r}_t = 1$. Setzen wir

$$y_t = \ln(\tilde{y}_t), \ g_t = \ln(\tilde{g}_t), \ s_t = \ln(\tilde{s}_t) \text{ und } r_t = \ln(\tilde{r}_t) ,$$

so sind beide Modelle äquivalent, so dass wir uns auf das additive Modell (6.1) beschränken können.

6.3 Fehlende Werte, äquidistante Zeitpunkte

Viele Verfahren, die in der Zeitreihenanalyse verwendet werden, setzen voraus, dass die Werte y_t aller Beobachtungszeitpunkte vorhanden sind. Ebenso wichtig ist es, dass die Abstände zwischen den Beobachtungszeitpunkten über den gesamten Untersuchungszeitraum gleich sind. Dies ist insbesondere der Fall, wenn wir Zeitreihen mit saisonaler Komponente betrachten. Besonders problematisch sind hierbei fehlende Werte, die nicht am Anfang oder am Ende der Zeitreihe stehen.

Beispiel. Bei monatlicher Erhebung von Umsätzen fehlt der Wert y für Mai 1993. Eine Auflistung und Indizierung in der Form

$\cdots$	März 1993	April 1993	Mai 1993	Juni 1993	Juli 1993	$\cdots$
$\cdots$	y_i	y_{i+1}		y_{i+2}	y_{i+3}	$\cdots$

hätte zwar zur Folge, dass keine fehlenden Werte y_i vorliegen, die Forderung der einheitlichen Abstände ist jedoch verletzt, was einen weitaus gravierenderen Mangel für die Analyse darstellt. Als Lösung des Problems würde sich hier z. B. die Angabe eines „Ersatzwertes" für Mai 1993 anbieten, wobei der fehlende Wert mit geeigneten Methoden durch eine Schätzung ersetzt wird. Wir hätten dann

$\cdots$	März 1993	April 1993	Mai 1993	Juni 1993	Juli 1993	$\cdots$
$\cdots$	y_i	y_{i+1}	$\hat{y}_{i+2}$	y_{i+3}	y_{i+4}	$\cdots$

Der Begriff „gleiche Abstände" ist jedoch nicht immer auf die Kalenderzeit zu beziehen. Betrachten wir z. B. die Entwicklung eines Aktienindex, so werden die Werte montags bis freitags erfasst. Da samstags und sonntags kein Börsenhandel stattfindet, stellen diese zwei Tage keine Zeitpunkte in unserem Sinne dar. Der Abstand von Montag bis Dienstag ist der gleiche wie der von Freitag bis zum darauffolgenden Montag: jeweils ein Börsentag.

6.4 Gleitende Durchschnitte

Zeitreihen weisen häufig starke Zufallseinflüsse auf. Um diese auszuschalten und glattere Reihen zu erhalten, führt man Glättungen der Zeitreihenwerte durch.

Unter einem gleitenden Durchschnitt der (ungeraden) Ordnung $2k+1$ für den Zeitreihenwert y_t verstehen wir das arithmetische Mittel

$$y_t^* = \frac{1}{2k+1} \sum_{j=-k}^{k} y_{t+j}\,. \tag{6.2}$$

Wir mitteln über die k vor dem Zeitpunkt t liegenden Werte, den Wert y_t selbst und über die k nach dem Zeitpunkt t liegenden Werte. Damit ist klar, dass y_t^* für die Zeitpunkte $1, 2, \ldots, k$ sowie $T - k + 1, \ldots, T$ nicht definiert ist, da hier die für die Berechnung benötigten Werte nicht vollständig vorliegen. Der Übergang von der Reihe y_t zur Reihe y_t^* vermindert also die Anzahl der Beobachtungen um $2k$.

Unter einem gleitenden Durchschnitt der (geraden) Ordnung $2k$ für den Zeitreihenwert y_t verstehen wir dann das arithmetische Mittel

$$y_t^* = \frac{1}{2k} \left(\frac{1}{2} y_{t-k} + \sum_{j=-k+1}^{k-1} y_{t+j} + \frac{1}{2} y_{t+k} \right). \tag{6.3}$$

Hier werden die gleichen Beobachtungswerte wie in (6.2) berücksichtigt, jedoch gehen die Randwerte nur mit halbem Gewicht ein.

Beispiel. Betrachten wir als Merkmal den DAX über den Zeitraum 16. Oktober 1997 bis 14. November 1997, d. h. an $T = 22$ (Börsen-)Tagen. In Abbildung 6.2 sind die Originalreihe und die zwei im folgenden betrachteten geglätteten Reihen dargestellt, die durch Bilden gleitender Durchschnitte entstehen.

Das Verwenden gleitender Durchschnitte der ungeraden Ordnung 5 führt zu der geglätteten Reihe y_t^*. Die Originaldaten y_t und die geglätteten Werte y_t^* sind in Tabelle 6.1 angegeben.

Tabelle 6.1. Beobachtete und mit gleitenden Durchschnitten der ungeraden Ordnung 5 geglättete Werte des DAX an 22 Tagen

t	y_t	y_t^*	t	y_t	y_t^*
1	4118.00		12	3727.00	3782.40
2	4062.00		13	3854.00	3797.40
3	4041.00	4106.40	14	3812.00	3816.80
4	4140.00	4078.20	15	3867.00	3811.40
5	4171.00	4076.00	16	3824.00	3791.20
6	3977.00	4043.60	17	3700.00	3775.00
7	4051.00	3929.00	18	3753.00	3733.40
8	3879.00	3853.20	19	3731.00	3709.40
9	3567.00	3803.20	20	3659.00	3715.60
10	3792.00	3738.40	21	3704.00	
11	3727.00	3733.40	22	3731.00	

Durch Bilden gleitender Durchschnitte der geraden Ordnung 4 erhalten wir die geglättete Reihe y_t^*, die zusammen mit den Originaldaten y_t in der Tabelle 6.2 angegeben sind.

Betrachten wir allgemein eine Zeitreihe ohne saisonale Komponente, d. h.

$$y_t = g_t + r_t$$

und gehen zu einem gleitenden Durchschnitt der Ordnung k über, so erhalten wir die geglättete Reihe y_t^*. Wir hoffen, durch die Bildung der gleitenden

Tabelle 6.2. Beobachtete und mit gleitenden Durchschnitten der geraden Ordnung 4 geglättete Werte des DAX an 22 Tagen

t	y_t	y_t^*	t	y_t	y_t^*
1	4118.00		12	3727.00	3777.50
2	4062.00		13	3854.00	3797.50
3	4041.00	4096.88	14	3812.00	3827.13
4	4140.00	4092.88	15	3867.00	3820.00
5	4171.00	4083.50	16	3824.00	3793.38
6	3977.00	4052.13	17	3700.00	3769.00
7	4051.00	3944.00	18	3753.00	3731.38
8	3879.00	3845.38	19	3731.00	3711.25
9	3567.00	3781.75	20	3659.00	3709.00
10	3792.00	3722.25	21	3704.00	
11	3727.00	3739.13	22	3731.00	

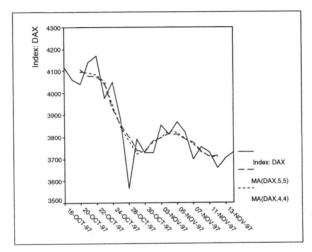

Abb. 6.2. Entwicklung des DAX über den Zeitraum 16. Oktober 1997 bis 14. November 1997 und geglättete Reihen durch gleitende Durchschnitte der Ordnungen 4 und 5

Durchschnitte den Einfluss der irregulären Schwankung r_t ausgeschaltet bzw. zumindest verringert zu haben und so eine glattere Reihe zu erhalten. Bei geschickter Wahl von k erhalten wir mit y_t^* einen Schätzer für die glatte Komponente g_t, da die geglättete Reihe y_t^* ungefähr gleich der 'geglätteten' glatten Komponente g_t^* ist, die wiederum ungefähr gleich der glatten Komponente g_t ist.

6.5 Saisonale Komponente, konstante Saisonfigur

Wir betrachten nun wieder das Modell (6.1)

$$y_t = g_t + s_t + r_t,$$

das zusätzlich zu dem oben betrachteten Modell eine saisonale Komponente beinhaltet. Diese saisonale Komponente ist eine Folge von Einflüssen, die sich nach einem bestimmten Muster wiederholen. Ist die Saisonfigur konstant, d. h. gilt

$$s_t = s_{t+p} \tag{6.4}$$

(vgl. Abbildung 6.3), so bezeichnen wir die natürliche Zahl p als Periode der Saisonfigur. Der Wert der saisonalen Komponente zum Zeitpunkt t ist dann identisch mit dem Wert der saisonalen Komponente zum Zeitpunkt $t+p$ (eine Periode später).

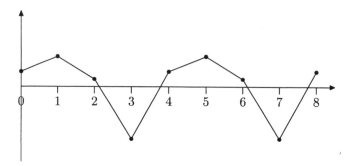

Abb. 6.3. Schematische Darstellung einer saisonalen Komponente s_t der Periode $p = 4$ für die Punkte $t = 0, \ldots, 2p$

Betrachten wir eine Zeitreihe mit konstanter Saisonfigur der Periode p, so soll stets

$$\sum_{j=0}^{p-1} s_{t+j} = 0 \tag{6.5}$$

gelten. Wir verstehen die saisonale Komponente als sich regelmäßig wiederholende Schwankungen um die glatte Komponente der Zeitreihe. Bilden wir nun gleitende Durchschnitte der Ordnung $k = l \cdot p$ ($l \in \mathbb{N}$), so erhalten wir

$$y_t^* = g_t^* + s_t^* + r_t^* = g_t^* + r_t^* .$$

Die saisonale Komponente entfällt durch die Glättung, da wegen (6.5) $s_t^* = 0$ gilt. Wir haben dadurch mit y_t^* wieder eine Schätzung für die glatte Komponente g_t erhalten.

Mit der Differenz aus der Original- und der geglätteten Reihe

$$d_t = y_t - y_t^* = (g_t + s_t + r_t) - (g_t^* + r_t^*)$$

erhalten wir einen Schätzer für $s_t + r_t$, da

$$g_t^* \approx g_t \quad \text{und} \quad r_t^* \approx 0$$

gilt. Bei konstanter Saisonfigur der Periode p folgt, dass d_j und d_{j+p} und d_{j+2p} bis auf die Restkomponente r gleich sind. Es gilt

$$d_j \approx d_{j+lp} \quad j = 1, \ldots, p \text{ und } l = 0, \ldots, n_j, \tag{6.6}$$

wobei wir n_j so wählen, dass

$$j + n_j p \leq T < j + (n_j + 1)p$$

erfüllt ist. n_j ist also die Maximalzahl von vollständig beobachteten Perioden ab dem Zeitpunkt j bis zum Ende der Zeitreihe T.

Wegen (6.6) bilden wir nun die arithmetischen Mittel

$$\bar{d}_j = \frac{1}{n_j} \sum_{l=0}^{n_j} d_{j+lp} \quad \text{für } j = 1, \ldots, p.$$

Als Schätzer für die Saisonkomponente s_{j+lp} verwenden wir schließlich

$$\hat{s}_{j+lp} = \bar{d}_j - \frac{1}{p} \sum_{m=1}^{p} \bar{d}_m \quad \text{für } j = 1, \ldots, p \text{ und } l = 0, \ldots, n_j. \tag{6.7}$$

Es gilt dann $\sum_{j=1}^{p} \hat{s}_{j+lp} = 0$, womit die Forderung (6.5) erfüllt ist.

Eine saisonbereinigte Reihe erhalten wir aus der ursprünglichen Zeitreihe schließlich durch Differenzenbildung gemäß

$$y_t - \hat{s}_t.$$

Beispiel 6.5.1. In Tabelle 6.3 sind die Arbeitslosenzahlen des Baugewerbes angegeben (vgl. Hartung, Elpelt und Klösener, 1982). Wir berechnen zunächst y_t^* als einen gleitenden Durchschnitt der Länge 12 (Monate). Mit den Differenzen $d_t = y_t - y_t^*$ erhalten wir eine Schätzung für die Saisonkomponente s_t gemäß (6.7) und damit schließlich die saisonbereinigte Reihe $y_t - \hat{s}_t$ (vgl. Abbildung 6.4). Wie man sieht, zeigen die Arbeitslosenzahlen eine starke saisonale Komponente. Nach Bereinigung um die saisonale Komponente und Glättung verzeichnen die Arbeitslosenzahlen einen Rückgang über die Zeit. Diese Entwicklung kann aus den Originaldaten nicht in dieser Deutlichkeit abgelesen werden.

Tabelle 6.3. Arbeitslose des Baugewerbes zwischen Juli 1975 und September 1979

y_t	Datum	t	y_t^*	d_t	$\hat{s}_t$	$y_t - \hat{s}_t$
60 572	JUL 1975	1	.	.	.	.
52 461	AUG 1975	2	.	.	.	.
47 357	SEP 1975	3	.	.	.	.
48 320	OKT 1975	4	.	.	.	.
60 219	NOV 1975	5	.	.	.	.
84 418	DEZ 1975	6	.	.	.	.
119 916	JAN 1976	7	66 714.96	53 201.04	53 136.29	66 779.71
124 350	FEB 1976	8	64 420.79	59 929.21	55 495.45	68 854.55
87 309	MÄR 1976	9	62 540.96	24 768.04	19 965.88	67 343.12
57 035	APR 1976	10	60 883.29	−3 848.29	−2 756.03	59 791.03
39 903	MAI 1976	11	59 202.54	−19 299.50	−14 733.70	54 636.74
34 053	JUN 1976	12	57 508.42	−23 455.40	−20 039.90	54 092.86
29 905	JUL 1976	13	56 318.00	−26 413.00	−22 369.40	52 274.35
28 068	AUG 1976	14	55 292.71	−27 224.70	−23 106.70	51 174.71
26 634	SEP 1976	15	53 992.25	−27 358.30	−23 838.30	50 472.28
29 259	OKT 1976	16	53 225.63	−23 966.60	−20 612.10	49 871.06
38 942	NOV 1976	17	53 242.33	−14 300.30	−12 022.60	50 964.63
65 036	DEZ 1976	18	53 495.58	11 540.42	10 881.05	54 154.95
110 728	JAN 1977	19	53 754.29	56 973.71	53 136.29	57 591.71
108 931	FEB 1977	20	53 997.04	54 933.96	55 495.45	53 435.55
71 517	MÄR 1977	21	54 196.83	17 320.17	19 965.88	51 551.12
54 428	APR 1977	22	54 386.29	41.71	−2 756.03	57 184.03
42 911	MAI 1977	23	54 591.46	−11 680.50	−14 733.70	57 644.74
37 123	JUN 1977	24	54 638.71	−17 515.70	−20 039.90	57 162.86
33 044	JUL 1977	25	54 101.63	−21 057.60	−22 369.40	55 413.35
30 755	AUG 1977	26	53 425.38	−22 670.40	−23 106.70	53 861.71
28 742	SEP 1977	27	53 387.71	−24 645.70	−23 838.30	52 580.28
31 698	OKT 1977	28	53 095.25	−21 397.30	−20 612.10	52 310.06
41 427	NOV 1977	29	52 273.29	−10 846.30	−12 022.60	53 449.63
63 685	DEZ 1977	30	51 472.25	12 212.75	10 881.05	52 803.95
99 189	JAN 1978	31	50 719.88	48 469.13	53 136.29	46 052.71
104 240	FEB 1978	32	50 137.79	54 102.21	55 495.45	48 744.55
75 304	MÄR 1978	33	49 626.38	25 677.63	19 965.88	55 338.12
43 622	APR 1978	34	49 050.96	−5 428.96	−2 756.03	46 378.03
33 990	MAI 1978	35	48 178.67	−14 188.70	−14 733.70	48 723.74
26 819	JUN 1978	36	46 934.92	−20 115.90	−20 039.90	46 858.86
25 291	JUL 1978	37	45 895.88	−20 604.90	−22 369.40	47 660.35
24 538	AUG 1978	38	44 930.50	−20 392.50	−23 106.70	47 644.71
22 685	SEP 1978	39	43 163.33	−20 478.30	−23 838.30	46 523.28
23 945	OKT 1978	40	41 384.75	−17 439.80	−20 612.10	44 557.06
28 245	NOV 1978	41	40 133.71	−11 888.70	−12 022.60	40 267.63
47 017	DEZ 1978	42	39 094.46	7 922.54	10 881.05	36 135.95
90 920	JAN 1979	43	38 308.67	52 611.33	53 136.29	37 783.71
89 340	FEB 1979	44	37 613.50	51 726.50	55 495.45	33 844.55
47 792	MÄR 1979	45	36 984.25	10 807.75	19 965.88	27 826.12
28 448	APR 1979	46	.	.	.	.
19 139	MAI 1979	47	.	.	.	.
16 728	JUN 1979	48	.	.	.	.
16 523	JUL 1979	49	.	.	.	.
16 622	AUG 1979	50	.	.	.	.
15 499	SEP 1979	51	.	.	.	.

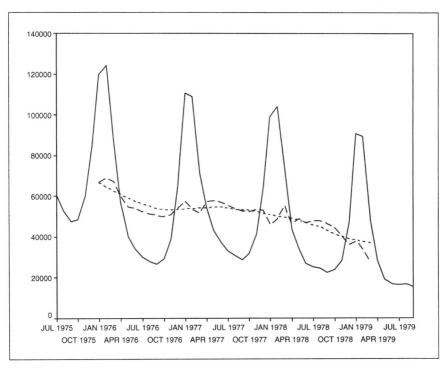

Abb. 6.4. Plot der Reihen y_t (durchgezogene Linie), y_t^* (gepunktete Linie) und der saisonbereinigten Reihe $y_t - \hat{s}_t$ (gestrichelte Linie)

6.6 Modell für den linearen Trend

Neben den eben beschriebenen Glättungsverfahren kann man Zeitreihen auch als lineares Regressionsmodell auffassen und den Zeiteffekt schätzen. Wir behandeln nun den speziellen Fall einer linearen Regression, bei der die Einflussgröße X die Zeit ist. Beispiele hierfür sind die täglichen Aktienpreise, der DAX und der Dow Jones, das monatliche Einkommen eines Studenten oder auch andere Prozesse über die Zeit wie die Fieberkurve eines Patienten usw. Diese zweidimensionalen Merkmale stellen die Entwicklung von Y dar, wobei nur die Zeit als Ursache der Entwicklung einbezogen wird. Eine weitere Einflussgröße wird zunächst nicht berücksichtigt. Es liegen also Daten der Struktur

$$
\begin{array}{cc}
t & y_t \\
\begin{pmatrix} 1 \\ 2 \\ \vdots \\ n \end{pmatrix} & \begin{pmatrix} y_1 \\ y_2 \\ \vdots \\ y_n \end{pmatrix}
\end{array}
$$

vor. Hier beschränken wir uns auf den Spezialfall des linearen Regressions-
modells

$$y_t = a + bt + e_t, \quad t = 1, \ldots, n, \tag{6.8}$$

das auch als **lineares Trendmodell** bezeichnet wird.

Die Zeitvariable t wird ganzzahlig und in gleichen Abständen gemessen.
Der Startpunkt $t = 1$ kennzeichnet den Zeitpunkt der ersten Beobachtung.
Die Kleinste-Quadrate-Schätzungen $\hat{b}$ und $\hat{a}$ (5.9) haben mit $x_t = t$ und damit
$\bar{t} = \frac{n+1}{2}$ folgende spezielle Gestalt

$$\hat{b} = \frac{\sum_{t=1}^{n}(t - \frac{n+1}{2})(y_t - \bar{y})}{\sum_{t=1}^{n}(t - \frac{n+1}{2})^2}, \tag{6.9}$$

$$\hat{a} = \bar{y} - \hat{b}\frac{n+1}{2}. \tag{6.10}$$

Beispiel 6.6.1. Der Durchschnittspreis Y einer Aktie wird über mehrere Jahre notiert. Die entsprechenden Werte sind in der folgenden Tabelle angegeben.

Jahr	1985	1986	1987	1988	1989	1990	1991	1992	1993
t	1	2	3	4	5	6	7	8	9
y_t	30	35	33	38	40	44	40	44	47

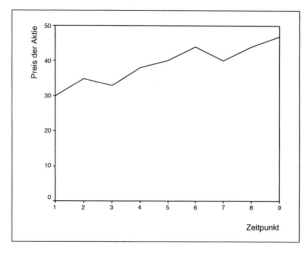

Abb. 6.5. Zeitreihen-Plot des Aktienpreises Y aus Beispiel 6.6.1

Wir berechnen $\bar{y} = \frac{351}{9} = 39$, $\bar{t} = \frac{9+1}{2} = 5$ und damit

$$\hat{b} = \frac{\sum_{t=1}^{9}(t - \bar{t})(y_t - \bar{y})}{\sum_{t=1}^{9}(t - \bar{t})^2} = \frac{\sum_{t=1}^{9}(t - 5)(y_t - 39)}{\sum_{t=1}^{9}(t - 5)^2} = 1.917$$

$$\hat{a} = \bar{y} - \hat{b}\frac{n+1}{2} = 39 - 1.917 \cdot 5 = 29.417.$$

6.7 Aufgaben und Kontrollfragen

Aufgabe 6.1: Wie lautet das lineare Modell einer Zeitreihe? Welche Bedeutung haben die einzelnen Komponenten?

Aufgabe 6.2: Wie ist ein gleitender Durchschnitt gerader bzw. ungerader Ordnung definiert?

Aufgabe 6.3: Gegeben sei folgende Zeitreihe

t	1	2	3	4	5	6	7	8	9	10	11
y_t	5	7	6	8	9	9	10	11	9	12	14

Bestimmen Sie die gleitenden Durchschnitte der 3. bzw. 4. Ordnung.

Aufgabe 6.4: In den Jahren 1952 bis 1961 entwickelte sich der Primärenergieverbrauch (PEV in Mio.t SKE) wie folgt:

Jahr	'52	'53	'54	'55	'56	'57	'58	'59	'60	'61
PEV	150	150	160	175	185	190	180	185	215	210

Bestimmen Sie das lineare Trendmodell.

Aufgabe 6.5: Von einer Pension in Bayern sind folgende Belegungszahlen für die Jahre 1990 bis 1992 bekannt:

Jahr	1990				1991				1992			
Quartal	I	II	III	IV	I	II	III	IV	I	II	III	IV
Übern.	740	550	850	600	680	500	850	580	640	510	840	580

a) Berechnen Sie das lineare Trendmodell.
b) Glätten Sie die Zeitreihe geeignet und berechnen Sie das lineare Trendmodell mit den geglätteten Werten.
c) Interpretieren Sie die Ergebnisse.

7. Verhältniszahlen und Indizes

7.1 Einleitung

Eine wesentliche Aufgabe der deskriptiven Statistik ist die Bereitstellung von Hilfsmitteln zur quantitativen Beschreibung von Sachverhalten in den Sozial- und Wirtschaftswissenschaften, der Medizin, Technik usw. Dazu werden unter allgemeinen Gesichtspunkten (Beschreibung von Verteilungen) oder unter fachwissenschaftlichen Anforderungen Maßzahlen definiert, die sowohl allgemeine mathematisch-statistische Eigenschaften (wie z. B. Translationsäquivarianz, Normiertheit) als auch fachspezifische Charakteristika besitzen müssen.

Neben den bereits behandelten Maßzahlen von Verteilungen wie den Lagemaßen Mittelwert, Median und Modalwert oder den Streuungsmaßen wie Varianz und Quartilsabstand oder Quotienten von Maßzahlen (Korrelationskoeffizient, Variationskoeffizient), betrachtet man in der deskriptiven Statistik häufig weitere Maßzahlen bzw. Quotienten zweier Maßzahlen, um Relationen von Teilmassen zu Gesamtmassen darzustellen oder zeitliche Entwicklungen auszudrücken. Eine wesentliche Aufgabe von Maßzahlen ist der Vergleich von Sachverhalten. Bei äquivalenten Sachverhalten müssen die Maßzahlen übereinstimmen, bei Unterschieden muss der Unterschied sinnvoll durch die Maßzahl wiedergegeben werden. Die Beziehungen zwischen Maßzahlen werden folgendermaßen klassifiziert (Ferschl, 1985; Hartung et al., 1982):

- Verhältniszahlen
  - Gliederungszahlen
  - Beziehungszahlen
  - einfache Indexzahlen (auch Messzahlen genannt)
- Zusammengesetzte Indexzahlen

Verhältniszahlen entstehen durch Quotientenbildung aus zwei Maßzahlen oder durch Quotientenbildung aus den Ausprägungen zweier extensiver Merkmale (d. h. Merkmale bei denen Summenbildung sinnvoll ist). Die drei verschiedenen Verhältniszahlen-Typen lassen sich wie folgt charakterisieren.

Gliederungszahlen beziehen eine Teilmenge auf eine übergeordnete Gesamtmenge. Damit sind z. B. alle relativen Häufigkeiten bei diskreten oder gruppierten Häufigkeitsverteilungen Gliederungszahlen. Die Gliederungszahlen können als Quoten oder als Quote×100 in Prozent angegeben werden.

Beispiele.

$$\text{Erwerbsquote} = \frac{\text{Zahl der Erwerbspersonen}}{\text{Umfang der Bevölkerung}}$$

$$\text{Arbeitslosenquote} = \frac{\text{Zahl der Arbeitslosen}}{\text{Zahl der Erwerbspersonen}}$$

$$\text{Ausschussquote} = \frac{\text{Zahl der Ausschussteile}}{\text{Gesamtzahl der produzierten Teile}}$$

$$\text{Durchfallquote} = \frac{\text{Anzahl „Nicht Bestanden"}}{\text{Zahl der Klausurteilnehmer}}$$

Beziehungszahlen bilden den Quotienten aus zwei Maßzahlen oder Größen, die verschieden gemessen werden (also nicht Teilmengen von Gesamtmengen sind), aber in sachlich sinnvoller Beziehung zueinander stehen. Bei den Beziehungszahlen unterscheidet man **Verursachungszahlen** (Bewegungsmassen bezogen auf Bestandsmassen) und **Entsprechungszahlen** (hier ist kein Bezug auf einen Bestand möglich). Verursachungszahlen spielen vor allem in der Bevölkerungsstatistik eine Rolle.

Beispiele. Verursachungszahlen sind z. B.:

$$\text{(rohe) Geburtenziffer} = \frac{\text{Lebendgeborene}}{\text{Bevölkerung}} \times 1\,000$$

$$\text{(rohe) Sterbeziffer} = \frac{\text{Verstorbene}}{\text{Bevölkerung}} \times 1\,000$$

Als Maßzahl für die Wirtschaftslage in einer Branche könnte man u. a. definieren:

$$\text{Konkursziffer} = \frac{\text{Anzahl der Konkurse}}{\text{Anzahl der Betriebe}} \times 1\,000$$

Beispiele. Entsprechungszahlen sind z. B.:

$$\text{Bevölkerungsdichte} = \frac{\text{Einwohnerzahl}}{\text{Fläche in km}^2}$$

$$\text{Durchschnittsgeschwindigkeit} = \frac{\text{zurückgelegte Strecke}}{\text{benötigte Zeit}}$$

$$\text{Hektarertrag (Weizen)} = \frac{\text{Gesamtertrag (Weizen)}}{\text{Anbaufläche (Weizen)}}$$

$$\text{Produktivität} = \frac{\text{Nettoproduktion}}{\text{Anzahl der Beschäftigten}}$$

Bei der Angabe von Beziehungs- und Gliederungszahlen spielt der Nenner eine wesentliche Rolle. Insbesondere für Vergleiche muss er einheitlich und sinnvoll definiert sein. So sind Bevölkerungsdichten nur bei geografisch ähnlich gearteten Ländern vergleichbar – Schweiz/Österreich sind vergleichbar, Sudan/Niederlande sind kaum vergleichbar wegen des hohen unbewohnten Wüstenanteils im Sudan.

7.2 Einfache Indexzahlen

Die einfachen Indexzahlen (oder Messzahlen) beschreiben den Zusammenhang zwischen Ergebnissen für eine Maßzahl, gemessen zu verschiedenen Zeitpunkten der Entwicklung einer Grundgesamtheit. Es liegt also eine Zeitreihe von Maßzahlen vor:

- x_0, Wert der Maßzahl in der Basisperiode,
- x_t, Wert derselben Maßzahl in der Berichtsperiode.

Damit erhalten wir die Indexzahl

$$\frac{x_t}{x_0} = I_{0t} \,.$$

Die Entwicklung

$$\frac{x_0}{x_0}, \frac{x_1}{x_0}, \frac{x_2}{x_0}, \ldots, \frac{x_t}{x_0}$$

heißt Zeitreihe der Indizes. Wichtigste Anwendung dieser Index-Zeitreihen ist das vergleichende Studium verschiedener Zeitreihen, insbesondere für

$$\text{Preismesszahlen} = \frac{p_t}{p_0} = P_{0t} \quad \text{(Preisindex)} \tag{7.1}$$

oder

$$\text{Mengenmesszahlen} = \frac{q_t}{q_0} = Q_{0t} \quad \text{(Mengenindex)} \,. \tag{7.2}$$

Dabei ist p der Preis eines bestimmten Produkts und q die produzierte oder verkaufte Menge (quantity) dieses Produkts jeweils zur Basisperiode 0 bzw. zur Berichtsperiode t. Damit wird eine Zeitreihe von Messungen (Preise, Mengen) durch Bezug auf eine Basisperiode in gewisser Weise standardisiert oder bereinigt. Indizes können – wie definiert – oder nach Multiplikation mit 100 in Prozent angegeben werden:

$$I_{0t} = \frac{x_t}{x_0} \cdot 100\,\% \,.$$

Beispiel 7.2.1. Wir betrachten die Abwassermengen in Rastatt (Baden-Württemberg). Zur Einschätzung des Bedarfs an Kläranlagen werden die Abwassermengen in Rastatt vom dortigen Amt für Statistik erfasst. Es ergeben sich folgende Mengen q_t und daraus die Mengenmesszahlen $Q_{1989,t}$ für die Jahre 1989–1993 (vgl. Tabelle 7.1). Die Abbildung 7.1 zeigt die zeitliche Entwicklung der Abwassermengen.

Tabelle 7.1. Abwassermengen q_t und Mengenindex $Q_{1989,t}$

t	q_t	$Q_{1989,t}$
1989	3.00	1.00
1990	3.30	1.10
1991	3.90	1.30
1992	4.20	1.40
1993	4.60	1.53

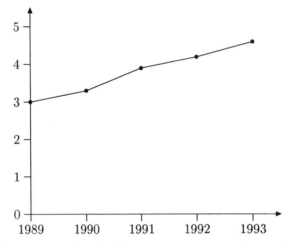

Abb. 7.1. Zeitreihe der Abwassermengen q_t aus Beispiel 7.2.1

Falls ein Index gleich Eins ist, hat keine Veränderung stattgefunden. Ein Indexwert größer Eins bedeutet einen Anstieg – z. B. $I_{0t} = 1.04$ bedeutet ein Wachstum um 4 % gegenüber dem Basiszeitpunkt – ein Indexwert kleiner Eins bedeutet entsprechend einen Rückgang im Vergleich zur Basisperiode.

Beispiel 7.2.2. Eine Firma prüft die Notwendigkeit neuer Investitionen. Als Indikator wird die Umsatzentwicklung von 1985–1993, gemessen durch die Umsätze q_t selbst und den Umsatzindex $Q_{1985,t}$ herangezogen. Die Ergebnisse sind in Tabelle 7.2 und Abbildung 7.2 dargestellt.

7.2.1 Veränderung des Basisjahres

Bei längeren Zeitreihen kann es zu Strukturbrüchen kommen, die eine Umbasierung, d. h., die Festlegung eines neuen Basiszeitpunkts erforderlich machen. Will man z. B. die Entwicklung der Lebenshaltungskosten in den alten Bundesländern beschreiben, so ergibt das Basisjahr 1949 einen Sinn. Für die neuen Bundesländer ergibt sich zwangsläufig als Basisjahr 1990. Um die Entwicklung in den alten und den neuen Bundesländern auf eine gemeinsame

Tabelle 7.2. Umsatz und Umsatzindex

Umsatz [1 000 DM]		
t	q_t	$Q_{1985,t}$
1985	80	1.0000
1986	85	1.0625
1987	90	1.1250
1988	85	1.0625
1989	90	1.1250
1990	95	1.1875
1991	95	1.1875
1992	100	1.2500
1993	110	1.3750

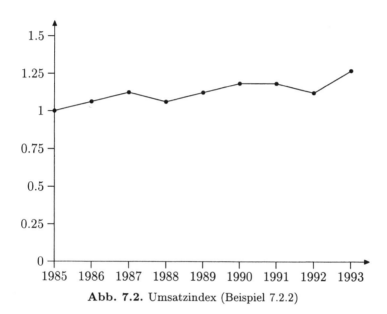

Abb. 7.2. Umsatzindex (Beispiel 7.2.2)

Basis zu stellen, wird man in den alten Bundesländern eine Umbasierung auf 1990 vornehmen.

Wählt man die neue Basisperiode k, so gilt

$$I_{kt} = \frac{x_t}{x_k} = \frac{\frac{x_t}{x_0}}{\frac{x_k}{x_0}} = \frac{I_{0t}}{I_{0k}}. \tag{7.3}$$

Damit müssen wir bei Umbasierung einer Indexzeitreihe, die vor dem neuen Basisjahr gemessen wurde, nicht die vorangegangenen Daten x_i, ($i = 1, \ldots, k-1$) kennen. Es reicht aus, die Indexreihe $I_{01}, \ldots, I_{0k}$ zu kennen. Durch die Umkehrung der obigen Beziehung erhalten wir die sogenannte Verkettungsregel:

$$I_{0t} = I_{0k} \cdot I_{kt}, \tag{7.4}$$

die wir später bei der Behandlung spezieller Probleme einsetzen werden.

Beispiel 7.2.3. Wählen wir im Beipiel 7.2.2 als neues Basisjahr 1990, so erhalten wir z. B. mit $q_{1990} = 95$ und $q_{1993} = 110$ für 1993 den Index

$$I_{1990,1993} = \frac{110}{95} = 1.1579\,.$$

Die Anwendung der Verkettungsregel liefert z. B. bei Kenntnis der Indizes $I_{1985,1990}$ und $I_{1990,1993}$

$$I_{1985,1993} = I_{1985,1990} \cdot I_{1990,1993} = 1.1875 \cdot 1.1579 = 1.3750\,.$$

7.3 Preisindizes

Im Unterschied zu den bisherigen Messzahlen betrachten wir in den folgenden Abschnitten sogenannte zusammengesetzte Indexzahlen, die gleichartige Indexreihen für n verschiedene Güter verknüpfen.

Sei $i = 1, \ldots, n$ der Indikator (Laufindex) für verschiedene Güter. Dann bezeichne

$$\mathbf{p}_0' = (p_0(1), \ldots, p_0(n))$$

den Vektor der Preise dieser Güter in der Basisperiode,

$$\mathbf{p}_t' = (p_t(1), \ldots, p_t(n))$$

den Vektor der Preise dieser Güter in einer Berichtsperiode t. Mit

$$\mathbf{q}_0' = (q_0(1), \ldots, q_0(n))$$

bzw.

$$\mathbf{q}_t' = (q_t(1), \ldots, q_t(n))$$

bezeichnen wir den Vektor (Warenkorb) der verkauften bzw. produzierten Mengen dieser Güter in den Perioden 0 bzw. t. Dann entsteht z. B. das Problem, einen sinnvollen Index für die Preisentwicklung eines Warenkorbs zu berechnen, der die unterschiedlichen (Markt-)Anteile $q_0(i)$ und $q_t(i)$ der Güter berücksichtigt.

Beispiel 7.3.1. Aus der folgenden Tabelle berechnen wir die Preismesszahlen für drei Güter:

Gut	Preise		Mengen	
i	$p_0(i)$	$p_t(i)$	$q_0(i)$	$q_t(i)$
1	4	6	5	4
2	6	8	10	15
3	10	12	8	16

$$I_{0t}^p(1) = \frac{p_t(1)}{p_0(1)} = \frac{6}{4} = 1.50$$

$$I_{0t}^p(2) = \frac{p_t(2)}{p_0(2)} = \frac{8}{6} = 1.33$$

$$I_{0t}^p(3) = \frac{p_t(3)}{p_0(3)} = \frac{12}{10} = 1.20$$

Die Bewertung der Preisentwicklung kann durch verschiedene Ansätze erfolgen. Die einfachste Möglichkeit ist die Bildung eines arithmetischen Mittels der Preismesszahlen gemäß

$$P_{0t} = \frac{1}{n} \sum_{i=1}^{n} I_{0t}^p(i)\,. \tag{7.5}$$

Dieser Mittelwert berücksichtigt jedoch nicht die unterschiedliche Bedeutung der einzelnen Güter, ausgedrückt durch ihre Mengen $q_0(i)$ bzw. $q_t(i)$, da er alle Güter gleichberechtigt behandelt. Da die in einem Korb zusammengefassten Waren in der Regel mit verschiedenen Mengen und verschiedenen Preisen und damit nicht gleichgewichtig eingehen, empfiehlt es sich, ein gewichtetes arithmetisches Mittel zu berechnen. Wir bilden das gewichtete Mittel der Preismesszahlen als

$$P_{0t} = \frac{\frac{p_t(1)}{p_0(1)}w(1) + \cdots + \frac{p_t(n)}{p_0(n)}w(n)}{w(1) + \cdots + w(n)}$$
$$= I_{0t}^p(1)\tilde{w}(1) + \cdots + I_{0t}^p(n)\tilde{w}(n)\,. \tag{7.6}$$

Die verwendeten positiven $w(i)$ bzw. die damit gebildeten Gewichte $\tilde{w}(i)$

$$\tilde{w}(i) = \frac{w(i)}{\sum_k w(k)}\,, \quad \sum_{i=1}^{n} \tilde{w}(i) = 1 \tag{7.7}$$

können alternativ bestimmt werden. Hierzu gibt es eine Vielzahl aus der ökonomischen Theorie abgeleitete Möglichkeiten. Wir betrachten hier die Vorschläge von Laspeyres und von Paasche, die sich in der Praxis durchgesetzt haben.

7.3.1 Preisindex nach Laspeyres

Die $w(i)$ nach Laspeyres lauten

$$w(i) = p_0(i)q_0(i)\,, \tag{7.8}$$

so dass $w(i)$ die Ausgabensumme (Menge×Preis) des Gutes i in der Basisperiode ist. Damit gilt für den Laspeyres-Preisindex

$$P_{0t}^{L} = \frac{\sum_{i=1}^{n} p_t(i)q_0(i)}{\sum_{i=1}^{n} p_0(i)q_0(i)}$$

$$= \frac{\mathbf{p}_t' \mathbf{q}_0}{\mathbf{p}_0' \mathbf{q}_0} \qquad (7.9)$$

$$= \frac{\text{Wert des Warenkorbs der Basisperiode zu aktuellen Preisen}}{\text{Wert des Warenkorbs der Basisperiode zu Basispreisen}}.$$

7.3.2 Preisindex nach Paasche

Die $w(i)$ nach Paasche lauten

$$w(i) = p_0(i)q_t(i), \qquad (7.10)$$

so dass $w(i)$ die Ausgabensumme des Gutes i in der Berichtsperiode zum Preis der Basisperiode ist. Damit wird der Preisindex nach Paasche

$$P_{0t}^{P} = \frac{\sum_i p_t(i)q_t(i)}{\sum_i p_0(i)q_t(i)}$$

$$= \frac{\mathbf{p}_t' \mathbf{q}_t}{\mathbf{p}_0' \mathbf{q}_t} \qquad (7.11)$$

$$= \frac{\text{Wert des Warenkorbs der Berichtsperiode zu aktuellen Preisen}}{\text{Wert des Warenkorbs der Berichtsperiode zu Basispreisen}}.$$

Der Preisindex von Laspeyres gibt an, wie sich das Preisniveau geändert hat, wenn der Warenkorb der Basisperiode zum Vergleich herangezogen wird. Der Preisindex von Paasche gibt an, wie sich das Preisniveau geändert hat, wenn der Warenkorb der Berichtsperiode zum Vergleich herangezogen wird.

Beispiel. Ein Laspeyres-Index von $P_{0t}^{L} = 1.12$ bedeutet, dass der Warenkorb $\mathbf{q}_0$ der Basisperiode in der Berichtsperiode 12 % mehr kostet. Ein Paasche-Index von $P_{0t}^{P} = 1.12$ bedeutet, dass die Ausgaben für den Warenkorb $\mathbf{q}_t$ der Berichtsperiode gegenüber der Basisperiode um 12 % gestiegen sind.

In der Praxis wird man den Preisindex nach Laspeyres bevorzugen, da der Basiswarenkorb als Bezugsgröße einen sinnvollen Ausgangspunkt zur Berechnung aktueller Preisentwicklungen bietet. Ein weiterer (praktischer) Vorteil ist die Tatsache, dass die Gewichte nicht ständig neu berechnet werden müssen.

Beispiel 7.3.2. In Fortsetzung von Beispiel 7.3.1 berechnen wir die Preisindizes nach Laspeyres und Paasche. Die Preis- bzw. Mengenvektoren (Warenkörbe) lauten

$$\mathbf{p}_0' = (4, 6, 10) \quad \text{(Basispreise)}$$
$$\mathbf{p}_t' = (6, 8, 12) \quad \text{(aktuelle Preise)}$$
$$\mathbf{q}_0' = (5, 10, 8) \quad \text{(Basiswarenkorb)}$$
$$\mathbf{q}_t' = (4, 15, 16) \quad \text{(aktueller Warenkorb)}$$

Damit erhalten wir den Preisindex nach Laspeyres als

$$P_{0t}^{\mathrm{L}} = \frac{\mathbf{p}_t' \mathbf{q}_0}{\mathbf{p}_0' \mathbf{q}_0} = \frac{6 \cdot 5 + 8 \cdot 10 + 12 \cdot 8}{4 \cdot 5 + 6 \cdot 10 + 10 \cdot 8}$$
$$= \frac{206}{160} = 1.2875 \,.$$

Der Preisindex nach Paasche ergibt sich als

$$P_{0t}^{\mathrm{P}} = \frac{\mathbf{p}_t' \mathbf{q}_t}{\mathbf{p}_0' \mathbf{q}_t} = \frac{6 \cdot 4 + 8 \cdot 15 + 12 \cdot 16}{4 \cdot 4 + 6 \cdot 15 + 10 \cdot 16}$$
$$= \frac{336}{266} = 1.2632 \,.$$

7.3.3 Alternative Preisindizes

Die Bezugsbasis beim Preisindex nach Laspeyres ist der Warenkorb in der Basisperiode, der im Zeitablauf konstant gehalten wird. Die Bewertung erfolgt mit den Preisen zur Berichts- und zur Basisperiode und gibt diese relative Preisänderung an. Analog ist beim Preisindex nach Paasche die Bezugsbasis der Warenkorb in der Berichtsperiode. Um diese Abhängigkeit von der Wahl des Warenkorbs zu einem Zeitpunkt zu umgehen, schlug Lowe vor, einen zeitunabhängigen Warenkorb $\mathbf{q}' = (q(1), \ldots, q(n))$ aus n Gütern zu wählen und ihn mit den Preisen zur Basis- und zur Berichtsperiode zu bewerten. Der Preisindex nach Lowe lautet also

$$P_{0t}^{\mathrm{LO}} = \frac{\sum_{i=1}^{n} p_t(i) q(i)}{\sum_{i=1}^{n} p_0(i) q(i)} = \frac{\mathbf{p}_t' \mathbf{q}}{\mathbf{p}_0' \mathbf{q}} \,.$$

Als Modifikation des Preisindex von Lowe kann man den Preisindex von Marshall-Edgeworth ansehen, der als Warenkorb die gemittelten Verbrauchsmengen in der Basis- und Berichtsperiode verwendet:

$$P_{0t}^{\mathrm{ME}} = \frac{\sum_{i=1}^{n} p_t(i) \frac{1}{2}(q_0(i) + q_t(i))}{\sum_{i=1}^{n} p_0(i) \frac{1}{2}(q_0(i) + q_t(i))} = \frac{\mathbf{p}_t'(\mathbf{q}_0 + \mathbf{q}_t)}{\mathbf{p}_0'(\mathbf{q}_0 + \mathbf{q}_t)} \,.$$

Einen weiteren Vorschlag machte I. Fisher. Sein Idealindex ist das geometrische Mittel aus dem Laspeyres- und dem Paasche-Index:

$$P_{0t}^{\mathrm{F}} = \sqrt{P_{0t}^{\mathrm{L}} P_{0t}^{\mathrm{P}}} \,.$$

7.4 Mengenindizes

Vertauscht man die Rolle von Preisen und Mengen in den beiden Preisindizes, so erhält man Mengenindizes, die die Änderung des Warenkorbs über die Zeit angeben, bewertet mit den Preisen einer bestimmten Periode.

7.4.1 Laspeyres-Mengenindex

Der Mengenindex nach Laspeyres verwendet die Preise der Basisperiode und ist definiert als

$$Q_{0t}^{L} = \frac{\mathbf{p}_0' \mathbf{q}_t}{\mathbf{p}_0' \mathbf{q}_0} \, . \tag{7.12}$$

Q_{0t}^{L} gibt das Verhältnis an, in dem sich der Wert des Warenkorbs von der Basis- zur Berichtsperiode – bewertet mit Preisen der Basisperiode – durch Veränderung der Mengen geändert hat.

7.4.2 Paasche-Mengenindex

Der Mengenindex nach Paasche verwendet die Preise der Berichtsperiode und ist definiert als

$$Q_{0t}^{P} = \frac{\mathbf{p}_t' \mathbf{q}_t}{\mathbf{p}_t' \mathbf{q}_0} \, . \tag{7.13}$$

Q_{0t}^{P} gibt die Veränderung des Wertes des Warenkorbs an, wobei zur Bewertung die Preise der Berichtsperiode verwendet werden.

7.5 Umsatzindizes (Wertindizes)

Definition

Der Index

$$W_{0t} = \frac{\mathbf{p}_t' \mathbf{q}_t}{\mathbf{p}_0' \mathbf{q}_0} \tag{7.14}$$

gibt die Veränderung des Wertes des Warenkorbs der Berichtsperiode im Verhältnis zum Wert des Warenkorbs der Basisperiode an.

Beispiel 7.5.1. Ein kleiner Kiosk führt zwei Sorten Zigaretten, eine Sorte Pfeifentabak und eine Sorte Zigarren. Der Besitzer vergleicht die Entwicklung des Warenkorbs von 1970 zu 1990. Er verwendet folgende Arbeitstabelle zur Berechnung der Indizes:

| Ware | Preis | | Menge | | | | | |
i	$p_{70}(i)$	$p_{90}(i)$	$q_{70}(i)$	$q_{90}(i)$	$\mathbf{p}_{70}'\mathbf{q}_{70}$	$\mathbf{p}_{70}'\mathbf{q}_{90}$	$\mathbf{p}_{90}'\mathbf{q}_{70}$	$\mathbf{p}_{90}'\mathbf{q}_{90}$
1	3	5	10	20	30	60	50	100
2	5	8	10	5	50	25	80	40
3	9	10	20	10	180	90	200	100
4	12	20	20	10	240	120	400	200
$\sum$			60	45	500	295	730	440

Preisindex nach Laspeyres

$$P_{0t}^{L} = \frac{\mathbf{p}_{90}'\mathbf{q}_{70}}{\mathbf{p}_{70}'\mathbf{q}_{70}} = \frac{730}{500} = 1.46\,,$$

Preisindex nach Paasche

$$P_{0t}^{P} = \frac{\mathbf{p}_{90}'\mathbf{q}_{90}}{\mathbf{p}_{70}'\mathbf{q}_{90}} = \frac{440}{295} = 1.49\,,$$

Mengenindex nach Laspeyres

$$Q_{0t}^{L} = \frac{\mathbf{p}_{70}'\mathbf{q}_{90}}{\mathbf{p}_{70}'\mathbf{q}_{70}} = \frac{295}{500} = 0.59\,,$$

Mengenindex nach Paasche

$$Q_{0t}^{P} = \frac{\mathbf{p}_{90}'\mathbf{q}_{90}}{\mathbf{p}_{90}'\mathbf{q}_{70}} = \frac{440}{730} = 0.60\,,$$

Wert- oder Umsatzindex

$$W_{0t} = \frac{\mathbf{p}_{90}'\mathbf{q}_{90}}{\mathbf{p}_{70}'\mathbf{q}_{70}} = \frac{440}{500} = 0.88\,.$$

Wenn wir die Tabelle genau betrachten, sehen wir, dass alle Preise ange-stiegen sind. Daraus geht hervor, dass beide Preisindizes größer als Eins sein müssen, denn sie drücken – jeweils zu den Mengen in den Jahren 1990 bzw. 1970 – die relative Preisänderung aus. Analog aber umgekehrt verhält es sich mit den Mengen. Sie sind bis auf Ware 1, die am preiswertesten ist, zurückgegangen. Demzufolge ist zu erwarten, dass die Mengenindizes durch den Rückgang der Mengen kleiner als Eins sind. Der Wert- oder Umsatzin-dex von 0.88 bedeutet einen Umsatzrückgang. Dies hätte aber nicht allein aus der Tabelle abgelesen werden können, da steigende Preise und zurückgehende Mengen gegenläufig auf den Umsatz wirken.

7.6 Verknüpfung von Indizes

Der Umsatz eines Gutes berechnet sich aus seinem Preis mal der umgesetzten Menge (Umsatz = Preis × Menge). Für die zugehörigen Indizes gilt dieser Zu-sammenhang – bis auf den Fall, dass wir nur ein Gut betrachten – nicht. Das heißt, für den Preis- und Mengenindex eines Typs (Paasche oder Laspeyres) gilt im allgemeinen

Umsatzindex $\neq$ Preisindex × Mengenindex.

Es gilt jedoch für den Umsatzindex folgende „Überkreuzregel"

$$W_{0t} = \frac{p'_t q_t}{p'_0 q_0}$$

$$= \frac{p'_t q_t}{p'_0 q_t} \cdot \frac{p'_0 q_t}{p'_0 q_0} \tag{7.15}$$

$$= \text{(Paasche-Preisindex)} \times \text{(Laspeyres-Mengenindex)}$$

und

$$W_{0t} = \frac{p'_t q_0}{p'_0 q_0} \cdot \frac{p'_t q_t}{p'_t q_0} \tag{7.16}$$

$$= \text{(Laspeyres-Preisindex)} \times \text{(Paasche-Mengenindex)}.$$

Beispiel 7.6.1. Wir wollen die Verknüpfung von Indizes mit den Daten aus Beispiel 7.5.1 demonstrieren. Die Beziehungen (7.15) und (7.16) lauten hier:

$$(7.15) \quad W_{0t} = \frac{440}{500} = P^P_{0t} \cdot Q^L_{0t} = \frac{440}{295} \cdot \frac{295}{500},$$

$$(7.16) \quad W_{0t} = \frac{440}{500} = P^L_{0t} \cdot Q^P_{0t} = \frac{730}{500} \cdot \frac{440}{730}.$$

Für die jeweils gleichen Indextypen (Paasche bzw. Laspeyres) erhalten wir

$$\text{Paasche:} \quad W_{0t} = \frac{440}{500} \neq \frac{440}{295} \cdot \frac{440}{730},$$

$$\text{Laspeyres:} \quad W_{0t} = \frac{440}{500} \neq \frac{730}{500} \cdot \frac{295}{500}.$$

Matrizensymbolik

Die Konstruktion der verschiedenen Indizes kann man durch eine Matrixdarstellung anschaulich symbolisieren (vgl. Ferschl, 1985). Statt des allgemeinen Index t wählen wir 1 für die Berichtsperiode.

		p q
Preisindex nach Laspeyres	$P^L_{01} = \frac{p'_1 q_0}{p'_0 q_0}$	$\begin{pmatrix} 1 & 0 \\ 0 & 0 \end{pmatrix}$
Preisindex nach Paasche	$P^P_{01} = \frac{p'_1 q_1}{p'_0 q_1}$	$\begin{pmatrix} 1 & 1 \\ 0 & 1 \end{pmatrix}$
Mengenindex nach Laspeyres	$Q^L_{01} = \frac{p'_0 q_1}{p'_0 q_0}$	$\begin{pmatrix} 0 & 1 \\ 0 & 0 \end{pmatrix}$
Mengenindex nach Paasche	$Q^P_{01} = \frac{p'_1 q_1}{p'_1 q_0}$	$\begin{pmatrix} 1 & 1 \\ 1 & 0 \end{pmatrix}$
Umsatzindex	$W_{01} = \frac{p'_1 q_1}{p'_0 q_0}$	$\begin{pmatrix} 1 & 1 \\ 0 & 0 \end{pmatrix}$

7.7 Spezielle Probleme der Indexrechnung

Bei der Berechnung von Indizes über längere Zeiträume können Probleme dadurch entstehen, dass bestimmte Waren durch andere substituiert werden. So kann der Trend zu gesünderer Ernährung z.B. dazu führen, dass weniger Schweinefleisch und dafür mehr Geflügel konsumiert wird. Ein weiteres Problem bringen neu auf den Markt kommende Waren wie z.B. Personalcomputer mit sich, die in den Warenkorb „Lebenshaltung" von einem bestimmten Jahr ab einbezogen werden.

Anmerkung. Die Methoden sind sehr detailliert in Ferschl (1985) dargestellt. Wir beschränken uns hier auf einige Kommentare und Beispiele.

7.7.1 Erweiterung des Warenkorbs

Falls eine Ware zusätzlich in einem Warenkorb berücksichtigt werden soll, geht man bei der Berechnung von abgeänderten Preisindizes wie folgt vor (Ferschl, 1985, S. 163). Sei

0:    der Basiszeitpunkt

t':   der Zeitpunkt der Einführung der neuen Ware.

Man berechnet zunächst den Index für den ursprünglichen Warenkorb mit n Gütern zum Zeitpunkt t', z.B. den Preisindex nach Laspeyres:

$$P_{0t'}^{\mathrm{L}} = \frac{\mathbf{p}_{t'}'\mathbf{q}_0}{\mathbf{p}_0'\mathbf{q}_0} \,.$$

Danach setzt man die Ware $(n+1)$ mit Preisen $p_{t'}(n+1)$, $p_{t'+1}(n+1)$ und Mengen $q_{t'}(n+1)$, $q_{t'+1}(n+1)$ zur Berechnung des Index vom Zeitpunkt t' zum Zeitpunkt $t'+1$ mit ein:

$$P_{t',t'+1}^{\mathrm{L}}(\text{erweitert}) = \frac{\mathbf{p}_{t'+1}'\mathbf{q}_0 + p_{t'+1}(n+1)q_{t'}(n+1)}{\mathbf{p}_{t'}'\mathbf{q}_0 + p_{t'}(n+1)q_{t'}(n+1)} \,. \tag{7.17}$$

Da $p_0(n+1)$ und $q_0(n+1)$ nicht existieren, wird die Formel von Laspeyres für 0 als Basisperiode dahingehend abgewandelt, dass man $p_{t'}(n+1)$ und $q_{t'}(n+1)$ verwendet.

Der verkettete Index lautet schließlich

$$P_{0,t'+1}^{\mathrm{L}}(\text{verkettet}) = P_{0,t'}^{\mathrm{L}} P_{t',t'+1}^{\mathrm{L}}(\text{erweitert}) \,. \tag{7.18}$$

Beispiel 7.7.1. Eine Konfektionsfirma für Damenkostüme und Herrenanzüge erweitert ihr bisheriges Produktionsprogramm um die Herstellung von Sportbekleidung (Trainingsanzüge). In der folgenden Tabelle sind die Produktionsdaten zu den verschiedenen Zeitpunkten angegeben (Stückzahl in 1 000).

Periode	Damenkostüme		Herrenanzüge		Trainingsanzüge	
t	p_t	q_t	p_t	q_t	p_t	q_t
0	300	10	40	20	–	–
1	400	15	50	25	–	–
2	500	17	60	25	300	10
3	400	18	50	30	400	20

Für den kleinen Warenkorb (Damenkostüme und Herrenanzüge) erhalten wir vom Zeitpunkt 0 auf Zeitpunkt 2 den Laspeyres-Preisindex:

$$P_{02}^{\mathrm{L}} = \frac{\mathbf{p}_2'\mathbf{q}_0}{\mathbf{p}_0'\mathbf{q}_0} = \frac{500 \cdot 10 + 60 \cdot 20}{300 \cdot 10 + 40 \cdot 20}$$

$$= \frac{6\,200}{3\,800} = 1.6316\,.$$

Für den Übergang von Periode 2 auf 3 berechnen wir

$$P_{23}^{\mathrm{L}}(\text{erweitert}) = \frac{\mathbf{p}_3'\mathbf{q}_0 + p_3(3)q_2(3)}{\mathbf{p}_2'\mathbf{q}_0 + p_2(3)q_2(3)} = \frac{(400 \cdot 10 + 50 \cdot 20) + 400 \cdot 10}{(500 \cdot 10 + 60 \cdot 20) + 300 \cdot 10}$$

$$= \frac{5\,000 + 4\,000}{6\,200 + 3\,000} = \frac{9\,000}{9\,200} = 0.9783\,.$$

Damit gilt schließlich

$$P_{03}^{\mathrm{L}}(\text{verkettet}) = 1.6316 \cdot 0.9783 = 1.5962\,.$$

Die folgenden Arbeitstabellen verdeutlichen noch einmal die Berechnungen. Wir erhalten die Indizes für den kleinen Warenkorb:

t	Warenkorb $\mathbf{p}_t'\mathbf{q}_0$	Index
0	$300 \cdot 10 + 40 \cdot 20 = 3\,800$	1.0000
1	$400 \cdot 10 + 50 \cdot 20 = 5\,000$	1.3158
2	$500 \cdot 10 + 60 \cdot 20 = 6\,200$	1.6316

und die erweiterten Indizes für den großen Warenkorb:

t	Warenkorb $\mathbf{p}_t'\mathbf{q}_0 + p_t(3)q_2(3)$	Index
2	$500 \cdot 10 + 60 \cdot 20 + 300 \cdot 10 = 9\,200$	1.0000
3	$400 \cdot 10 + 50 \cdot 20 + 400 \cdot 10 = 9\,000$	0.9783

7.7.2 Substitution einer Ware

In der Praxis ersetzen sehr oft technische Neuerungen überholte Waren (wie z. B. Ersatz von Schwarzweiß- durch Farbfernseher), wobei die Substitution häufig mit anderen Mengen und Preisen verbunden ist. Man kann die Anpassung auf verschiedene Weise vornehmen. Eine Möglichkeit besteht darin, die Preisreihe der substituierten Ware mit der Preisreihe der alten Ware am Zeitpunkt der Auswechslung zu verketten (d. h. die Preise der neuen Ware an die Preise der substituierten Ware anzupassen) und den verketteten Index mit den konstanten Mengen des Warenkorbs zur Basisperiode zu berechnen.

Beispiel 7.7.2. Betrachten wir die folgende Situation, bei der wir annehmen, dass ab einem bestimmten Jahr im Warenkorb Schwarzweiß-Fernsehgeräte durch Farbfernsehgeräte substituiert werden. Wir nehmen an, uns sei der folgende vereinfachte Warenkorb aus Radios und Fernsehgeräten gegeben, wobei in der Periode 3 die Substitution stattfindet. Ab dieser Periode wird also mit einer Ware 'Fernseher' gerechnet, deren Preis durch proportionale Fortschreibung des Preises eines Schwarzweiß-Fernsehgerätes zum Zeitpunkt der Substitution festgelegt wird.

| | $q_0(i)$ | \multicolumn{5}{c}{Perioden} | | | | |
| | $\times 10\,000$ | 0 | 1 | 2 | 3 | 4 |
		\multicolumn{5}{c}{Preise $p_t(i)$}				
Radios	1	400	420	430	440	450
S.W.-TV	2	2 000	1 900	1 800	–	–
Farb-TV	–	–	–	–	3 000	3 500	4 200

Wir berechnen angepasste Preise, d. h., wir verwenden die Preissteigerungen für Farbfernsehgeräte, um die Preise der alten Ware Schwarzweiß-Fernsehgeräte fortzuschreiben.

$$\tilde{p}_3(\text{S.W.-TV}) = 1\,800 \cdot \frac{3\,500}{3\,000} = 2\,100$$
$$\tilde{p}_4(\text{S.W.-TV}) = 1\,800 \cdot \frac{4\,200}{3\,000} = 2\,520 .$$

Damit können wir mit dem alten Warenkorb weiterrechnen. Wir erhalten dann die verketteten Reihen

| | $q_0(i)$ | 0 | 1 | 2 | 3 | 4 |
	$\times 10\,000$					
Radiogeräte	1	400	420	430	440	450
TV	2	2 000	1 900	1 800	2 100	2 520
Wert des Warenkorbs ($\times 10\,000$)		4 400	4 220	4 030	4 640	5 490
Preisindex P_{0t}^{L}		1.000	0.959	0.916	1.055	1.248

7.7.3 Subindizes

Warenkörbe sind häufig sehr umfangreich. Betrachtet man den Warenkorb zur Berechnung des Preisindex für die Lebenshaltung, so hat man z. B. die Aufteilung in die Unterwarenkörbe (Subkörbe) 1. Nahrungs- und Genussmittel, 2. Kleidung, Schuhe, 3. Miete, 4. Nebenkosten, 5. Dienstleistungen usw.

Der Gesamtindex wird dann als gewogenes Mittel der Teilindizes berechnet, wobei als Gewichte z. B. die Ausgabenanteile in der Basisperiode gewählt werden.

Beispiel 7.7.3. Ein Warenkorb bestehe aus zwei Subkörben, Korb I und Korb II. Die zugehörigen Warenmengen sind $\mathbf{q}'_I = (q_1, \ldots, q_m)$ und $\mathbf{q}'_{II} = (q_{m+1}, \ldots, q_n)$. Die Laspeyres-Preisindizes für die beiden Subkörbe lauten

$$P^{\mathrm{L}}_{0t}(I) = \frac{\sum_{i=1}^{m} p_t(i) q_0(i)}{\sum_{i=1}^{m} p_0(i) q_0(i)},$$

$$P^{\mathrm{L}}_{0t}(II) = \frac{\sum_{i=m+1}^{n} p_t(i) q_0(i)}{\sum_{i=m+1}^{n} p_0(i) q_0(i)}.$$

Der Gesamtumsatz zur Basisperiode ist

$$U = \sum_{i=1}^{n} p_0(i) q_0(i). \tag{7.19}$$

Damit sind die Umsatzanteile bezogen auf die Basisperiode

$$w^I = \frac{\sum_{i=1}^{m} p_0(i) q_0(i)}{U}, \tag{7.20}$$

$$w^{II} = 1 - w^I = \frac{\sum_{i=m+1}^{n} p_0(i) q_0(i)}{U}. \tag{7.21}$$

Der Gesamtindex ist dann

$$P^{\mathrm{L}}_{0t} = w^I P^{\mathrm{L}}_{0t}(I) + w^{II} P^{\mathrm{L}}_{0t}(II), \tag{7.22}$$

denn es gilt

$$\begin{aligned} P^{\mathrm{L}}_{0t} &= \frac{\sum_{i=1}^{n} p_t(i) q_0(i)}{\sum_{i=1}^{n} p_0(i) q_0(i)} \\ &= \frac{\sum_{i=1}^{m} p_t(i) q_0(i) + \sum_{i=m+1}^{n} p_t(i) q_0(i)}{U} \\ &= \frac{P^{\mathrm{L}}_{0t}(I) \sum_{i=1}^{m} p_0(i) q_0(i) + P^{\mathrm{L}}_{0t}(II) \sum_{i=m+1}^{n} p_0(i) q_0(i)}{U}. \end{aligned}$$

Diese Formel bietet die Möglichkeit, erst die Teilindizes der Subkörbe zu berechnen und sie dann zum Gesamtindex zu verknüpfen.

Beispiel 7.7.4. Die Produktion einer Konfektionsfirma wird untergliedert in die beiden Warenkörbe I und II gemäß folgender Tabelle (Mengen in $10\,000$ Stück):

| | Korb I | | | | Korb II | |
| | Damenkostüme | | Herrenanzüge | | Trainingsanzüge | |
t	p_t	q_t	p_t	q_t	p_t	q_t
0	400	1	500	1	300	1
1	420	1	550	2	320	1
2	450	2	600	3	340	2
3	500	2	650	4	360	2

Der Gesamtumsatz im Basisjahr ist die Summe der Umsätze von Korb I und Korb II. Er beträgt

$$U = (400 \cdot 1 + 500 \cdot 1) + (300 \cdot 1) = 1200 \,.$$

Die Umsatzanteile zum Basisjahr sind damit

$$w^I = (400 \cdot 1 + 500 \cdot 1)/1\,200 = 0.75$$

für Korb I und

$$(300 \cdot 1)/1\,200 = 0.25$$

für Korb II. Die Teilindizes sind:

t	Korb I $\sum p_t(i)q_0(i)$		$P_{0t}^{\mathrm{L}}(I)$	Korb II $p_t(3)q_0(3)$	$P_{0t}^{\mathrm{L}}(II)$
0	$400 \cdot 1 + 500 \cdot 1 =$	900	1.000	300	1.000
1	$420 \cdot 1 + 550 \cdot 1 =$	970	1.078	320	1.067
2	$450 \cdot 1 + 600 \cdot 1 =$	1\,050	1.167	340	1.133
3	$500 \cdot 1 + 650 \cdot 1 =$	1\,150	1.278	360	1.200

Die Gesamtindizes für die einzelnen Zeitpunkte sind damit:

$$P_{00}^{\mathrm{L}} = 1.000 \cdot 0.75 + 1.000 \cdot 0.25 = 1.0000$$
$$P_{01}^{\mathrm{L}} = 1.078 \cdot 0.75 + 1.067 \cdot 0.25 = 1.0753$$
$$P_{02}^{\mathrm{L}} = 1.167 \cdot 0.75 + 1.133 \cdot 0.25 = 1.1585$$
$$P_{03}^{\mathrm{L}} = 1.278 \cdot 0.75 + 1.200 \cdot 0.25 = 1.2585$$

7.8 Standardisierung von Raten und Quoten

In der Praxis hat man häufig das Problem, gleichartige Maßzahlen aus zwei (oder mehr) verschiedenen Erhebungen vergleichen zu müssen.

Beispiele.

- Arbeitslosenquote (alte und neue Bundesländer)
- Sterberaten in verschiedenen Ländern
- Säuglingssterblichkeit Industrie-/Entwicklungsländer

Der Vergleich setzt voraus, dass beide Erhebungen homogen bezüglich aller anderen, die Maßzahl beeinflussenden Kovariablen sind. Dies ist jedoch häufig nicht der Fall, so dass man vor einem Vergleich diese Einflüsse 'herausrechnen' muss. Diese Methode bezeichnet man als Standardisierung. Wir wollen die beiden gebräuchlichsten Verfahren an einem Beispiel demonstrieren.

Beispiel 7.8.1. Wir untersuchen die Altersabhängigkeit des Sterberisikos bei Rauchern und Nichtrauchern. Tabelle 7.3 gibt die absoluten Häufigkeiten von Nichtrauchern und Rauchern der Erhebung in der jeweiligen Altersgruppe an. Da neben dem Risikofaktor Rauchen auch das Lebensalter ein Risiko darstellt, ist zunächst zu überprüfen, ob die Subgruppen Raucher und Nichtraucher eine homogene Altersgruppenverteilung besitzen.

Tabelle 7.3. Altersverteilung bei Nichtrauchern und Rauchern (Woolson, 1987)

Altersgruppe	Nichtraucher	Raucher
35–44	35 200	40 600
45–54	15 100	12 800
55–64	214 000	103 000
65–74	171 000	50 000
>75	8 490	1 270

Wir vergleichen die empirischen Häufigkeitsverteilungen des Merkmals 'Lebensalter' der beiden Gruppen Raucher und Nichtraucher und erhalten Tabelle 7.4. Die daraus resultierenden Werte der empirischen Verteilungsfunktionen sind in Tabelle 7.5 enthalten.

Tabelle 7.4. Empirische Häufigkeitsverteilungen des Lebensalters der beiden Gruppen Nichtraucher und Raucher

Altersgruppe	Nichtraucher	Raucher
35–44	0.0793	0.1955
45–54	0.0340	0.0616
55–64	0.4822	0.4960
65–74	0.3853	0.2408
> 75	0.0191	0.0061

Tabelle 7.5. Empirische Verteilungsfunktionen des Lebensalters der beiden Gruppen Nichtraucher und Raucher (vgl. Abbildung 7.3)

	Nichtraucher	Raucher	Differenz
35–44	0.0793	0.1955	0.1162
45–54	0.1133	0.2571	0.1438
55–64	0.5955	0.7531	0.1576
65–74	0.9808	0.9939	0.0131
> 75	1.0000	1.0000	0.0000

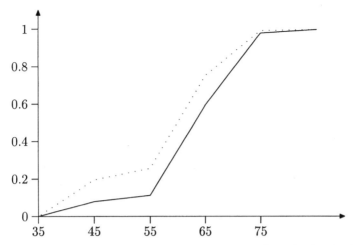

Abb. 7.3. Empirische Verteilungsfunktionen des Lebensalters der beiden Gruppen Nichtraucher (durchgezogene Linie) und Raucher (gepunktete Linie)

Die grafische Umsetzung in Abbildung 7.3 ergibt, dass die empirische Verteilungsfunktion des Lebensalters in der Gruppe der Raucher oberhalb der Verteilungsfunktion in der Gruppe der Nichtraucher liegt. Dies bedeutet, dass die Raucher in den jüngeren Altersgruppen relativ stärker vertreten sind als die Nichtraucher, d. h., die Raucher sind insgesamt relativ jünger. Die Altersgruppenverteilungen sind also nicht homogen.

In dem vorliegenden Beispiel interessiert die Frage: „Ist die Sterberate bei Rauchern höher als bei Nichtrauchern?" Einen ersten Hinweis liefern die rohen Sterbeziffern, die wir aus den in Tabelle 7.6 angebenen Todesfällen und der in Tabelle 7.3 angegebenen Altersverteilung ermitteln können. Insgesamt sind 78 von 443 790 Nichtrauchern, aber 460 von 207 670 Rauchern verstorben, d. h., wir haben eine rohe Sterberate von 1.76 je 10 000 Nichtraucher und eine rohe Sterberate von 22.15 je 10 000 Raucher.

Tabelle 7.6. Todesfälle bei Nichtrauchern und Rauchern (Woolson, 1987)

Altersgruppe	Nichtraucher	Raucher
35–44	0	4
45–54	0	10
55–64	25	245
65–74	49	194
>75	4	7
$\sum$	78	460

Aufgrund unserer bisherigen Betrachtungen kommen wir beim Vergleich von Nichtrauchern und Rauchern zu folgenden Überlegungen:

- die Häufigkeitsverteilungen der Altersgruppen sind verschieden,
- das Alter hat einen Einfluss auf die Sterberate,
- die Raucher in der Altersgruppe 35–44 sind zahlenmäßig überrepräsentiert,
- die Raucher in der Altersgruppe 65–74 sind zahlenmäßig unterrepräsentiert.

Damit entsteht die Frage nach einer möglichen Verzerrung in der Sterberate. Wie hoch ist also das tatsächliche Sterberisiko bei Rauchern, wenn man den Alterseffekt herausrechnet?

Zur Adjustierung ungleich besetzter Subgruppen bezüglich eines sogenannten Schichtungsmerkmals (im Beispiel: Altersgruppen) wurden zwei Methoden – die direkte und die indirekte Standardisierung – entwickelt.

7.8.1 Datengestaltung für die Standardisierung von Raten

Wir bezeichnen mit Schicht $1, \ldots, K$ die verschiedenen Ausprägungen des Schichtungsmerkmals, mit $r_{ij} = d_{ij}/n_{ij}$ die Rate der Gruppe i in der Schicht j und mit $r_{0+} = d_{0+}/n_{0+}$ bzw. $r_{1+} = d_{1+}/n_{1+}$ die rohe Rate in der Gruppe 0 bzw. Gruppe 1 (vgl. Tabelle 7.7).

Tabelle 7.7. Daten der zu vergleichenden Gruppen

	Gruppe 0			Gruppe 1		
Schicht	Ereignisse	Unter Risiko	Rate	Ereignisse	Unter Risiko	Rate
1	d_{01}	n_{01}	r_{01}	d_{11}	n_{11}	r_{11}
2	d_{02}	n_{02}	r_{02}	d_{12}	n_{12}	r_{12}
$\vdots$	$\vdots$	$\vdots$	$\vdots$	$\vdots$	$\vdots$	$\vdots$
K	d_{0K}	n_{0K}	r_{0K}	d_{1K}	n_{1K}	r_{1K}
Summe	d_{0+}	n_{0+}	r_{0+}	d_{1+}	n_{1+}	r_{1+}

Zur Bereinigung von der Inhomogenität der Schichten bei beiden Gruppen konstruiert man eine Standardpopulation, deren Häufigkeiten und Raten zur Unterscheidung mit Großbuchstaben gekennzeichnet werden (Tabelle 7.8).

Die Standard- oder Vergleichspopulation erhält man entweder durch Vereinigung beider Gruppen (hier im Beispiel Raucher/Nichtraucher) oder als Population eines Landes oder Gebiets. Hierbei sind die $R_j = D_j/N_j$ schichtspezifische Raten und R_+ die rohe Rate.

7.8.2 Indirekte Methode der Standardisierung

Die indirekte Methode der Standardisierung kommt zur Anwendung, wenn die n_{ij} klein oder die r_{ij} unbekannt sind, weil d_{ij} oder n_{ij} unbekannt sind.

Tabelle 7.8. Daten der Standardpopulation

Schicht	Ereignisse	Unter Risiko	Rate
1	D_1	N_1	R_1
2	D_2	N_2	R_2
$\vdots$	$\vdots$	$\vdots$	$\vdots$
K	D_K	N_K	R_K
	D_+	N_+	$R_+ = D_+/N_+$

Man bestimmt die erwartete Anzahl von Ereignissen (im Beispiel Sterbefälle) in den beiden zu vergleichenden Gruppen nach den schichtspezifischen Raten der Standardpopulation:

$$e_0 = \sum_{j=1}^{K} R_j n_{0j} \quad \text{bzw.} \quad e_1 = \sum_{j=1}^{K} R_j n_{1j} \ . \tag{7.23}$$

Dabei ist e_i ($i = 0, 1$) die erwartete Anzahl der Ereignisse in der Gruppe i, wenn die schichtspezifischen Raten der Standardpopulation vorgelegen hätten. Somit erhält man die indirekt standardisierten rohen Raten

$$S_0 = R_+ \frac{d_{0+}}{e_0} \quad \text{bzw.} \quad S_1 = R_+ \frac{d_{1+}}{e_1} \ . \tag{7.24}$$

Als weiteres Maß kann man die indirekt standardisierten Mortalitätsquotienten

$$\text{SMR}_0 = \frac{d_{0+}}{e_0} \quad \text{bzw.} \quad \text{SMR}_1 = \frac{d_{1+}}{e_1} \tag{7.25}$$

betrachten, wobei

$$\text{SMR} = \frac{\text{beobachtete Anzahl der Ereignisse}}{\text{erwartete Anzahl der Ereignisse}}$$

ist.

Beispiel 7.8.2. (Fortsetzung von Beispiel 7.8.1). Als Standardpopulation wählen wir die Vereinigung der Gruppen Raucher und Nichtraucher (vgl. Tabelle 7.9). Wir berechnen die erwartete Anzahl von Sterbefällen in beiden Gruppen unter Annahme des Sterberisikos der Standardpopulation. Für die Nichtraucher erhalten wir

$$e_0 = \frac{4}{75\,800} \cdot 35\,200 + \frac{10}{27\,900} \cdot 15\,100 + \ldots + \frac{11}{9\,760} \cdot 8\,490 = 387.13$$

und analog für die Raucher

$$e_1 = \frac{4}{75\,800} \cdot 40\,600 + \frac{10}{27\,900} \cdot 12\,800 + \ldots + \frac{11}{9\,760} \cdot 1\,270 = 150.87.$$

Tabelle 7.9. Standardpopulation (Vereinigung von Rauchern und Nichtrauchern)

	Ereignisse	unter Risiko	Raten R_j
35–44	4	75 800	0.00005
45–54	10	27 900	0.00036
55–64	270	317 000	0.00085
65–74	243	221 000	0.00110
> 75	11	9 760	0.00113
	538	651 460	0.00083

Es gilt $e_0 + e_1 = 538$. Die Gesamtzahl von $78 + 460 = 538$ Sterbefällen wird also durch indirekte Standardisierung durch Herausrechnen der unterschiedlichen Altersgruppenverteilung auf die beiden Gruppen neu aufgeteilt.

Für die indirekt standardisierten Mortalitätsquotienten erhalten wir

$$\text{SMR}_0 = \frac{78}{387.13} = 0.20 \quad \text{bzw.} \quad \text{SMR}_1 = \frac{460}{150.87} = 3.05.$$

Daraus berechnen wir die indirekt standardisierten Raten

$$S_0 = 0.00083 \cdot \text{SMR}_0 = 0.00017$$

und

$$S_1 = 0.00083 \cdot \text{SMR}_1 = 0.00253.$$

Die beiden indirekt standardisierten Raten unterscheiden sich also beträchtlich:

$$\frac{S_1}{S_0} = \frac{0.00253}{0.00017} = 14.88 = \frac{\text{Sterberate Raucher}}{\text{Sterberate Nichtraucher}}.$$

Hätten wir nur die rohen Sterberaten in Beziehung gesetzt, so hätten wir

$$\frac{\text{Sterberate Raucher}}{\text{Sterberate Nichtraucher}} = \frac{\frac{460}{207\,670}}{\frac{78}{443\,790}} = \frac{0.002215}{0.000176} = 12.60$$

erhalten. Durch die Korrektur, d. h. durch die Berücksichtigung der verschiedenen Altersverteilungen ist das Sterberatenverhältnis Raucher/Nichtraucher von 12.60 auf 14.88 gestiegen.

Beispiel 7.8.3. Wir vergleichen zwei Gruppen (BWL- und VWL-Studenten) bezüglich des Ereignisses '5 in der Statistikklausur', d. h. bezüglich des Ereignisses 'Klausur nicht bestanden'. Als Schichtungsvariable wählen wir die Leistungen bzw. Vorkenntnisse in Mathematik mit den möglichen Ausprägungen 'Mathematik-Leistungskurs', 'Mathematik-Grundkurs mit Note 2 oder 3' und 'Mathematik-Grundkurs mit Note 4 oder 5'.

BWL			
	Ereignisse	unter Risiko	
	d_{0j}	n_{0j}	Rate r_{0j}
Mathe-Leistungskurs	5	100	0.050
Mathe Grundkurs, Note 2 oder 3	10	200	0.050
Mathe Grundkurs, Note 4 oder 5	20	300	0.067
	35	600	$r_{0+} = \frac{35}{600} = 0.058$

VWL			
	Ereignisse	unter Risiko	
	d_{1j}	n_{1j}	Rate r_{1j}
Mathe-Leistungskurs	1	10	0.10
Mathe Grundkurs, Note 2 oder 3	50	100	0.50
Mathe Grundkurs, Note 4 oder 5	100	200	0.50
	151	310	$r_{1+} = \frac{151}{310} = 0.487$

Das Verhältnis beider Durchfallquoten vor Standardisierung ist

$$\text{VWL/BWL}: \frac{151/310}{35/600} = 8.35\,.$$

Wir wählen als Standardpopulation die Vereinigung beider Gruppen

D_j	N_j	R_j
6	110	6/110
60	300	60/300
120	500	120/500
186	910	$R_+ = \frac{186}{910} = 0.204$

Die erwarteten Anzahlen von 'Fünfern' bei Annahme der Durchfallquote der Standardpopulation sind mit der Methode der indirekten Standardisierung

$$\begin{aligned}
e_{\text{BWL}} &= \frac{6}{110} \cdot 100 + \frac{60}{300} \cdot 200 + \frac{120}{500} \cdot 300 \\
&= 5.45 + 40 + 72 = 117.455
\end{aligned}$$

bzw.

$$\begin{aligned}
e_{\text{VWL}} &= \frac{6}{110} \cdot 10 + \frac{60}{300} \cdot 100 + \frac{120}{500} \cdot 200 \\
&= 0.545 + 20 + 48 = 68.545\,.
\end{aligned}$$

Die standardisierten „Mortalitäts"-Quotienten lauten damit

$$\text{SMR}_{\text{BWL}} = \frac{35}{117.455} = 0.2980$$

$$\text{SMR}_{\text{VWL}} = \frac{151}{68.545} = 2.203\,.$$

Die indirekt standardisierten Raten sind dann

$$S_{\text{BWL}} = R_+ \cdot \text{SMR}_{\text{BWL}} = \frac{186}{910} \cdot \frac{35}{117.455} = 0.06091$$

$$S_{\text{VWL}} = R_+ \cdot \text{SMR}_{\text{VWL}} = \frac{186}{910} \cdot \frac{151}{68.545} = 0.45027 \,.$$

Das Verhältnis nach Standardisierung wird damit zu

$$\frac{S_{\text{VWL}}}{S_{\text{BWL}}} = \frac{0.45027}{0.06091} = 7.39 \,.$$

Nach Standardisierung bezüglich der Schichtungsvariablen „Vorkenntnisse in Mathematik" verringert sich das Verhältnis der Durchfallquoten VWL/BWL von 8.35 auf 7.39 .

7.8.3 Direkte Standardisierung

Die direkt standardisierten Raten werden nach folgenden Formeln berechnet:

$$T_0 = \sum_{j=1}^{K} \frac{N_j}{N_+} r_{0j} \quad \text{bzw.} \quad T_1 = \sum_{j=1}^{K} \frac{N_j}{N_+} r_{1j} \,. \tag{7.26}$$

T_0 ist die rohe Sterberate in der Standardpopulation, wenn das Sterberisiko der Gruppe 0 zugrunde gelegt wird, T_1 ist analog die rohe Sterberate in der Standardpopulation, wenn das Sterberisiko der Gruppe 1 zugrunde gelegt wird. Die Differenz

$$T_0 - T_1 = \sum_{j=1}^{K} \frac{N_j}{N_+} (r_{0j} - r_{1j}) \tag{7.27}$$

misst den Unterschied in den Sterberaten der beiden Gruppen, projiziert auf die jeweils andere Gruppe als Standardpopulation.

Beispiel 7.8.4. Wir berechnen nun in Fortsetzung von Beispiel 7.8.2 die direkt standardisierten Raten für beide Subgruppen. Unter Zugrundelegung des Sterberisikos der Nichtraucher erhalten wir die rohe Sterberate der Standardpopulation

$$\begin{aligned}
T_0 &= \frac{75\,800}{651\,460} \cdot \frac{0}{35\,200} + \frac{27\,900}{651\,460} \cdot \frac{0}{15\,100} + \frac{317\,000}{651\,460} \cdot \frac{25}{214\,000} \\
&\quad + \frac{221\,000}{651\,460} \cdot \frac{49}{171\,000} + \frac{9\,760}{651\,460} \cdot \frac{4}{8\,490} \\
&= 0.00016
\end{aligned}$$

und analog $T_1 = 0.00260$ falls das Sterberisiko der Raucher zugrundegelegt wird. Zum Vergleich: in der Standardpopulation war die rohe Sterberate $R_+ = 0.00083$. Damit erhalten wir das Verhältnis der Mortalitätsrisiken als

$$\frac{T_1}{T_0} = \frac{0.00260}{0.00016} = 16.25 \, .$$

Nach Korrektur durch direkte Standardisierung erhöht sich das Sterbera-tenverhältnis Raucher/Nichtraucher von 12.60 auf 16.25. Die Ergebnisse der indirekten und der direkten Standardisierung stimmen also im Trend aber nicht in den Korrekturen selbst überein.

Beispiel 7.8.5. Die Säuglingssterblichkeit ist definiert als der Quotient

$$\frac{\text{Zahl der im ersten Lebensjahr gestorbenen Kinder}}{\text{Zahl der Geburten im selben Jahr}} \times 1\,000 \, .$$

Tabelle 7.10. Säuglingssterblichkeit in der Schweiz und in Quebec (Ackermann-Liebrich et al., 1986, S. 37)

Geburts-gewicht	j	R_j	Schweiz $\frac{N_j}{N_+}$	r_{0j}	Quebec $\frac{n_{0j}}{n_+}$	$\frac{N_j}{N_+} \cdot r_{0j}$
$500 - 999$g	1	0.729	0.002	0.6570	0.003	0.001314
$1\,000 - 1\,499$g	2	0.248	0.005	0.2100	0.005	0.001050
$1\,500 - 1\,999$g	3	0.070	0.010	0.0540	0.012	0.000540
$2\,000 - 2\,499$g	4	0.019	0.037	0.0156	0.043	0.000577
$> 2\,500$g	5	0.002	0.946	0.0018	0.937	0.001702
			1.000		1.000	$T_0{=}0.005183$

Als Schichtung wählt man das Geburtsgewicht. Die rohe Sterberate ist dann die Säuglingssterblichkeit/1 000. Die rohen Sterberaten der Schweiz und der kanadischen Provinz Quebec sollen miteinander verglichen werden. Die rohen Sterberaten sind mit den Werten in Tabelle 7.10:

$$R_+ = 0.0051 \qquad \text{(Schweiz als Standardpopulation)}$$
$$\text{bzw. } r_{0+} = 0.0063 \qquad \text{(Quebec)} \, .$$

Damit erhalten wir für die Säuglingssterblichkeit die Werte 5.10 für die Schweiz und 6.30 für Quebec. Bei direkter Standardisierung von Quebec auf die als Standardpopulation gewählte Schweiz werden die Sterberaten von Quebec und die Schichtung des Geburtsgewichts in der Schweiz kombiniert, so dass wir die standardisierte Sterberate $T_0 = 5.18$ (bezogen auf 1 000) erhalten. T_0 ist also die an die Bedingungen der Schichtung der Schweiz an-gepasste rohe Sterberate von Quebec. Damit werden die Schweiz und Quebec bezüglich der rohen Sterberate vergleichbar: 5.10 bzw. 5.18.

Beispiel 7.8.6. Wir betrachten eine mögliche Strukturverschiebung in den Al-tersgruppen von einer Startpopulation zur Kontrollpopulation. Bei personen-

oder firmenbezogenen Langzeitstudien hat man typischerweise mit dem Ausfall von Einheiten (Drop-out) von der Startpopulation zur Kontrollpopulation zu rechnen.

Liegt eine Kovariable vor (hier mit Gruppe bezeichnet), so hängt das Ergebnis davon ab, ob in der Kontrollpopulation Veränderungen bezüglich der Besetzungen der Gruppen gegenüber der Startpopulation vorliegen, also ein nichtproportionaler Drop-out stattfand. Wir betrachten das folgende hypothetische Beispiel, dessen zugrundeliegende Daten in Tabelle 7.11 angegeben sind.

Tabelle 7.11. Daten zum hypothetischen Beispiel 7.8.6 zweier Gruppen

Standardpopulation		Kontrolle nach 3 Jahren			
Gruppe	$\dfrac{N_j}{N_+}$	$\dfrac{n_{0j}}{n_+}$	Ereignisse		
			d_{0j}	n_{0j}	r_{0j}
1	0.10	0.05	10	25	0.4
2	0.10	0.05	20	25	0.8
3	0.20	0.10	30	50	0.6
4	0.20	0.30	40	150	0.27
5	0.40	0.50	50	250	0.2
	1.00	1.00	150	500	0.3
			d_{0+}		r_{0+}

Die rohe Rate in der Kontrollpopulation ist $r_{0+} = 0.3$. Nach Korrektur auf die Gruppenverteilung der Startpopulation erhalten wir

$$T_0 = 0.4 \cdot 0.1 + 0.8 \cdot 0.1 + 0.6 \cdot 0.2 + 0.27 \cdot 0.2 + 0.2 \cdot 0.4 = 0.374 \, .$$

Mit dieser Rate muss gearbeitet werden, da sie den ungleichmäßigen Ausfall von Personen in den Gruppen korrigiert. Der Grund für die Korrektur nach oben liegt darin, dass die Gruppen 1, 2 und 3 mit hohem Risiko in der Kontrollgruppe jeweils mit 50 % unterrepräsentiert sind im Vergleich zur Standardpopulation.

Beispiel 7.8.7. Um die Wirkungsweise der direkten Standardisierung zu demonstrieren, betrachten wir das folgende extreme Beispiel, das die Daten in Tabelle 7.12 verwendet. Die Anwendung der direkten Standardisierung ergibt für die Umrechnung der Gruppe 1 auf die als Standardpopulation verwendete Gruppe 0

$$T_1 = r_{11} \cdot \frac{n_{01}}{n_{0+}} + r_{12} \cdot \frac{n_{02}}{n_{0+}} = 0.1 \cdot 0.1 + 0.8 \cdot 0.9 = 0.73 \, .$$

Umgekehrt liefert die Umrechnung der Gruppe 0 auf die als Standardpopulation verwendete Gruppe 1

$$T_0 = 0.8 \cdot 0.9 + 0.1 \cdot 0.1 = 0.73 \, .$$

In beiden Gruppen haben wir jeweils die Kombination von hohem Risiko (0.8) mit schwacher Besetzung (10 von 100) und von kleinem Risiko (0.1) mit hoher Besetzung (90 von 100). Damit führt die direkte Standardisierung in beiden Fällen zu übereinstimmenden Ergebnissen.

Tabelle 7.12. Daten zu Beispiel 7.8.7

		0				1		
Schicht	d_{0j}	n_{0j}	r_{0j}	n_{0j}/n_{0+}	d_{1j}	n_{1j}	r_{1j}	n_{1j}/n_{1+}
1	8	10	0.8	0.1	9	90	0.1	0.9
2	9	90	0.1	0.9	8	10	0.8	0.1
Summe	17	100	0.17	1.0	17	100	0.17	1.0
	d_{0+}	n_{0+}	r_{0+}		d_{1+}	n_{1+}	r_{1+}	

Betrachten wir nun eine hypothetische Veränderung der Gruppe 1 zu:

	1		
d_{1j}	n_{1j}	r_{1j}	n_{1j}/n_{1+}
16	90	0.17	0.9
1	10	0.1	0.1
17	100	0.17	1.0

Damit erhalten wir für die Gruppe 1 mit Gruppe 0 als Standardpopulation

$$T_1 = 0.17 \cdot 0.1 + 0.1 \cdot 0.9 = 0.11$$

bzw. unverändert für die Gruppe 0 mit Gruppe 1 als Standardpopulation

$$T_0 = 0.8 \cdot 0.9 + 0.1 \cdot 0.1 = 0.73 \ .$$

Die veränderten Daten in Gruppe 1 haben wir erzeugt, indem wir

• das Risiko in der ersten Schicht geringfügig auf 0.17 erhöht haben und
• das Risiko in der zweiten Schicht, die in Gruppe 0 stark besetzt ist, von 0.8 auf 0.1 gesenkt haben.

Durch die relativ geringfügig veränderten Ausgangsdaten fällt T_1 drastisch von 0.73 (vor Veränderung) auf 0.11.

7.9 Ereignisanalyse

7.9.1 Problemstellung

Eine statistische Erhebung kann als Querschnittanalyse die Werte von Merkmalen X, Y, ... an Merkmalsträgern zu einem definierten Zeitpunkt oder Zeitabschnitt registrieren. Bei einer Längsschnittanalyse wird ein Merkmal

X über die Zeit (Y) beobachtet. Damit liegt ein zweidimensionales Merkmal (X, Y) vor. Falls ein diskretes Merkmal X mit den Ausprägungen x_i, $i = 1, \ldots, k$ Zustände beschreibt und das zweite Merkmal Y die Zeit zwischen Zustandswechseln (sogenannten Ereignissen) darstellt, heißt dieser spezielle Typ der Längsschnittsanalyse auch Ereignisanalyse. Dabei wird vorausgesetzt, dass die Zeit stetig gemessen wird. Die Ereignisanalyse wird – neben ihrem Hauptgebiet Medizin – zunehmend in Technik, Soziologie und Betriebs- und Volkswirtschaft eingesetzt.

Beispiele.

- Zuverlässigkeit von technischen Systemen (Lebensdauer von Glühlampen, Lebensdauer von LKW-Achsen bis zur ersten Reparatur).
  Zustände: intakt/nicht intakt
  Ereignis: Ausfall der Glühlampe bzw. der Achse
- Lebensdauer von kleinen Regionalbanken
  Zustände: Fortbestand einer kleinen Bank ja/nein
  Ereignis: Übernahme durch eine Großbank
- Zuverlässigkeit von zahnmedizinischen Implantaten
  Zustände: Funktionsfähigkeit ja/nein
  Ereignis: Extraktion

Wird die Zeit nur diskret gemessen, so spricht man von einer zeitgestaffelten Erhebung. Die drei Erhebungstypen sind in Abbildungen 7.4 bis 7.6 beispielhaft für das Merkmal X 'Erwerbszustand einer Person' dargestellt.

In Abbildung 7.4 ist der augenblickliche Erwerbszustand einer Person dargestellt, es sind weder die Entwicklung vor Zeitpunkt t, noch die Dauer zu erkennen, seit der sich die betrachtete Person in dem Zustand befindet.

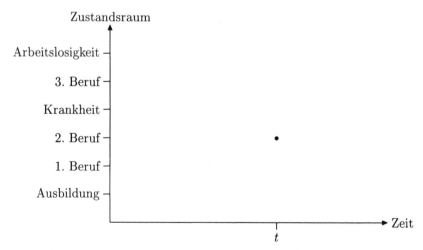

Abb. 7.4. Querschnittanalyse der beruflichen Entwicklung einer Person

Die zeitgestaffelte Untersuchung in Abbildung 7.5 bietet einen Einblick in die berufliche Entwicklung im Verlauf der Zeit. Es sind jedoch auch nur die Zustände zu erkennen, in der sich die betrachtete Person zu den vorgegebenen Zeitpunkten befindet.

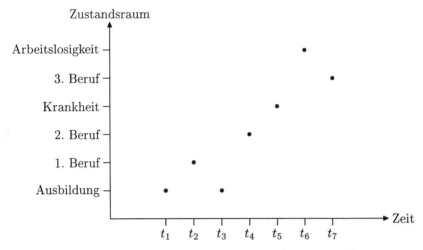

Abb. 7.5. Zeitgestaffelte Untersuchung über die berufliche Entwicklung einer Person

Abbildung 7.6 enthält im Gegensatz zu Abbildungen 7.4 und 7.5 zusätzlich auch die Information über das Andauern der verschiedenen Zustände.

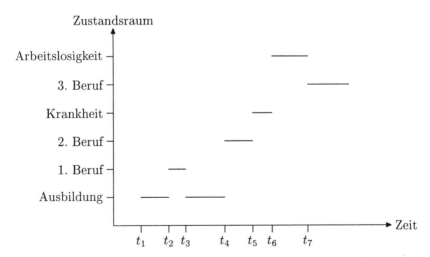

Abb. 7.6. Ereignisanalyse der beruflichen Entwicklung einer Person

Die zeitstetige Erhebung bietet die größtmögliche Information. Von speziellem Interesse sind zeitstetige Ereignisanalysen für ein Merkmal X, das nur zwei Zustände x_1 und x_2 annehmen kann. Man bezeichnet diesen Spezialfall auch als Lebensdaueranalyse, da diese statistische Methode für die Analyse der Sterblichkeit in einer Bevölkerung entwickelt wurde. Das Merkmal X kann in dieser Anwendung die beiden Merkmalsausprägungen $x_1 = 1$ (verstorben) und $X_2 = 0$ (nicht verstorben) annehmen.

Wir wollen uns im folgenden auf die Lebensdaueranalyse konzentrieren. Bei Lebensdaueranalysen wird ein **Studienende** festgelegt. Bezüglich eines Ereignisses (Ausfall der Glühlampe, Übernahme der kleinen Bank, Extraktion des Implantats) gibt es damit Einheiten, die zum Studienende noch ohne Ereignis sind. Ihre Verweildauer heißt **zensiert**. Auch die Verweildauer von Untersuchungseinheiten, die vor Studienende aus Gründen, die nicht notwendig mit der Untersuchung in Zusammenhang stehen, aus der Studie ausfallen, ist zensiert.

Ziel der Lebensdaueranalyse ist es, alle Information zu nutzen, die von jeder Einheit entsprechend ihrer tatsächlichen Verweildauer in der Studie geliefert wird. Die Verweildauer als Zusatzinformation wirkt somit gewichtend auf die Ereignisse, die bei der Kontingenztafel-Analyse lediglich gezählt werden.

Beispiel 7.9.1. Wir wollen an einem hypothetischen Beispiel die Nützlichkeit der Lebensdaueranalyse demonstrieren. Wir nehmen an, dass wir zwei Therapien A und B für eine Krankheit zur Verfügung haben. In einer Querschnittanalyse wird die folgende Tabelle der Sterblichkeit ermittelt.

	verstorben	geheilt	gesamt
A	20	80	100
B	80	20	100

Auf den ersten Blick ist Therapie A der Therapie B vorzuziehen. Hat man zusätzlich die Information, wann die Patienten nach Therapie A bzw. B verstorben sind, kann sich dieser Eindruck völlig verschieben. Nehmen wir folgenden Sachverhalt an:

	verstorben	Zeit bis zum Tod
A	20	10 Tage
B	80	1 Jahr

Dann erscheint natürlich Therapie B weniger risikoreich als Therapie A. Die grafische Darstellung würde typischerweise wie in Abbildung 7.7 aussehen.

7.9.2 Grundbegriffe der Lebensdaueranalyse

Die wesentliche Basis der Lebensdaueranalyse ist die Registrierung von Zustandswechseln zusammen mit den genauen Zeitpunkten der Zustandsänderung, so dass die Zustände entsprechend ihrer Verweildauer gewichtet werden. Die Lebensdaueranalyse untersucht die Verteilung von Lebensdauern,

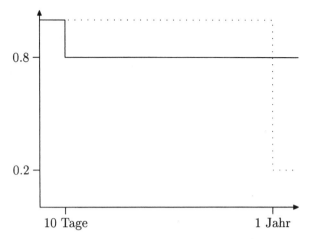

Abb. 7.7. Verläufe bei Therapie A (durchgezogene Linie) und Therapie B (gepunktete Linie)

die zwischen einem Ausgangs- und einem definierten Zielzeitpunkt beobachtet werden. Neben den Zuständen muss die Beobachtungseinheit festgelegt sein, z. B. Patient, Glühlampe, LKW-Achse, kleine Bank. Die Beobachtungseinheit kann während der Beobachtungszeit einen Zustandswechsel erfahren, wie zum Beispiel von intakt zu nicht intakt. Gemessen wird für jede Beobachtungseinheit das Zeitintervall von einem Ausgangszeitpunkt bis zum Eintreten des Zielzustands. Der interessierende Zustand wird immer diskret gemessen. Die Zeit hingegen ist stetig.

- Ausgangszeitpunkt: Eintritt der Beobachtungseinheit in die Untersuchung
- Endzeitpunkt: Austritt der Beobachtungseinheit aus der Untersuchung
- Verweildauer in einem Zustand: Zeitintervall bis zum Zustandswechsel

Der einfachste Fall mit nur zwei definierten Zuständen und damit nur einem möglichen Zustandswechsel (Ein-Episoden-Fall) – die Lebensdaueranalyse – ist auf viele Probleme anwendbar und soll deswegen hier behandelt werden. Zur Veranschaulichung wird folgendes Beispiel verwendet.

Beispiel 7.9.2. Wir untersuchen die Lebensdauer von Regionalbanken. Wir betrachten US-amerikanische Regionalbanken, die mit zwei Abwehrstrategien A bzw. B einer Übernahme durch eine Großbank entgegenwirken wollen. Die Strategien lauten

A: 90 % der Aktionäre müssen für eine Übernahme stimmen
B: Wechsel in einen anderen Eintragungsstaat (mit besserem gesetzlichen Schutz).

Ausgangszeitpunkt ist das Datum des Eintritts der jeweiligen Regionalbank in den Interessenverbund. Das Datum der letzten Rückmeldung der Bank ist in 11 Fällen identisch mit dem Eintreten des Ereignisses (Übernahme durch die Großbank). In den Fällen, in denen keine Übernahme stattfand, ist das Überleben der jeweiligen Regionalbank bis zur letzten Kontrolle erwiesen. Diese Beobachtungen sind durch das Untersuchungsende oder durch andere Gegebenheiten (Abbruch der Kontakte der Regionalbank zum Kooperationsverbund) zensiert. Die Zeit zwischen Eintritt und letztem Kontakt bzw. Übernahme wird festgehalten (Epsioden). Banken ohne Übernahme stehen nach Abschluss der Studie weiter unter Risiko. Da ihre Episoden nicht abgeschlossen wurden, sind diese Daten zensiert. Für die Banken mit Verlust der Eigenständigkeit sind die Episoden gleichzeitig die Verweildauern.

7.9.3 Empirische Hazardrate und Überlebensrate

Bei Lebensdaueranalysen sind drei Typen von Untersuchungseinheiten (z. B. Firmen, Patienten, Teilnehmer einer Umfrage etc.) zu unterscheiden: Solche, die

(i) im Studienzeitraum ein Ereignis haben,
(ii) zum Studienende nachweislich ohne Ereignis sind,
(iii) im Studienzeitraum aus der Studie ausgefallen sind (aber aus Gründen, die nicht Gegenstand der Studie waren).

Die Gruppen (ii) und (iii) heißen Untersuchungseinheiten mit zensierter Verweildauer (vgl. Abbildung 7.8).

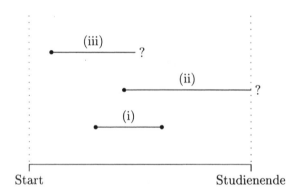

Abb. 7.8. (i) Untersuchungseinheit mit Ereignis, Zensierte Untersuchungseinheiten: (ii) Ausscheiden aus der Studie, (iii) zensiert durch Studienende

In Anlehnung an die Sterbetafel-Methode (grouped lifetable oder actuarial method), einem der klassischen Verfahren zur Analyse von Verweildauern, wird die Zeitachse in s Intervalle aufgeteilt:

$$[t_0, t_1) \,, \; [t_1, t_2) \,, \ldots, \, [t_{s-1}, t_s) \qquad (7.28)$$

wobei $t_0 = 0$ und t_s der letzte Beobachtungszeitpunkt ist. Die Intervalle müssen dabei nicht gleich lang sein.

Für die Analyse liegen folgende Informationen vor:

N = Anzahl der Untersuchungseinheiten

d_t = Anzahl der Ereignisse zum Zeitpunkt t

w_t = Anzahl der Zensierungen zum Zeitpunkt t.

Entsprechend der Intervalleinteilung wird diese Information umgeformt zu:

d_k = Anzahl der Ereignisse im k-ten Intervall

w_k = Anzahl der Zensierungen im k-ten Intervall

R_k = Anzahl der unter Risiko stehenden Einheiten zu Beginn des
       k-ten Intervalls.

Die Anzahl R_k der zu Beginn des k-ten Intervalls unter Risiko stehenden Versuchseinheiten, d. h. aller Einheiten, die zu Beginn des Intervalls weder einen Zustandswechsel hatten noch zensiert sind, berechnet sich wie folgt:

$$R_1 = N \, , \tag{7.29}$$

$$R_k = R_{k-1} - d_{k-1} - w_{k-1} \quad (k = 2, \ldots, s) \, . \tag{7.30}$$

Das empirische Risiko für ein Ereignis im k-ten Intervall – unter der Bedingung, dass es erreicht wurde – wird berechnet durch den Quotienten

$$\lambda_k = \frac{d_k}{R_k - \dfrac{w_k}{2}} \, . \tag{7.31}$$

λ_k heißt auch empirische **Hazard-Rate**.

Bezeichnen wir mit p_k die empirische Überlebensrate für das k-te Intervall (unter der Bedingung, dass das $(k-1)$-te Intervall überlebt wird), so gilt

$$p_k = 1 - \lambda_k \, . \tag{7.32}$$

Die empirische Überlebensrate für das Überleben des 1. bis k-ten Intervalls ist dann

$$S(t_k) = p_k \cdot p_{k-1} \cdot \ldots \cdot p_1 \tag{7.33}$$

$$= (1 - \lambda_k)(1 - \lambda_{k-1}) \ldots (1 - \lambda_1). \tag{7.34}$$

$S(t_k)$ heißt auch empirische **Survivorfunktion**. Dabei gilt folgende Rekursivformel

$$S(t_k) = (1 - \lambda_k) \cdot S(t_{k-1}). \tag{7.35}$$

Beispiel 7.9.3. In der Medizin wird die Gefährlichkeit einer Krankheit u. a. durch Angabe ihrer Survivorfunktion in der Bevölkerung eingeschätzt. Wir betrachten folgendes Beispiel von Patienten mit Lungenkrebs und Hautkrebs. In der Tabelle 7.13 sind die Merkmale X mit den Ausprägungen $x = 1$ für

Tabelle 7.13. Datenmatrix zum Beispiel 7.9.3

Patient-Nr.	x_i	y_i	z_i	Patient-Nr.	x_i	y_i	z_i
1	1	1	1	11	0	4	2
2	1	2	1	12	0	6	2
3	1	3	1	13	0	6	2
4	1	3	1	14	0	7	2
5	1	5	1	15	0	7	2
6	1	6	1	16	0	7	2
7	0	6	1	17	0	9	2
8	0	6	1	18	0	10	2
9	0	7	1	19	1	10	2
10	0	8	1	20	1	13	2

'Patient verstorben', $x = 0$ für 'Patient zensiert' und Y als 'Zeit in Monaten bis zum Ereignis oder bis zur Zensierung' sowie Z mit den Ausprägungen $z = 1$ für 'Lungenkrebs' bzw. $Z = 2$ für 'Hautkrebs' angegeben.

Wir bestimmen z. B. für die Gruppe mit Lungenkrebs ($z = 1$) die empirische Hazardrate:

$$\lambda_1 = \tfrac{0}{10-0/2}$$
$$\lambda_2 = \tfrac{1}{10-0/2} \qquad \lambda_6 = \tfrac{1}{6-0/2}$$
$$\lambda_3 = \tfrac{1}{9-0/2} \qquad \lambda_7 = \tfrac{1}{5-2/2}$$
$$\lambda_4 = \tfrac{2}{8-0/2} \qquad \lambda_8 = \tfrac{0}{2-1/2}$$
$$\lambda_5 = \tfrac{0}{6-0/2} \qquad \lambda_9 = \tfrac{0}{1-1/2}$$

(Intervalle: $[0,1)$, $[1,2)$, ..., $[8,9)$ Monate)

Beispiel 7.9.4. (Fortsetzung von Beispiel 7.9.2). Wir wollen die Berechnung der Survivorfunktionen anhand der in Tabelle 7.14 angegebenen Werte demonstrieren. Wir betrachten Strategie A und wählen z. B. das dritte Intervall, d. h. den Zeitraum [12 Monate, 18 Monate). Für Strategie A haben wir im ersten Intervall $d_1^A = 3$ Ereignisse und $w_1^A = 0$ Zensierungen, im zweiten Intervall sind $d_2^A = 0$ und $w_2^A = 0$. Damit stehen zu Beginn des dritten Intervalls $R_3^A = 11$ Einheiten (Regionalbanken mit Strategie A) unter Risiko. Die empirische Hazard-Rate für das dritte Intervall ist nach (7.31)

$$\lambda_3^A = \frac{d_3^A}{R_3^A - w_3^A/2} = \frac{1}{11 - 1/2} = 0.0952 \,.$$

Somit ist die empirische Überlebensrate für das dritte Intervall (vgl. (7.32)), nachdem es bereits erreicht wurde:

$$p_3^A = 1 - \lambda_3^A = 0.9048 \,.$$

Für die Intervalle 1 und 2 erhalten wir jeweils $\lambda_k^A = 0$ bzw. $p_k^A = 1$, da hier keine Ereignisse vorliegen, d. h. in diesen beiden Intervallen keine Banken mit Strategie A übernommen wurden. Die empirische Überlebensrate für das

Überleben des dritten Intervalls unter der Bedingung, dass das erste und das zweite Intervall überlebt wurden, ist dann (vgl. (7.35))

$$S^A(3. \text{ Intervall}) = p_3^A \cdot S^A(2. \text{ Intervall})$$
$$= 0.9048 \cdot 1 \cdot 1 = 0.9048$$

Tabelle 7.14. 'Überlebensdaten' von 26 amerikanischen Regionalbanken in Halbjahresintervallen

Nr.	Strategie	Dauer	Zensiert	Nr.	Strategie	Dauer	Zensiert
1	A	1	1	14	B	5	1
2	A	1	1	15	B	5	0
3	A	1	1	16	A	5	1
4	B	1	1	17	B	6	0
5	B	1	0	18	B	6	0
6	B	1	1	19	B	6	0
7	A	3	1	20	A	6	0
8	B	3	1	21	A	7	0
9	A	3	0	22	B	7	0
10	A	4	0	23	A	7	1
11	B	4	0	24	A	8	0
12	A	4	1	25	B	8	0
13	A	5	0	26	A	8	0

Die grafische Darstellung der empirischen Survivorfunktionen in Abbildung 7.9 vermittelt einen Eindruck vom zeitlichen Verlauf der Überlebensraten. Von besonderem Interesse sind solche Grafiken, wenn zwei oder mehr Gruppen gleichzeitig dargestellt werden. Es ist zu ersehen, dass Strategie B ein längeres 'Überleben' sichert, Strategie B ist also 'risikosenkend'.

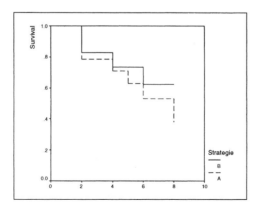

Abb. 7.9. Empirische Survivorfunktionen der 26 Banken mit Strategie A oder Strategie B

7.10 Aufgaben und Kontrollfragen

Aufgabe 7.1: Gegeben sind folgende Preismesszahlen (einfache Indizes für die Einfuhr von Rohöl zur Basis 1981):

Jahr	1981	1982	1983	1984	1985	1986	1987	1988	1989	1990
Preismesszahl	1.00	0.99	0.93	1.01	1.02	0.44	0.40	0.34	0.43	0.47

Berechnen Sie die entsprechenden Preismesszahlen zur Basis 1985.

Aufgabe 7.2: Ein Unternehmen produziert drei Güter A, B und C. Über die Verkaufspreise und -mengen sind folgende Angaben bekannt:

Gut	A	B	C
Umsatzanteile im Jahr 1980	10 %	30 %	60 %
Preismesszahlen für 1985 in %	120	130	150

Berechnen Sie den Preisindex nach Laspeyres (Basisjahr 1980, Berichtsjahr 1985).

Aufgabe 7.3: Der Preisindex nach Laspeyres für den Korb „Wohnungsmieten und Energie" kann aus den Subindizes für Wohnungsmieten und Energie errechnet werden. Der Ausgabenanteil für Wohnungen lag im Basisjahr 1985 bei 71 %. Der Subindex für Wohnungsmieten zur Basis 1985 für 1991 beträgt 117.3 %. Der Preisindex für Wohnungsmieten und Energie für 1991 zur Basis 1985 beträgt 109.7 %.
Wie ändert sich der Gesamtindex für Wohnungsmieten und Energie, wenn der Ausgabenanteil für Wohnungsmieten im Basisjahr 1985 nur 50 % betragen würde?

Aufgabe 7.4: Ein Geschäft vertreibt Bücher und (bis zum Jahr 1988) Schallplatten. Der Umsatzanteil des Schallplattenverkaufs betrug im Jahr 1985 80 %. Von 1985 bis 1988 stiegen die Preise für Bücher um 10 % und für Schallplatten um 5 % an.

a) Die Preisentwicklung von 1985 auf 1988 soll für das gesamte Warensortiment aus Büchern und Schallplatten mit Hilfe eines Preisindex quantifiziert werden. Welche Versionen von Preisindizes können mit den obigen Angaben berechnet werden? Führen Sie die Rechnung durch.

b) Im Jahr 1988 betrug der (durchschnittliche) Preis einer verkauften Schallplatte 21 DM. Im selben Jahr stellt das Geschäft den Verkauf von Schallplatten jedoch zugunsten von CDs ein. Die (durchschnittlichen) Preise für CDs betrugen in den Jahren 1988 bis 1990: 28 DM, 24 DM und 32 DM. Die Preise für Bücher blieben in diesen Jahren stabil. Berechnen Sie für die Jahre 1989 und 1990 jeweils den Preisindex des veränderten Warensortiments zum Basisjahr 1985.

Aufgabe 7.5: Ein an Statistik interessierter Schokoladenfan notiert sich über drei Wochen hinweg, wieviele Tafeln (zu je 100 g) der Marke „weiß" bzw. „lila" er konsumiert:

	Woche 1	Woche 2	Woche 3
„weiß"	2	3	4
„lila"	6	3	5

Die Preise je Tafel betragen 49 Pfennig für „weiß" bzw. 79 Pfennig für „lila" und bleiben in den drei Wochen konstant. Der Schokoladenfan möchte einen Mengenindex für seinen Schokoladenkonsum zur Basiswoche 1 berechnen.

a) Berechnen Sie den Mengenindex nach Laspeyres für die Wochen 2 und 3.
b) Unterscheiden sich die Werte von Laspeyres- und Paasche-Index in diesem Beispiel? Begründen Sie Ihre Antwort.
c) Zu welchem Ergebnis kommen Sie unter b), wenn Sie die Preisindizes vergleichen? Begründen Sie Ihre Antwort.

Aufgabe 7.6: Im Jahr 1965 wurden für Rindfleisch, Kartoffeln und Brot folgende Durchschnittspreise notiert:

Rindfleisch (1 kg)	Kartoffeln (5 kg)	Brot (1 kg)
6.50 DM	1.85 DM	1.00 DM

Im Durchschnitt verbrauchte 1965 jeder Bürger 22 kg Rindfleisch, 120 kg Kartoffeln und 66 kg Brot.

a) Im Jahr 1975 ergaben sich folgende Durchschnittspreise

Rindfleisch (1 kg)	Kartoffeln (5 kg)	Brot (1 kg)
8.30 DM	3.30 DM	2.00 DM

Berechnen Sie einen geeigneten Preisindex für diesen Warenkorb zur Basis 1965.
b) Im Jahr 1985 kosten Schweineschnitzel, Kartoffeln und Brot im Durchschnitt

Schweineschnitzel (1 kg)	Kartoffeln (5 kg)	Brot (1 kg)
30.00 DM	4.50 DM	3.00 DM

Berechnen Sie den Preisindex für diesen Warenkorb zur Basis 1965, wenn 1975 1 kg Schweineschnitzel 25.00 DM gekostet hat.
c) Berechnen Sie den passenden Preisindex, wenn Sie berücksichtigen, dass 1985 je Bürger 20 kg Schweineschnitzel, 90 kg Kartoffeln und 58 kg Brot verbraucht wurden. Vergleichen Sie das Ergebnis mit dem aus b).

Aufgabe 7.7: In einem Betrieb liege folgende Umsatzentwicklung vor:

t	0	1	2	3	4	5
q_t	100	150	300	400		
Q_t	1					

a) Bestimmen Sie die Umsatzindizes.

b) Zum Zeitpunkt 4 liege eine Steigerung der Indexzahl gegenüber Zeitpunkt 3 um 10 %, zum Zeitpunkt 5 eine Senkung um 10 % gegenüber Zeitpunkt 4 vor. Ist damit zum Zeitpunkt 5 der Zustand zum Zeitpunkt 3 wiederhergestellt?

Aufgabe 7.8: Ein Student der Philosophie jobbt nebenbei als Taxifahrer. Er möchte einen Preisvergleich und auch einen Mengenvergleich der wichtigsten Waren seines täglichen Bedarfs über die letzten 5 Jahre hinweg anzustellen, um zu sehen wie sich der 'Wert' seines über die Jahre gleich gebliebenen Nebeneinkommens entwickelt. Er stellt folgende Liste mit den wichtigsten Waren seines täglichen Bedarfs und ihrer Preise auf.

	Menge im Juli 1992	Menge im Juli 1997	Preis 1992 in DM je Mengeneinheit	Preis 1997 in DM je Mengeneinheit
Miete (warm)	1	1	560.—	580.—
Benzin in l	120	200	1.40	1.10
Bier in l	32	46	1.30	1.60
Zeitschriften (Zahl)	10	16	8.—	5.—
Brot in kg	8	4	1.80	3.20
Fleisch/Wurst (kg)	7	5	13.80	15.80
Obst/Gemüse (kg)	14	9	1.70	2.40
Zigarettenschachteln	30	10	4.—	5.—

Führen Sie einen Preis- und Mengenvergleich durch. Verwenden Sie für ihre Berechnungen die Strukturen von 1997 und kommentieren Sie die Ergebnisse.

Aufgabe 7.9: Familie Prollmann beschließt im Jahr 1999, die Entscheidung über ihr Urlaubsgebiet auch anhand von Reisegeldparitäten zu treffen. Dies sind Preisvergleiche von Urlaubsländern – eine besondere Form von Kaufkraftparitäten. Die Familienmitglieder stellen ihren Urlaubswarenkorb (für 7 Tage und 4 Personen) mit fünf repräsentativen Gütern und Dienstleistungen zusammen. Anschließend ermitteln sie die Preise dieser Güter und Dienstleistungen für die beiden Urlaubsgebiete. Die folgende Tabelle enthält neben diesen Informationen außerdem die Preise der Güter und Dienstleistungen des Warenkorbs am Heimatort der Familie.

Gut	Menge in jeweiligen Einheiten	Preis je Mengeneinheit		
		Italien (in Lit)	Frankreich (in FF)	Heimatort (in DM)
Wiener Schnitzel (Stück)	28	22 000	55.00	10.00
Deutsches Bier (0.5 l)	56	2 000	5.00	0.70
Postkarte incl. Porto (Stück)	12	800	3.50	1.10
Folkloreveranstaltung (Anzahl)	1	90 000	500.00	100.00
Unterkunft im Hotel (Anzahl)	1	2 000 000	8 500.00	2 700.00

a) Berechnen Sie die Kosten des Urlaubswarenkorbs am Heimatort sowie in den beiden Urlaubsländern. Welche Informationen erhält man, wenn man die Kosten für jeweils zwei Länder zueinander in Beziehung setzt?

b) Für welches Urlaubsland wird sich die Familie entscheiden, wenn 1 000 italienische Lire 1.40 DM und 100 französische Francs 33 DM kosten?

Lösungen zu den Übungsaufgaben

Vorbemerkungen

Wir stellen im Folgenden mögliche Lösungswege zu den Übungsaufgaben dieses Buches vor. Gibt es mehrere Lösungswege, so beschränken wir uns auf einen. Zu den theoretischen Aufgaben, die dem Leser zur Kontrolle des Stoffs dienen sollen, werden im allgemeinen keine Lösungen angegeben. Der Leser sei hierzu auf das entsprechende Kapitel verwiesen. Bei der Lösung der Übungsaufgaben geben wir die zugrundeliegende Formel nur durch die entsprechende Gleichungsnummer an. Sind in einem Lösungsweg Zwischenergebnisse angegeben, so sollen diese dem Leser zur Kontrolle dienen. Es wird jedoch nicht immer mit den gerundeten Zwischenergebnissen weitergerechnet, sondern häufig mit dem exakten Wert.

Lösung zu Aufgabe 1.1:

a) Die Grundgesamtheit besteht aus allen Mitarbeitern des Unternehmens. Dazu zählen Angestellte, Arbeiter, Aushilfskräfte. Jeder einzelne Mitarbeiter ist eine Untersuchungseinheit.
b) Die Grundgesamtheit besteht aus allen Studenten, die an der Klausur teilgenommen haben. Der einzelne Student ist die Untersuchungseinheit.
c) Zur Grundgesamtheit zählen alle Personen im Untersuchungsgebiet (Stadt, Landkreis, Bundesland, ...), die an Bluthochdruck leiden. Die einzelne Person ist dann die Untersuchungseinheit. Es wird in der Regel keine Vollerhebung sondern nur eine Stichprobenerhebung durchgeführt.

Lösung zu Aufgabe 1.3:

a) Bewegungsmasse
b) Bestandsmasse
c) Bewegungsmasse
d) Bewegungsmasse
e) Bestandsmasse

Lösung zu Aufgabe 1.5:

a) nominalskaliert, mögliche Ausprägungen sind 'blau', 'braun', und 'sonstige'.
b) metrisch skaliert (Verhältnisskala), die Ausprägungen werden in Zeiteinheiten (min., Std., Tage) gemessen, der natürliche Nullpunkt ist der Produktionsbeginn;
c) metrisch skaliert (Verhältnisskala), die Ausprägungen werden in Jahren gemessen, der natürliche Nullpunkt ist die Geburt;
d) metrisch skaliert (Intervallskala), die Ausprägungen werden in Jahren gemessen, das Jahr Null (Geburt Christi) ist kein natürlicher Nullpunkt;
e) metrisch skaliert. Da EUR keine natürliche Einheit ist, liegt eine Verhältnisskala vor.
f) nominal skaliert, da die Ziffern nur als Zeichen bzw. Identifikationsnummer zu interpretieren sind;
g) metrisch skaliert. Da cm keine natürliche Einheit ist, liegt eine Verhältnisskala vor.
h) ordinalskaliert, da die Platzierungen nur eine Rangordnung angeben;
i) metrisch skaliert (Verhältnisskala), da kg keine natürliche Einheit sind;
j) ordinalskaliert, da die Schwierigkeitsgrade nur eine Reihenfolge erstellen;
k) ordinalskaliert, falls die Ausprägungen die Windstärken 0, 1, 2, ... (in Beaufort) sind; Das Merkmal ist verhältnisskaliert, falls die Windgeschwindigkeit in m/s gemessen wird.

Lösung zu Aufgabe 1.6:

Verkehrsmittel ist ein qualitatives, diskretes Merkmal, das auf einer Nominalskala gemessen wird.

Fahrzeit ist ein quantitatives, metrisch skaliertes Merkmal, das in Minuten und damit diskret gemessen wird. Gibt es sehr viele Ausprägungen, so kann die Fahrzeit auch als (quasi-)stetiges Merkmal aufgefasst werden. Gemessen wird die Fahrzeit auf einer Verhältnisskala.

Studienfach ist wieder ein qualitatives nominalskaliertes Merkmal.

Studienordnung ist ebenfalls ein qualitatives, nominalskaliertes Merkmal. Hierbei ist das Besondere, dass die Merkmalsausprägung für alle Studenten, die nicht BWL oder VWL studieren, automatisch 'fehlend' ist, da für diese Studenten das Merkmal nicht erhoben werden kann, da die Unterscheidung in alte und neue Prüfungsordnung nur für BWL und VWL existiert.

Anzahl der Versuche ist ein quantitatives, metrisch skaliertes, diskretes Merkmal. Da die Anzahl eine natürliche Einheit ist, wird das Merkmal auf einer Absolutskala gemessen.

Studienbeginn stellt eine Sonderform dar. Es handelt sich hierbei um zwei Merkmale. Erstens das qualitative, nominalskalierte Merkmal 'Semester' (Sommersemester oder Wintersemester) und zweitens das Jahr des Studienbeginns, das ein quantitatives, metrisch skaliertes Merkmal ist, welches auf einer Intervallskala gemessen wird. Die Kombination beider Merkmale zu Ausprägungen der Form 'April 1996' für 'Sommersemester' und '1996', bzw. 'Oktober 1996' ('Wintersemester', '1996') ergibt ein intervallskaliertes Merkmal.

Semesterwochenstunden ist ein quantitatives, metrisch skaliertes, diskretes Merkmal. Analog zur Fahrzeit kann auch die Anzahl der Semesterwochenstunden als (quasi-)stetig aufgefasst werden. Gemessen wird auf einer Absolutskala, da die Anzahl eine natürliche Einheit ist.

Mathematische Vorkenntnisse ist ein qualitatives, ordinalskaliertes Merkmal in dem Sinne, dass die einzelnen Ausprägungen einer Rangordnung unterliegen, wenn man davon ausgeht, dass der Lehrplan im 'Leistungskurs Mathematik' den Lehrplan im 'Grundkurs Mathematik' einschließt und die 'Vorlesung Mathematik' noch umfangreicher ist.

Bafög-Empfänger und *Nebenbei jobben* sind qualitative, nominalskalierte Merkmale. Da nur zwei Merkmalsausprägungen vorkommen, werden diese Merkmale auch als **binäre** Merkmale bezeichnet.

Monatliche Kaltmiete ist ein quantitatives, metrisch skaliertes, stetiges Merkmal, das auf einer Verhältnisskala gemessen wird.

Geschlecht ist ein qualitatives, nominalskaliertes Merkmal mit zwei möglichen Ausprägungen, also ein binäres Merkmal.

Familienstand ist ein qualitatives, nominalskaliertes Merkmal.

Alter, Körpergröße und *Körpergewicht* sind quantitative, metrisch skalierte, diskrete Merkmale. Da bei allen drei Merkmalen jedoch sehr viele Merkmalsausprägungen vorkommen, können wir diese Merkmale auch als (quasi-)stetig auffassen. Alle drei Merkmale sind verhältnisskaliert.

Lösung zu Aufgabe 1.9:

a) Die Mitarbeiterzufriedenheit könnte anhand einer Befragung erhoben werden. Mögliche Merkmale für die Zufriedenheit wären 'Verhältnis zu den Kollegen', 'Verhältnis zu Vorgesetzten', 'persönliche Einschätzung der Zufriedenheit'. Dies sind alles ordinale Merkmale, die auf einer entsprechenden Skala zu messen wären. Um diese Antworten sinnvoll einschätzen zu können, müssen die Untersuchungseinheiten (Mitarbeiter) auch möglichst gut charakterisiert werden. Neben allgemeinen demografischen Merkmalen wie 'Alter', 'Geschlecht', … sind daher Merkmale wie 'Abteilung', 'Position', 'Gehalt' 'Dauer der Zugehörigkeit zum Unternehmen', … wichtig.

b) Die Untersuchung des Einflusses von Bewässerung und Düngung auf den Ertrag verschiedener Getreidesorten ist ein klassisches Beispiel für ein Experiment. Zunächst muss geklärt werden, welche Bewässerungsmengen und welche Düngearten und -mengen in Frage kommen. Darauf basierend ist ein Versuchsplan zu erstellen, der Kombinationen Bewässerung/Düngung festlegt. Diese festgelegten Wertekombinationen werden dann in dem Experiment erprobt und der so gewonnene Ertrag wird festgehalten.

c) Die Eignung von Spielgeräten für Kleinkinder könnte durch eine Beobachtung geprüft werden. Während die Kinder die Spielsachen benutzen, werden Merkmale wie 'Greifbarkeit der Gegenstände', 'Handhabung durch das Kind', 'Gefahren beim Umgang mit den Gegenständen', 'Welche Spielsachen sind interessanter' erhoben. Um die Ergebnisse einschätzen zu können, sind wiederum Merkmale wie 'Alter', 'soziales Umfeld', 'Geschlecht', 'Körpergröße', …, die die Untersuchungseinheiten charakterisieren, wichtig.

d) Als Erhebungstechnik bietet sich eine Befragung von Personalchefs an, wobei evtl. auch auf Sekundärerhebungen zurückgegriffen werden muss. Die Arbeitsmarktsituation lässt sich durch Merkmale wie 'Anzahl offener Stellen', 'Anzahl der Bewerber je Stelle', 'wichtige Einstellungskriterien', … beschreiben. Wichtige Einstellungskriterien wären beispielsweise 'Auslandserfahrung', 'Fremdsprachenkenntnisse', 'EDV-Kenntnisse', … Darüber hinaus sind auch demografische Merkmale wichtig.

e) Die Konjunktursituation könnte durch eine Befragung von Kleinbetrieben erhoben werden. Wichtige Merkmale sind 'Einschätzung der Konjunktur durch die Kleinbetriebe', 'Auftragslage', 'Gewinnspanne'. Die Charakterisierung der Untersuchungseinheiten kann durch 'Branche', 'Beschäftigtenzahl', 'Umsatz', … erfolgen.

Lösung zu Aufgabe 1.10: Wir kodieren die Merkmalsausprägungen der qualitativen Merkmale wie in Tabelle L.1 angegeben.

SPSS behandelt fehlende Einträge in der Datenmatrix automatisch als sogenannte 'System-Missing'-Werte. Daher ist in diesem Fall keine spezielle Kodierung notwendig. Die Ausprägungen der nominalen und ordinalen Merkmale werden entsprechend der Reihenfolge im Fragebogen beginnend mit '1'

Tabelle L.1. Kodierliste

Merkmal	Merkmalsausprägung	Kodierung
Verkehrsmittel	Deutsche Bahn	1
	öffentlicher Nahverkehr	2
	Pkw, Motorrad, Mofa	3
	Fahrrad	4
	anderes	5
Studienfach	BWL	1
	VWL	2
	anderes	3
Prüfungsordnung	APO	1
	NPO	2
Studienbeginn (Semester)	Wintersemester	1
	Sommersemester	2
Math. Vorkenntnisse	kein Vorwissen	1
	Grundkurs Mathematik	2
	Leistungskurs Mathematik	3
	Vorlesung Mathematik	4
Bafög-Empfänger	ja	1
	nein	2
Nebenbei jobben	ja	1
	nein	2
Geschlecht	weiblich	1
	männlich	2
Familienstand	ledig	1
	verheiratet	2
	geschieden	3
	verwitwet	4

fortlaufend kodiert. Eine besondere Rolle kommt dem Merkmal 'Prüfungsordnung' zu. Da diese Frage nur von BWL- und VWL-Studenten beantwortet werden kann, haben alle anderen Untersuchungseinheiten hier keine Merkmalsausprägung. Diese 'fehlend'-Ausprägung ist jedoch nicht mit einer 'fehlend'-Ausprägung gleichzusetzen, falls ein BWL-Student die Frage nicht beantwortet hat. Daher sollte diese Ausprägung auch eine spezielle Kodierung, z. B. die '−1' erhalten.

Lösung zu Aufgabe 2.2:

a) Das Merkmal X 'Punkte' ist quantitativ diskret. Daher ist ein Stab- oder Balkendiagramm die geeignete Darstellung, da die Ordnung des Merkmals berücksichtigt werden kann. Abbildung L.1 zeigt ein mit SPSS erzeugtes Balkendiagramm. SPSS zeigt dabei nur die Balken mit einer absoluten Häufigkeit größer als Null an.

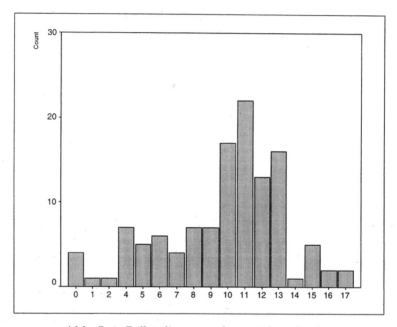

Abb. L.1. Balkendiagramm der erreichten Punkte

b) Es ist $n = \sum_{j=1}^{18} n_j = 120$. Wir berechnen mit (2.2) die relativen Häufigkeiten und erhalten mit (2.3) die empirische Verteilungsfunktion $F(x)$ an den Stellen a_j wie in Tabelle L.2 angegeben.
Abbildung L.2 zeigt die Darstellung der Verteilungsfunktion mit SPSS. Die Spalte 'Cumulative Percent' gibt die Werte an. Dabei ist zu beachten, dass Merkmalsausprägungen a_j, die nicht beobachtet wurden, in der Tabelle nicht erscheinen. Es ist z. B. $F(3) = F(2) = 0.05$ (5 %).
Da das Merkmal 'Punkte' diskret ist, ist die empirische Verteilungsfunktion eine Treppenfunktion. Abbildung L.3 stellt die Treppenfunktion dar. Eine entsprechende Darstellung in SPSS gibt es nicht.

c) Die Klausur ist nicht bestanden, falls weniger als fünf Punkte erreicht werden. Damit erhalten wir

$$H(x < 5) = H(x \leq 4) = F(4) = \frac{13}{120} = 0.108 \, .$$

Tabelle L.2. Berechnung der empirischen Verteilungsfunktion des Merkmals 'Punkte'

a_j	0	1	2	3	4	5	6	7
$f(a_j)$	4/120	1/120	1/120	0	7/120	5/120	6/120	4/120
$F(a_j)$	4/120	5/120	6/120	6/120	13/120	18/120	24/120	28/120

a_j	8	9	10	11	12	13	14
$f(a_j)$	7/120	7/120	17/120	22/120	13/120	16/120	1/120
$F(a_j)$	35/120	42/120	59/120	81/120	94/120	110/120	111/120

a_j	15	16	17	18
$f(a_j)$	5/120	2/120	2/120	0
$F(a_j)$	116/120	118/120	120/120	120/120

PUNKTE

		Frequency	Percent	Valid Percent	Cumulative Percent
Valid	0	4	3.3	3.3	3.3
	1	1	.8	.8	4.2
	2	1	.8	.8	5.0
	4	7	5.8	5.8	10.8
	5	5	4.2	4.2	15.0
	6	6	5.0	5.0	20.0
	7	4	3.3	3.3	23.3
	8	7	5.8	5.8	29.2
	9	7	5.8	5.8	35.0
	10	17	14.2	14.2	49.2
	11	22	18.3	18.3	67.5
	12	13	10.8	10.8	78.3
	13	16	13.3	13.3	91.7
	14	1	.8	.8	92.5
	15	5	4.2	4.2	96.7
	16	2	1.7	1.7	98.3
	17	2	1.7	1.7	100.0
	Total	120	100.0	100.0	
Total		120	100.0		

Abb. L.2. SPSS-Listing der empirischen Verteilungsfunktion

Lösung zu Aufgabe 2.4:

a) Wir erstellen die folgende Arbeitstabelle zur Berechnung der Verteilungsfunktion. Dabei sind die Grenzen e_j die vorgegebenen Intervallgrenzen des gruppierten Monatseinkommens und die n_j die Anzahl der Haushalte mit dem jeweiligen Monatseinkommen.

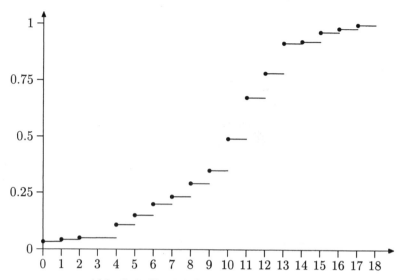

Abb. L.3. Empirische Verteilungsfunktion

j	e_{j-1}	e_j	n_j	f_j	$F(e_j)$
1	0	1 200	4 500	0.204	0.204
2	1 200	1 800	5 200	0.235	0.439
3	1 800	3 000	5 000	0.226	0.665
4	3 000	5 000	2 700	0.122	0.787
5	5 000	10 000	3 400	0.154	0.941
6	10 000		1 300	0.059	1.000
$\sum$			22 100		

Wir nehmen an, dass die Merkmalsausprägungen innerhalb einer Klasse gleichverteilt sind. Abbildung L.4 stellt den Polygonzug dar. Da die Klasse 6 offen ist, ist hier die Verteilungsfunktion nicht eindeutig definiert. Wir haben daher den Polygonzug nur bis $(10\,000, 0.941)$ gezeichnet.

b) Die gesuchten Anteile der Haushalte berechnen sich wie folgt:

$$H(X \leq 1\,500) = F(1\,500)$$
$$= \left(f_1 + \frac{1\,500 - 1\,200}{600} f_2 \right)$$
$$= 0.204 + \frac{1}{2} \cdot 0.235 = 0.322 \,,$$

$$H(X > 5\,400) = 1 - H(X \leq 5\,400) = 1 - F(5\,400)$$
$$= 1 - \left(F(5\,000) + \frac{5\,400 - 5\,000}{5\,000} f_5 \right)$$
$$= 1 - (0.787 + 0.08 \cdot 0.154) = 0.201 \,,$$

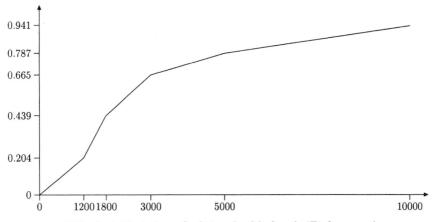

Abb. L.4. Verteilungsfunktion des Merkmals 'Einkommen'

$$H(1\,500 \le X \le 3\,500) = H(X \le 3\,500) - H(X < 1\,500)$$
$$= F(3\,500) - F(1\,500)$$
$$= \left(F(3\,000) + \frac{3\,500 - 3\,000}{2\,000}f_4\right) - 0.322$$
$$= 0.665 + 0.0305 - 0.322 = 0.374 \,.$$

Lösung zu Aufgabe 2.5:

a) Wir erstellen die Arbeitstabelle zur Berechnung der absoluten Häufigkeiten n_j aus den gegebenen Werten der empirischen Verteilungsfunktion $F(x)$. Aus den Differenzen der Werte der empirischen Verteilungsfunktion erhalten wir die relativen Häufigkeiten f_j der einzelnen Klassen. Die Multiplikation mit dem Gesamtumfang der Erhebung $n = 200$ ergibt die absoluten Häufigkeiten n_j.

Klasse	e_{j-1}	e_j	$F(e_j)$	f_j	n_j
1	0	2	0.25	0.25	50
2	2	4	0.65	0.40	80
3	4	8	0.75	0.10	20
4	8	12	0.95	0.20	40
5	12	20	1.00	0.05	10
$\sum$					200

b) Wir berechnen

$$H(x \ge 9) = 1 - H(x \le 8) = 1 - F(8)$$
$$= 1 - \left(\sum_{j=1}^{3} f_j + \frac{9-8}{4}f_4\right)$$
$$= 1 - \left(0.75 + \frac{1}{4} \cdot 0.2\right) = 0.2 \,,$$

d. h. 20% der Personen haben mindestens 9 Pfund abgenommen.

c) Es ist

$$H(2 \leq x \leq 6) = H(x \leq 6) - H(X < 2) = F(6) - F(2)$$

$$= \left(\sum_{j=1}^{2} f_j + \frac{6-4}{4} 0.1 \right) - 0.25$$

$$= 0.65 + 0.05 - 0.25 = 0.45\,,$$

d. h. 45% der Personen haben zwischen 2 und 6 Pfund abgenommen.

Lösung zu Aufgabe 2.6:

a) Das Diagramm ist ein Histogramm. Da die Fläche und nicht die Höhe proportional zur relativen Häufigkeit ist, gibt die Höhe allein keinen Hinweis auf die relative Häufigkeit der Dauer von Gesprächen. Bei gleicher Klassenbreite $(d_i = d_j)$ ist aber $h_i/h_j = f_i/f_j$. Hier betrifft das die ersten fünf Klassen.

b) Die Klasse der größten Häufigkeit ist die Klasse mit Gesprächen einer Dauer von 0 bis 1.5 Minuten ($= 90$ Sekunden). Der alte Preis für ein Gespräch aus dieser Klasse betrug 23 Pfennig, der neue Preis beträgt 12 Pfennig. Die relative Preisänderung beträgt damit

$$\frac{12 - 23}{23} 100\% = -\frac{11}{23} 100\% = -47.8\%$$

Das heißt, es ist eine Preissenkung um etwa 48% für diese Gespräche eingetreten.

Lösung zu Aufgabe 2.7:

a) Das Merkmal 'Unternehmensart' ist nominalskaliert. Mögliche grafische Darstellungen sind also Kreis- oder Balkendiagramm. Der Umsatz ist ein quantitativ stetiges, also metrisch skaliertes Merkmal, die geeignete Darstellungsform ist das Histogramm. Das Merkmal 'Einschätzung 1997' ist ordinalskaliert und sollte deshalb durch ein Balkendiagramm dargestellt werden, da hier die Ordnung in der Grafik erhalten bleibt.

b) Wir erstellen die folgende Arbeitstabelle:

Klasse	e_{j-1}	e_j	n_j	f_j	$F(e_j)$
1	0	500	3	0.3	0.3
2	500	1 000	5	0.5	0.8
3	1 000		2	0.2	
$\sum$			10	1.0	

Wir erhalten für die gesuchte Klasse

$$H(400 < x \leq 600) = H(x \leq 600) - H(X \leq 400) = F(600) - F(400)$$

$$= \left(f_1 + \frac{600 - 500}{500} 0.5 \right) - \frac{400 - 0}{500} 0.3$$

$$= 0.3 + 0.1 - 0.24 = 0.16\,.$$

Bei Verwendung der Originaldaten erhalten wir einen Anteil von 0.4. Die Annahme der Gleichverteilung innerhalb der Klassen widerspricht in dieser Situation also den tatsächlichen Beobachtungen.

Lösung zu Aufgabe 2.8: Es gilt $f_j = h_j \cdot d_j$. Aus den gegebenen Rechteckshöhen h_j und den aus $e_j - e_{j-1}$ ermittelten d_j berechnen wir die relativen Häufigkeiten f_j. Durch Multiplikation mit dem Umfang der Erhebung $n = 100$ erhalten wir die absoluten Häufigkeiten n_j:

j	e_{j-1}	e_j	h_j	d_j	f_j	n_j
1	0	0.5	1.28	0.5	0.64	64
2	0.5	1.0	0.32	0.5	0.16	16
3	1.0	3.0	0.08	2.0	0.16	16
4	3.0	7.0	0.01	4.0	0.04	4

Lösung zu Aufgabe 2.9: Abb. L.5 zeigt das Stamm-und-Blatt-Diagramm, das wir mit SPSS erhalten. Der Stamm besteht aus den 10er-Stellen 7–9, was durch 'Stem width: 10' angegeben wird. Die Einerbereiche 0–4 und 5–9 der Blätter sind zeilenweise zusammengefasst worden, so gibt z. B. der erste Stamm '7' alle Werte zwischen 70 und 74 an, der zweite Stamm '7' listet alle Werte von 75 bis 79 auf.

```
Bearbeitungszeit in Minuten Stem-and-Leaf Plot

 Frequency    Stem &  Leaf

      3.00        7 .  134
      2.00        7 .  79
      1.00        8 .  2
      3.00        8 .  789
      2.00        9 .  13
      3.00        9 .  568

 Stem width:       10
 Each leaf:         1 case(s)
```

Abb. L.5. Stamm-und-Blatt-Diagramm der Bearbeitungszeit

Lösung zu Aufgabe 2.10: Abb. L.6 zeigt das Stamm-und-Blatt-Diagramm, das wir mit SPSS erhalten. Der Stamm besteht hier aus den 10er-Stellen. Die angegebenen Ausreißer sind analog zum Box-Plot definiert (vgl. Abschnitt 3.4).

Lösung zu Aufgabe 2.11:

Verkehrsmittel ist nominalskaliert, daher ist ein Kreis- oder Balkendiagramm passend.

Fahrzeit ist metrisch skaliert, deshalb sollte ein Histogramm gewählt werden.

```
erreichte Punktzahl Stem-and-Leaf Plot

Frequency    Stem &  Leaf

    2.00 Extremes    (=<46)
    1.00        5 .  8
    3.00        6 .  399
    4.00        7 .  3578
    5.00        8 .  12444
    4.00        9 .  2478

Stem width:         10
Each leaf:       1 case(s)
```

Abb. L.6. Stamm-und-Blatt-Diagramm der Punktzahl

Studienfach ist wieder nominalskaliert: Kreis- oder Balkendiagramm.

Studienordnung ist nominalskaliert. Da jedoch nur zwei Ausprägungen vorkommen, ist eine Grafik nicht übersichtlicher als der direkte Vergleich der relativen Häufigkeiten. Daher kann man hier auch auf eine Grafik verzichten.

Anzahl der Versuche ist metrisch skaliert. Da jedoch nur wenige, diskrete Ausprägungen vorkommen, ist ein Balkendiagramm am sinnvollsten.

Studienbeginn ist zwar metrisch skaliert. Da auch hier nur wenige diskrete Ausprägungen vorliegen, erscheint ebenfalls das Balkendiagramm am sinnvollsten.

Semesterwochenstunden ist metrisch skaliert, das Histogramm ist zu wählen.

Mathematische Vorkenntnisse ist ordinalskaliert, daher ist ein Balkendiagramm passend.

Bafög-Empfänger und Nebenbei jobben sind nominalskalierte Merkmale mit jeweils nur zwei Ausprägungen. Deshalb ist die relative Häufigkeit ausreichend.

Monatliche Kaltmiete ist metrisch skaliert, daher ist das Histogramm die geeignete Darstellungsform.

Geschlecht ist nominalskaliert, binär und damit ist die Angabe der relativen Häufigkeit ausreichend.

Familienstand ist ebenfalls nominalskaliert, daher ist ein Kreis- oder Balkendiagramm zu wählen.

Alter, Körpergröße und Körpergewicht sind metrische, (quasi-)stetige Merkmale. Deshalb sind Histogramme zu erstellen.

Lösung zu Aufgabe 3.2: Das Merkmal 'Punkte' ist quantitativ diskret und wird auf einer Intervallskala gemessen, daher sind Modus, Median und arithmetisches Mittel mögliche Lagemaße. Der Modus ist $\bar{x}_M = 11$, da 11 die Merkmalsausprägung mit der größten Häufigkeit ist. Da die Verteilung jedoch nicht unimodal ist, lässt sich der Modus nicht sinnvoll interpretieren. Die Anzahl der Beobachtungen $n = 120$ ist gerade. Damit gilt für den Median mit (3.4)

$$\tilde{x}_{0.5} = \frac{1}{2}(x_{(60)} + x_{(61)}) = \frac{1}{2}(11 + 11) = 11\,.$$

Das arithmetische Mittel berechnet sich gemäß (3.10) als

$$\bar{x} = \frac{1}{120}(4 \cdot 0 + 1 \cdot 1 + \ldots + 18 \cdot 0) = \frac{1}{120} 1\,170 = 9.75\,.$$

Als Streuungsparameter können Spannweite, Quartilsabstand, Varianz und Standardabweichung berechnet werden. Mit $x_{(1)} = 0$ und $x_{(n)} = 17$ erhalten wir

$$R = 17 - 0 = 17\,.$$

Für den Quartilsabstand bestimmen wir zunächst das untere und obere Quartil gemäß (3.7) mit $\alpha = 0.25$ bzw. $\alpha = 0.75$:

$$\tilde{x}_{0.25} = \frac{1}{2}(x_{(30)} + x_{(31)}) = \frac{1}{2}(8 + 8) = 8\,,$$

$$\tilde{x}_{0.75} = \frac{1}{2}(x_{(90)} + x_{(91)}) = \frac{1}{2}(12 + 12) = 12\,.$$

Der Quartilsabstand ist damit $d_Q = 12 - 8 = 4$.
Für die Varianz gilt mit (3.29)

$$s^2 = \frac{1}{120}(4 \cdot 0^2 + 1 \cdot 1^2 + 1 \cdot 2^2 + \ldots + 2 \cdot 17^2 + 0 \cdot 18^2) - 9.75^2 = 13.42\,.$$

Daraus ergibt sich die Standardabweichung als $s = \sqrt{13.42} = 3.66$.
Abbildung L.7 zeigt den entsprechenden SPSS-Output. Da SPSS bei der Varianz mit dem Faktor $\frac{1}{n-1}$ anstatt $\frac{1}{n}$ rechnet, kommt es zu den leicht unterschiedlichen Ergebnissen bei Varianz und Standardabweichung.

Lösung zu Aufgabe 3.3: Es liegen zwei Erhebungen für Kaffeepreise in verschiedenen Währungen vor. Deshalb können die beiden Verteilungen nicht mit den üblichen Lage- und Streuungsmaßen direkt verglichen werden. Eine Möglichkeit wäre die Transformation der Kaffeepreise von DM in öS mit der linearen Transformation 7·Preis in DM = Preis in öS (bei einem angenommenem Wechselkurs von 7 öS = 1 DM). Nach dieser Transformation können die für stetige Merkmale geeigneten Lage- und Streuungsmaße verwendet werden. Zum gleichen Ergebnis bezüglich $\bar{x}$ und s kommt man aber auch, indem man aus den angegebenen Preisen $\bar{x}_{\text{München}}$ bzw. $s_{\text{München}}$ berechnet und dann $7 \cdot \bar{x}_{\text{München}}$ bzw. $7 \cdot s_{\text{München}}$ bildet. Will man die Verteilungen ohne

		PUNKTE
N	Valid	120
	Missing	0
Mean		9.75
Median		11.00
Mode		11
Std. Deviation		3.68
Variance		13.53
Range		17
Minimum		0
Maximum		17
Percentiles	25	8.00
	50	11.00
	75	12.00

Abb. L.7. Lage- und Streuungsmaße der Punkteverteilung

Transformation vergleichen, so ist der Variationskoeffizient die einzig sinn-volle Maßzahl. Dazu berechnen wir zunächst das arithmetische Mittel der Kaffeepreise in beiden Erhebungen mit (3.9)

$$\bar{x}_{\text{München}} = \frac{1}{8}(4.20 + 3.90 + \ldots + 4.00) = \frac{1}{8}31.10 = 3.89\,\text{DM}\,,$$

$$\bar{x}_{\text{Wien}} = \frac{1}{7}(28 + 32 + \ldots + 32) = \frac{1}{7}248 = 35.43\,\text{öS}$$

und die Varianzen mit (3.27)

$$s^2_{\text{München}} = \frac{1}{8}(4.20^2 + 3.90^2 + \ldots + 4.00^2) - 3.89^2 = \frac{1}{8}\,121.95 - 3.89^2 = 0.11\,,$$

$$s^2_{\text{Wien}} = \frac{1}{7}(28^2 + 32^2 + \ldots + 32^2) - 35.43^2 = \frac{1}{7}\,8\,936 - 35.43^2 = 21.29\,.$$

Die Variationskoeffizienten berechnen sich dann mit (3.40) als

$$v_{\text{München}} = \frac{\sqrt{0.11}}{3.89} = \frac{0.33}{3.89} = 0.08\,,$$

$$v_{\text{Wien}} = \frac{\sqrt{21.29}}{35.43} = \frac{4.61}{35.43} = 0.13\,.$$

Die Streuung der Wiener Kaffeepreise ist –gemessen mit dem Variationskoeffi-zienten– also wesentlich größer als die der Münchener Preise.

Lösung zu Aufgabe 3.4:

a) Bezeichne $n_{\text{M}} = 12$ die Anzahl der Praktikanten in München und $n_{\text{D}} = 10$ die Anzahl der Praktikanten in Dresden. Mit (3.9) und (3.4) berechnen wir arithmetisches Mittel und Median

$$\bar{x}_{\text{München}} = \frac{1}{12}(8 + 9.5 + \ldots + 18) = \frac{1}{12}156 = 13,$$

$$\tilde{x}_{0.5}^{\text{München}} = \frac{1}{2}(x_{(6)} + x_{(7)}) = \frac{1}{2}(13 + 14) = 13.5,$$

$$\bar{x}_{\text{Dresden}} = \frac{1}{10}(6 + 8.5 + \ldots + 15.5) = 9,$$

$$\tilde{x}_{0.5}^{\text{Dresden}} = \frac{1}{2}(x_{(5)} + x_{(6)}) = \frac{1}{2}(8 + 8.5) = 8.25.$$

Das arithmetische Mittel aller Werte berechnen wir mit (3.10) als gewichtetes Mittel der arithmetischen Mittel in beiden Erhebungen:

$$\bar{x}_{\text{ges}} = \frac{1}{22}(12 \cdot 13 + 10 \cdot 9) = 11.18.$$

b) Wir berechnen zunächst die Quartile für die beiden Erhebungen gemäß (3.7) mit $\alpha = 0.25$ bzw. $\alpha = 0.75$:

$$\tilde{x}_{0.25}^{\text{München}} = \frac{1}{2}(x_{(3)} + x_{(4)}) = \frac{1}{2}(9.5 + 9.5) = 9.5,$$

$$\tilde{x}_{0.75}^{\text{München}} = \frac{1}{2}(x_{(9)} + x_{(10)}) = \frac{1}{2}(17 + 18) = 17.5,$$

$$\tilde{x}_{0.25}^{\text{Dresden}} = x_{(3)} = 6,$$

$$\tilde{x}_{0.75}^{\text{Dresden}} = x_{(8)} = 13.$$

Abbildung L.8 stellt den Q-Q-Plot dar.

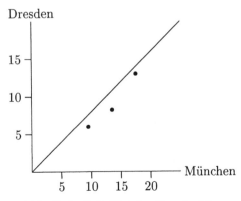

Abb. L.8. Q-Q-Plot der Stundenlöhne

Die Verteilung der Stundenlöhne in München ist gegenüber der Verteilung der Stundenlöhne in Dresden nach rechts verschoben. Die Stundenlöhne in München sind systematisch größer.

c) Die Berechnung der Standardabweichungen gemäß (3.27) ergibt

$$s^2_{\text{München}} = \frac{1}{12}(8^2 + 9.5^2 + \ldots + 18^2) - 13^2 = 30.25 \,,$$

$$s_{\text{München}} = \sqrt{s^2_{\text{München}}} = 5.5 \,,$$

$$s^2_{\text{Dresden}} = \frac{1}{10}(6^2 + 8.5^2 + \ldots + 15.5^2) - 9^2 = 36 \,,$$

$$s_{\text{Dresden}} = 6 \,.$$

Ein direkter Vergleich ist ungerechtfertigt, da die Stundenlöhne in Dresden systematisch kleiner sind. Da alle Werte ≥ 0 sind, sollte der Variationskoeffizient als geeignete Streuungsmaßzahl verwendet werden.

Lösung zu Aufgabe 3.5:

a) Unternehmensart ist ein nominalskaliertes Merkmal. Als Lagemaß ist nur der Modus sinnvoll, ein sinnvolles Streuungsmaß existiert nicht. Aus der Häufigkeitsverteilung

a_j	Gaststätten	Einzelhandel	Handwerk
n_j	3	4	3

ermitteln wir die Ausprägung 'Einzelhandel' als häufigsten Wert.
Umsatz 1996 ist ein stetiges Merkmal. Das arithmetische Mittel ist damit das gebräuchliche Lagemaß, die Standardabweichung das entsprechende Streuungsmaß.

$$\bar{x} = \frac{1}{10}(1\,050 + 800 + \ldots + 550) = 650 \,,$$

$$s^2 = \frac{1}{10}(1\,050^2 + 800^2 + \ldots + 550^2) - 650^2 = 61\,500 \,,$$

$$s = 247.99 \,.$$

Einschätzung 1997 ist ein ordinalskaliertes Merkmal. Wir können den Ausprägungen 'sehr gut', ..., 'schlecht' zwar die Zahlen '1' bis '4' zuordnen, dies dient jedoch nur der einfacheren Darstellung. Wir betrachten zunächst die Häufigkeitsverteilung

a_j	sehr gut	gut	normal	schlecht
n_j	0	2	4	4

Der Modus ist in diesem Fall nicht eindeutig definiert. Da die beiden mittleren Werte $x_{(5)}$ und $x_{(6)}$ die gleiche Ausprägung haben, ist der Median definiert ($\tilde{x}_{0.5} =$ 'normal') und das einzig berechenbare Lagemaß. Die Spannweite ist das einzig sinnvolle Streuungsmaß und es gilt $R = 4-2 = 2$. Das heißt, die Spannweite beträgt zwei Skaleneinheiten.

b) Das arithmetische Mittel aller Beobachtungen berechnet sich mit (3.10) als gewichtetes arithmetisches Mittel.

$$\bar{x}_{\text{ges}} = \frac{10}{100}650 + \frac{90}{100}700 = 695 \,.$$

Die Standardabweichung aller Beobachtungen erhalten wir mit (3.33), (3.35) und (3.36) als

$$s^2_{\text{ges}} = \frac{1}{100}\left(10(650 - 695)^2 + 90(700 - 695)^2\right)$$

$$+ \frac{1}{100}(10 \cdot 61\,500 + 90 \cdot 40\,000)$$

$$= 225 + 42\,150 = 42\,375\,,$$

$$s = 205.85\,.$$

Lösung zu Aufgabe 3.6: In Tabelle L.3 ist jeweils das gebräuchlichste Lage- und Streuungsmaß für die einzelnen Merkmale angegeben. Die Zahl der Versuche ist quantitativ diskret und damit sind arithmetisches Mittel und Standardabweichung zulässige Maßzahlen. Da jedoch nur die Werte 1, 2 und 3 vorkommen können, sind Modus, Median und Quartilsabstand ebenfalls gebräuchlich. Der Studienbeginn kann zwar als stetiges, klassiertes Merkmal aufgefasst werden, wenn wir aber die Information Sommersemester/Wintersemester und Jahr getrennt betrachten, so ist nur der Modalwert sinnvoll. Die Vorkenntnisse in Mathematik sind ordinal, es ist aber nur der Modalwert sinnvoll interpretierbar. Bafög und Nebenjob sind binäre Merkmale, es ist also allenfalls der Modalwert sinnvoll. Die Datenreduktion von der Verteilung zum Modalwert ist hier jedoch nur gering. Kaltmiete ist stetig, so dass das arithmetische Mittel und die Standardabweichung am gebräuchlichsten sind. Dies gilt auch für die Merkmale Alter, Gewicht und Körpergröße. Das Geschlecht ist binär, es ist also höchstens der Modalwert sinnvoll.

Tabelle L.3. Gebräuchliche Lage- und Streuungsmaße für die Merkmale der Studentenbefragung

Merkmal	Art	$\bar{x}_M$	$\tilde{x}_{0.5}$	$\bar{x}$	R	d_Q	s
Verkehrsmittel	nominalskaliert	×					
Fahrzeit	(quasi-)stetig				×		×
Studienfach	nominalskaliert	×					
Studienordnung	nominalskaliert	×					
Zahl der Versuche	quantitativ diskret			×			×
Studienbeginn	stetig, klassiert	×					
Semesterwochenstunden	(quasi-)stetig			×			×
Vorkenntnisse Mathematik	ordinal		×				
Bafögempfänger	binär		×				
Nebenjob	binär		×				
Kaltmiete	stetig			×			×
Geschlecht	binär		×				
Familienstand	nominal		×				
Alter	(quasi-)stetig			×			×
Körpergröße	(quasi-)stetig			×			×
Körpergewicht	(quasi-)stetig			×			×

Lösung zu Aufgabe 3.7: Wir ermitteln zunächst

$$n_B = n_{ges} - n_W - n_S = 100 - 50 - 30 = 20.$$

Auflösen von $\bar{x}_{ges}$ nach dem gesuchten $\bar{x}_B$ ergibt mit

$$\bar{x}_{ges} = \frac{1}{n_{ges}}(n_W\bar{x}_W + n_S\bar{x}_S + n_B\bar{x}_B),$$

$$\bar{x}_B = \frac{1}{n_B}(n_{ges}\bar{x}_{ges} - n_W\bar{x}_W - n_S\bar{x}_S)$$

$$= \frac{1}{20}(100 \cdot 112 - 50 \cdot 120 - 30 \cdot 100) = 110.$$

Die Ermittlung der Standardabweichung s_B geschieht nach dem gleichen Schema:

$$s_{ges}^2 = \frac{1}{n_{ges}}(n_W s_W^2 + n_S s_S^2 + n_B s_B^2)$$

$$+ \frac{1}{n_{ges}}\left(n_W(\bar{x}_W - \bar{x}_{ges})^2 + n_S(\bar{x}_S - \bar{x}_{ges})^2 + n_B(\bar{x}_B - \bar{x}_{ges})^2\right),$$

$$n_B s_B^2 = n_{ges}s_{ges}^2 - n_W s_W^2 - n_S s_S^2$$

$$- n_W(\bar{x}_W - \bar{x}_{ges})^2 - n_S(\bar{x}_S - \bar{x}_{ges})^2 - n_B(\bar{x}_B - \bar{x}_{ges})^2,$$

$$s_B^2 = \frac{1}{n_B}\left[n_{ges}s_{ges}^2 - n_W s_W^2 - n_S s_S^2\right.$$

$$\left. - n_W(\bar{x}_W - \bar{x}_{ges})^2 - n_S(\bar{x}_S - \bar{x}_{ges})^2 - n_B(\bar{x}_B - \bar{x}_{ges})^2\right]$$

$$= \frac{1}{20}\left[100 \cdot 100 - 50 \cdot 20 - 30 \cdot 30 - 50 \cdot 8^2 - 30 \cdot 12^2 - 20 \cdot 2^2\right]$$

$$= 25.$$

Es gilt also $n_B = 20$, $\bar{x}_B = 110$ und $s_B = 5$.

Lösung zu Aufgabe 3.8: Die Umsatzänderung gegenüber dem Vorjahr in % ist die Wachstumsrate. Zur Berechnung der durchschnittlichen Umsatzänderung benötigen wir zunächst die Wachstumsfaktoren x_t, die wir aus den Wachstumsraten r_t mit $x_t = r_t/100 + 1$ erhalten:

Periode t	1	2	3	4	5	6
x_t	0.97	0.98	1.02	1.10	1.18	1.12

Der durchschnittliche Wachstumsfaktor wird mit dem geometrischen Mittel (3.14) berechnet:

$$\bar{x}_G = (0.97 \cdot 0.98 \cdot 1.02 \cdot 1.10 \cdot 1.18 \cdot 1.12)^{\frac{1}{6}} = 1.06.$$

Die durchschnittliche jährliche Umsatzsteigerung beträgt damit 6%.

Lösung zu Aufgabe 3.9:

a) Aus den Mitgliedsbeständen berechnen wir zunächst die Wachstumsfaktoren $x_t = B_t / B_{t-1}$

Jahr	1988	1989	1990	1991	1992
Wachstumsfaktor x_t		1.2	1.125	1.0	0.8

Mit dem geometrischen Mittel erhalten wir für den durchschnittlichen Wachstumsfaktor

$$\bar{x}_G = (1.2 \cdot 1.125 \cdot 1.0 \cdot 0.8)^{\frac{1}{4}} = 1.02 \, .$$

Die durchschnittliche Wachstumsrate beträgt also 2%.

b) Gehen wir davon aus, dass die Fortschreibung der Mitgliederbestände B_t mit dem geometrischen Mittel möglich ist, so erhalten wir

$$B_{93} = \bar{x}_G \cdot B_{92} = 1.02 \cdot 108 = 110;$$

Lösung zu Aufgabe 3.10:

a) Aus den Wachstumsraten r_t erhalten wir wieder die Wachstumsfaktoren x_t wie in Aufgabe 3.8. Damit berechnet sich das geometrische Mittel bei Gewichtung mit den Zeiträumen als

$$\bar{x}_G = (1.12 \cdot 1.05^4 \cdot 1.01^5)^{\frac{1}{10}} = 1.036 \, .$$

Die durchschnittliche Wachstumsrate beträgt 3.6%.

b) Wir berechnen zunächst die Teilflächen

$$\text{Gebiet}_\text{I} = \frac{9\,000\,000}{150} = 60\,000 \, ,$$

$$\text{Gebiet}_\text{II} = \frac{900\,000}{10} = 90\,000 \, ,$$

$$\text{Gebiet}_\text{III} = \frac{100\,000}{2} = 50\,000 \, .$$

Für die gesamte Besiedlungsdichte erhalten wir damit

$$\text{Besiedlungsdichte} = \frac{9\,000\,000 + 900\,000 + 100\,000}{60\,000 + 90\,000 + 50\,000} = 50 \, .$$

c) Die Einwohnerzahlen 1987 berechnen sich mit den Wachstumsfaktoren x_t aus

$$B_{1994} = B_{1987} \prod_{t=1988}^{1994} x_t \, ,$$

$$B_{1987} = B_{1994} \frac{1}{\left(\prod_{t=1988}^{1994} x_t \right)} = B_{1994} \frac{1}{(1.05^2 \cdot 1.01^5)}$$

als

$$B^{\mathrm{I}}_{1987} = 9\,000.000 \cdot \frac{1}{(1.05^2 \cdot 1.01^5)} = 7\,767\,067\,,$$

$$B^{\mathrm{II}}_{1987} = 900\,000 \cdot \frac{1}{(1.05^2 \cdot 1.01^5)} = 776\,707\,,$$

$$B^{\mathrm{III}}_{1987} = 100\,000 \cdot \frac{1}{(1.05^2 \cdot 1.01^5)} = 86\,301\,.$$

Daraus erhalten wir die Besiedlungdichten

$$\text{Gebiet}_{\mathrm{I}} : \frac{7\,767\,067}{60\,000} = 129.45\,,$$

$$\text{Gebiet}_{\mathrm{II}} : \frac{776\,707}{90\,000} = 8.63\,,$$

$$\text{Gebiet}_{\mathrm{III}} : \frac{86\,301}{50\,000} = 1.73\,.$$

Diese könnten auch direkt berechnet werden, indem die Wachstumsfaktoren in obiger Weise auf die gegebenen Besiedlungsdichten von 1994 'angewendet' werden. Es ist z. B. die Besiedlungsdichte für Gebiet I in 1987

$$\frac{150}{\prod_{t=1988}^{1994} x_t} = 129.45\,.$$

Lösung zu Aufgabe 3.11: Wir verwenden zur Berechnung der Durchschnittsgeschwindigkeit das harmonische Mittel. Da die Strecken gleich sind, erhalten wir für die Gewichte w_i in (3.20) jeweils $\frac{1}{2}$, ohne ihre Länge kennen zu müssen. Dadurch ändert sich die Durchschittsgeschwindigkeit durch Verdoppelung der Entfernung von A nach B von 20 km auf 40 km nicht:

$$\bar{x}_H = \frac{1}{\frac{1/2}{30} + \frac{1/2}{60}} = 40\,\mathrm{km/h}\,.$$

Lösung zu Aufgabe 3.12: Wir berechnen zunächst den Median und die Quantile (vgl. Abbildung L.9)

	N			Percentiles		
	Valid	Missing	Median	25	50	75
Zeit in Minuten	14	0	87.50	76.25	87.50	93.50

Abb. L.9. Maßzahlen des Merkmals 'Zeit'

Unter Anwendung unserer Rechenvorschrift (vgl. die Hinweise zur anderen Verfahrensweise von SPSS) erhalten wir mit $d_Q = 93 - 77 = 16$ die Grenzen

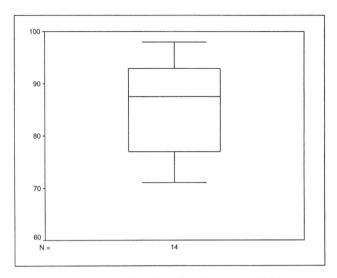

Abb. L.10. Box-Plot des Merkmals 'Zeit'

für die Einstufung der Werte als extreme Werte bzw. Ausreißer. Mit $d_Q \cdot 1.5 = 24$ und $\tilde{x}_{0.75} = 93$ erhalten wir z. B. für die obere Grenze zur Einstufung als Ausreißer den Wert $93 + 24 = 117$. Der obere Strich wird dann durch den größten beobachteten Wert bestimmt, der kleiner als 117 ist. Dies ist der Wert 98. Da dies zugleich auch der größte beobachtete Wert ist, gibt es keine Ausreißer bzw. extremen Werte (nach oben). In analoger Weise wird der untere Strich für den Wert 71 (kleinster Wert, der größer als $77 - 24 = 53$ ist) ermittelt. Auch hier gibt es keine Ausreißer oder extremen Werte. Damit erhalten wir den Box-Plot in Abbildung L.10.

Lösung zu Aufgabe 3.13: Wir berechnen zunächst den Median und die Quantile, die Ergebnisse sind in Abbildung L.11 angegeben.

Hinweis SPSS verwendet zur Berechnung der Quantile eine andere Formel als die hier im Buch angegebene.

	N			Percentiles		
	Valid	Missing	Mean	25	50	75
Sexualproportion	22	0	99.09	96.00	99.00	101.25

Abb. L.11. Maßzahlen des Merkmals 'Sexualproportion'

Damit finden wir wie in Aufgabe 3.12 die Grenzen für die Beurteilung der Werte als Ausreißer bzw. extreme Werte und erhalten damit den Box-Plot in Abbildung L.12.

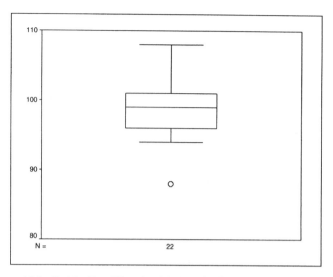

Abb. L.12. Box-Plot des Merkmals 'Sexualproportion'

Lösung zu Aufgabe 3.14:

a) Aus den Angaben berechnen wir mit (3.49) und (3.51) die Punkte $(\tilde{u}_i, \tilde{v}_i)$ der Lorenzkurve:

Klasse	n_j	f_j	$\tilde{u}_i$	$n_j a_j$	$\tilde{v}_i$
klein	5	0.5	0.5	600 000	0.2
mittel	4	0.4	0.9	1 200 000	0.6
groß	1	0.1	1.0	1 200 000	1.0
	10			3 000 000	

b) Der Ginikoeffizient berechnet sich mit (3.55) als

$$G = 1 - \frac{1}{10}\left(5(0 + 0.2) + 4(0.2 + 0.6) + 1(0.6 + 1.0)\right) = 1 - 0.58 = 0.42\,.$$

Lösung zu Aufgabe 3.15: Die oberen 28 % aller landwirtschaftlichen Betriebe besaßen 67 % der landwirtschaftlichen Fläche. Damit besaßen die unteren 72 % aller landwirtschaftlichen Betriebe 33 % der landwirtschaftlichen Fläche. Es sind also folgende Punkte der Lorenzkurve in Abbildung L.14 gegeben:

$$(u_0, v_0) = (0, 0) \qquad (u_1, v_1) = (0.72, 0.33) \qquad (u_2, v_2) = (1, 1)\,.$$

Für den Lorenz-Münzner-Koeffizienten gilt $G^+ = \frac{n}{n-1}\,G$. Da wir eine bundesweite Erhebung betrachten, können wir n als 'groß' ansehen, d. h. es gilt $G^+ \approx G$. Wir erhalten

$$G = 1 - \left(0.72 \cdot (0 + 0.33) + (1 - 0.72)(0.33 + 1)\right) = 1 - 0.61 = 0.39\,.$$

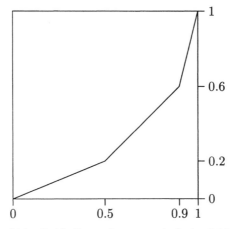

Abb. L.13. Lorenzkurve zu Aufgabe 3.14

Ist mehr Information über die Verteilung der Betriebe gegeben, so wird die Fläche zwischen der Lorenzkurve und der Diagonalen und damit der Lorenz-Münzner-Koeffizient größer. Die ursprünglich gegebene Gruppierung geht von einer Gleichverteilung innerhalb der gegebenen Gruppen aus, d. h. innerhalb der Gruppen herrscht keine Konzentration. Steht nun Information über die Verteilung innerhalb der Gruppen zur Verfügung, so beschreibt diese die Konzentration innerhalb der Gruppen, die zur bereits ermittelten Konzentration hinzukommt. Das Konzentrationsmaß wird deshalb größer.

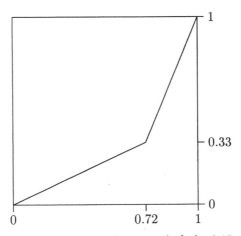

Abb. L.14. Lorenzkurve zu Aufgabe 3.15

Lösung zu Aufgabe 3.16:

a) Mit der in der Lösung zu Aufgabe 2.8 erstellten Arbeitstabelle berechnen wir mit (3.11) das arithmetische Mittel:

$$\bar{x} = 0.64 \cdot 0.25 + 0.16 \cdot 0.75 + 0.16 \cdot 2.0 + 0.04 \cdot 5.0 = 0.8$$

und mit (3.33) die Varianz

$$s_0^2 = \frac{1}{100} \left(64(0.25-0.8)^2 + 16(0.75-0.8)^2 + 16(2-0.8)^2 + 4(5-0.8)^2\right) = 1.13,$$

wobei die Varianzen innerhalb der Klassen nicht berücksichtigt werden. Es ergibt sich die Standardabweichung $s = \sqrt{1.13} = 1.063$

b) Wir erstellen die Arbeitstabelle zur Berechnung der Lorenzkurve. Aus den in Aufgabe 2.8 berechneten f_j berechnen wir die $\tilde{u}_i$. Die Umsätze der Klassen 1 und 4 (12 bzw. $0.25 \cdot 80 = 20$) sind gegeben. Ist x der Umsatz der Klasse 2, dann gilt $x + 3x = 80 - (12 + 20)$, also $x = 12$. Damit erhalten wir:

	f_j	$\tilde{u}_i$	Umsatz	$\tilde{v}_i$
1	0.64	0.64	12	0.15
2	0.16	0.80	12	0.30
3	0.16	0.96	36	0.75
4	0.04	1.00	20	1.000
$\sum$			80	

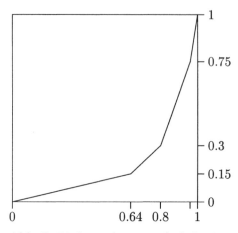

Abb. L.15. Lorenzkurve zu Aufgabe 3.16

Lösung zu Aufgabe 3.17:

a) Die Gesamtzahl n der Personen ist

$$n = 5\,\text{HH} \cdot 1\,\frac{\text{Person}}{\text{HH}} + 5\,\text{HH} \cdot 2\,\frac{\text{Person}}{\text{HH}} + 5\,\text{HH} \cdot 3\,\frac{\text{Person}}{\text{HH}} = 30\,\text{Personen}.$$

b) Damit ergeben sich die relativen Häufigkeiten:

HH-Größe	1	2	3
f_j	$\frac{5}{30}$	$\frac{5 \cdot 2}{30}$	$\frac{5 \cdot 3}{30}$

c) Wir berechnen die Wertepaare $(\tilde{u}_i, \tilde{v}_i)$ als $(\frac{1}{3}, \frac{1}{6})$, $(\frac{2}{3}, \frac{1}{2})$, $(1, 1)$ und erhalten damit die Lorenzkurve in Abbildung L.16.

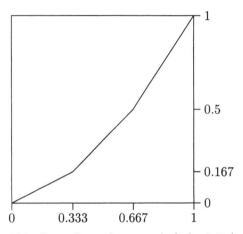

Abb. L.16. Lorenzkurve zu Aufgabe 3.17c)

d) Verteilen sich die 30 Personen gleichmäßig auf die 15 Haushalte, so erhalten wir 15 2-Personen-Haushalte. Die entsprechende Lorenzkurve ist in Abbildung L.17 dargestellt.

Lösung zu Aufgabe 3.18:

a) Wir bestimmen die $(\tilde{u}_i, \tilde{v}_i)$ als $(0.8, 0.1)$ und $(1, 1)$. Damit ergibt sich die Lorenzkurve in Abbildung L.18.

b) Die Oberschicht hat ihren Besitz verloren, damit sind nun 20 % der Bevölkerung ohne Besitz. Die restlichen 80 % der Bevölkerung besitzen gleichmäßig verteilt das ganze Land. Die Koordinaten der Lorenzkurve ergeben sich damit als $(0.2, 0)$ und $(1, 1)$. Sie ist in Abbildung L.19 dargestellt.

c) Da die enteignete Oberschicht das Land verlässt, vermindert sich die Bevölkerung, d. h. die Basis für die Berechnung der $\tilde{u}_i$ verändert sich.

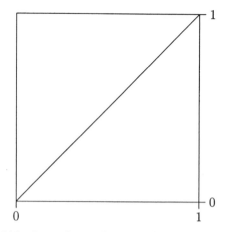

Abb. L.17. Lorenzkurve zu Aufgabe 3.17d)

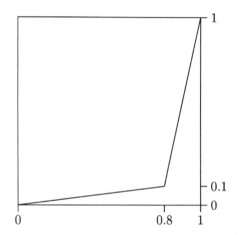

Abb. L.18. Lorenzkurve zu Aufgabe 3.18 a)

100 % der Bevölkerung besitzen nun gleichmäßig verteilt 100 % des Landes. Es ergibt sich das Bild in Abbildung L.20, das keine Konzentration darstellt.

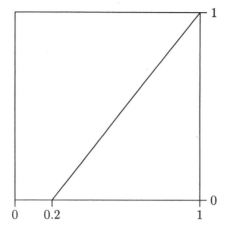

Abb. L.19. Lorenzkurve zu Aufgabe 3.18 b)

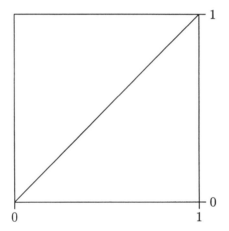

Abb. L.20. Lorenzkurve zu Aufgabe 3.18 c)

Lösung zu Aufgabe 4.1: Mit (4.5) berechnen wir den χ^2-Wert in einer Vier-Felder-Tafel. Die weiteren Maßzahlen berechnen wir mit (4.8), (4.13) und (4.23):

$$\chi^2 = \frac{1\,000(480 \cdot 130 - 70 \cdot 320)^2}{800 \cdot 200 \cdot 550 \cdot 450} = 40.4$$

$$\Phi = +\sqrt{\frac{40.4}{1\,000}} = 0.201$$

$$C = \sqrt{\frac{40.4}{40.4 + 1000}} = 0.197$$

$$C_{\text{korr}} = \sqrt{\frac{2}{2-1}}\sqrt{\frac{40.4}{40.4 + 1\,000}} = 0.279$$

$$OR = \frac{480 \cdot 130}{70 \cdot 320} = 2.786$$

Das entsprechende SPSS-Listing findet man in Abbildung L.21. C_{korr} wird von SPSS nicht berechnet. Der Maximalwert der χ^2-Statistik ist in diesem Fall $1\,000(2-1) = 1\,000$, der Maximalwert des Phi-Koeffizienten und des korrigierten Kontingenzkoeffizienten ist Eins. Es liegt also nur ein schwacher Zusammenhang zwischen dem Familienstand und dem Geschlecht vor. Der Zusammenhang ist positiv, da der Odds-Ratio größer als Eins ist. Eheliche Kinder sind damit eher männlich, uneheliche Geburten eher weiblich. Dieses Ergebnis erhalten wir durch die Berechnungen, rein sachlogisch ist ein derartiger Zusammenhang jedoch nicht begründbar. Es handelt sich also um eine Scheinkorrelation.

Lösung zu Aufgabe 4.2:

a) Wir berechnen zunächst die unter der Annahme der Unabhängigkeit zu erwartenden Zellhäufigkeiten. Das Ergebnis ist in Abbildung L.22 zu sehen.
   Damit berechnen wir zunächst den χ^2-Wert gemäß (4.4) und danach den korrigierten Kontingenzkoeffizienten mit (4.13).

$$\chi^2 = \frac{(50-30)^2}{30} + \frac{(40-25)^2}{25} + \frac{(10-45)^2}{45}$$
$$+ \frac{(10-30)^2}{30} + \frac{(10-25)^2}{25} + \frac{(80-45)^2}{45}$$
$$= 99.11$$

$$C = \sqrt{\frac{99.11}{99.11 + 200}} = 0.576$$

$$C_{\text{korr}} = \sqrt{\frac{2}{2-1}}\sqrt{\frac{99.11}{99.11 + 200}} = 0.814$$

Chi-Square Tests

	Value	df	Asymp. Sig. (2-sided)	Exact Sig. (2-sided)	Exact Sig. (1-sided)
Pearson Chi-Square	40.404[b]	1	.000		
Continuity Correction[a]	39.400	1	.000		
Likelihood Ratio	40.480	1	.000		
Fisher's Exact Test				.000	.000
Linear-by-Linear Association	40.364	1	.000		
N of Valid Cases	1000				

a. Computed only for a 2x2 table

b. 0 cells (.0%) have expected count less than 5. The minimum expected count is 90.00.

Symmetric Measures

		Value	Approx. Sig.
Nominal by Nominal	Phi	.201	.000
	Cramer's V	.201	.000
	Contingency Coefficient	.197	.000
N of Valid Cases		1000	

Risk Estimate

		95% Confidence Interval	
	Value	Lower	Upper
Odds Ratio for Familienstand (ehelich / unehelich)	2.786	2.016	3.848
For cohort Geschlecht = männlich	1.714	1.408	2.088
For cohort Geschlecht = weiblich	.615	.539	.703
N of Valid Cases	1000		

Abb. L.21. SPSS-Output zu Aufgabe 4.1

			Therapie			
			Med. A	Med. B	Placebo	Total
Kreislaufbeschwerden	nein	Count	50	40	10	100
		Expected Count	30.0	25.0	45.0	100.0
	ja	Count	10	10	80	100
		Expected Count	30.0	25.0	45.0	100.0
Total		Count	60	50	90	200
		Expected Count	60.0	50.0	90.0	200.0

Abb. L.22. Beobachtete und erwartete absolute Häufigkeiten zu Aufgabe 4.2

Es liegt also ein starker Zusammenhang zwischen der Therapieart und den Kreislaufbeschwerden vor. Die entsprechenden SPSS-Listings findet man in Abbildung L.23.

b) Die zusammengefasste Kontingenztafel ist in Abbildung L.24 zu sehen.

	Value	df	Asymp. Sig. (2-sided)	Exact Sig. (2-sided)	Exact Sig. (1-sided)	Point Probability
Pearson Chi-Square	99.111[a]	2	.000	.000		
Likelihood Ratio	110.362	2	.000	.000		
Fisher's Exact Test	108.448			.000		
Linear-by-Linear Association	82.746[b]	1	.000	.000	.000	.000
N of Valid Cases	200					

a. 0 cells (.0%) have expected count less than 5. The minimum expected count is 25.00.
b. The standardized statistic is 9.096.

		Value	Approx. Sig.	Exact Sig.
Nominal by Nominal	Phi	.704	.000	.000
	Cramer's V	.704	.000	.000
	Contingency Coefficient	.576	.000	.000
N of Valid Cases		200		

a. Not assuming the null hypothesis.
b. Using the asymptotic standard error assuming the null hypothesis.

Abb. L.23. SPSS-Output zu Aufgabe 4.2 a)

		Therapie		
		Med. A/B	Placebo	Total
Kreislaufbeschwerden	nein	90	10	100
	ja	20	80	100
Total		110	90	200

Abb. L.24. Kontingenztafel nach Zusammenfassung

Da wir den Zusammenhang in der zusammengefassten Kontingenztafel mit dem Zusammenhang in der ursprünglichen Tafel vergleichen wollen, berechnen wir für die zusammengefasste Tafel ebenfalls den korrigierten Kontingenzkoeffizienten gemäß (4.13), unter Verwendung der χ^2-Statistik (4.5). Zur Beurteilung der Richtung des Zusammenhangs berechnen wir zusätzlich den Odds-Ratio mit (4.23).

$$\chi^2 = \frac{200(90 \cdot 80 - 20 \cdot 10)^2}{100 \cdot 100 \cdot 110 \cdot 90} = 98.99$$

$$C_{\text{korr}} = \sqrt{\frac{2}{2-1}} \sqrt{\frac{98.99}{98.99 + 200}} = 0.813$$

$$OR = \frac{90 \cdot 80}{20 \cdot 10} = \frac{7\,200}{200} = 36$$

Die entsprechenden SPSS-Listings findet man in Abbildung L.25. In a) haben wir einen starken Zusammenhang zwischen der Therapieart und Kreislaufbeschwerden festgestellt. Die Richtung des Zusammenhangs kann nur an den Zellhäufigkeiten abgelesen werden. Daran erkennt man, dass Medikamente A und B zu einem Therapieerfolg führen (keine Beschwer-

	Value	df	Asymp. Sig. (2-sided)	Exact Sig. (2-sided)	Exact Sig. (1-sided)	Point Probability
Pearson Chi-Square	98.990[b]	1	.000	.000	.000	
Continuity Correction[a]	96.182	1	.000			
Likelihood Ratio	110.158	1	.000	.000	.000	
Fisher's Exact Test				.000	.000	
Linear-by-Linear Association	98.495[c]	1	.000	.000	.000	.000
N of Valid Cases	200					

a. Computed only for a 2x2 table
b. 0 cells (.0%) have expected count less than 5. The minimum expected count is 45.00.
c. The standardized statistic is 9.924.

		Value	Approx. Sig.	Exact Sig.
Nominal by Nominal	Phi	.704	.000	.000
	Cramer's V	.704	.000	.000
	Contingency Coefficient	.575	.000	.000
N of Valid Cases		200		

a. Not assuming the null hypothesis.
b. Using the asymptotic standard error assuming the null hypothesis.

	Value	95% Confidence Interval Lower	95% Confidence Interval Upper
Odds Ratio for Kreislaufbeschwerden (nein / ja)	36.000	15.909	81.465
For cohort Therapie = Med. A/B	4.500	3.024	6.696
For cohort Therapie = Placebo	.125	.069	.227
N of Valid Cases	200		

Abb. L.25. SPSS-Output zu Aufgabe 4.2 b)

den), während beim Placebo kein Therapieerfolg eintritt. Nach dem Zusammenfassen der Tafeln ändert sich der Wert des korrigierten Kontingenzkoeffizienten nicht, d. h., der Zusammenhang ist nach Zusammenfassung unverändert. Der Odds-Ratio ist größer als Eins, es besteht also
ein positiver Zusammenhang. Die Einnahme der Medikamente wirkt unabhängig davon ob A oder B genommen wurde im Vergleich zum Placebo 'kreislaufbeschwerdesenkend'. Zusätzlich entnehmen wir dem SPSS-
Listing die relativen Risiken: bei der Gruppe der Personen mit Medi-
kamenteneinnahme ist das Verhältnis Beschwerden : keine Beschwerden
1:4.5, bei den Personen mit Placebo 8:1.

Lösung zu Aufgabe 4.3: Die Ausprägung 'sehr gut' für die Einschätzung wurde nie angekreuzt. Daher lassen wir sie in der Kontingenztafel weg und erhalten die Kontingenztafel in Abbildung L.26.

Wir berechnen die λ-Maße mit (4.15), (4.16) und (4.17). Zusätzlich berechnen wir Goodmans und Kruskals τ mit (4.19):

$$\lambda_{\text{Unternehmensart}} = \frac{1+2+2-4}{10-4} = \frac{1}{6} = 0.167$$

$$\lambda_{\text{Einschätzung 1997}} = \frac{2+2+2-4}{10-4} = \frac{1}{3} = 0.33$$

		Einschätzung 1997			Total
		gut	normal	schlecht	
Unternehmensart	Gaststätte	1		2	3
	Einzelhandel		2	2	4
	Handwerk	1	2		3
Total		2	4	4	10

Abb. L.26. Beobachtete absolute Häufigkeiten

$$\lambda = \frac{5 + 6 - 4 - 4}{2 \cdot 10 - (4 + 4)} = \frac{1}{4} = 0.25$$

$$\tau_{\text{Unt.art}} = \frac{10 \left(\frac{1^2}{2} + \frac{0^2}{2} + \frac{1^2}{2} + \frac{0^2}{4} + \frac{2^2}{4} + \frac{2^2}{4} + \frac{2^2}{4} + \frac{2^2}{4} + \frac{0^2}{4} \right) - (3^2 + 4^2 + 3^2)}{10^2 - (3^2 + 4^2 + 3^2)}$$

$$= \frac{10 \cdot 5 - 34}{100 - 34} = 0.242$$

$$\tau_{\text{Einsch.}} = \frac{10 \left(\frac{1^2}{3} + \frac{0^2}{3} + \frac{2^2}{3} + \frac{0^2}{4} + \frac{2^2}{4} + \frac{2^2}{4} + \frac{1^2}{3} + \frac{2^2}{3} + \frac{0^2}{4} \right) - (2^2 + 4^2 + 4^2)}{10^2 - (2^2 + 4^2 + 4^2)}$$

$$= \frac{10 \cdot \frac{16}{3} - 36}{100 - 36} = 0.271$$

Directional Measures

			Value	Asymp. Std. Error[a]	Approx. T[b]	Approx. Sig.
Nominal by Nominal	Lambda	Symmetric	.250	.239	.944	.345
		Unternehmensart Dependent	.167	.340	.452	.651
		Einschätzung 1997 Dependent	.333	.192	1.581	.114
	Goodman and Kruskal tau	Unternehmensart Dependent	.242	.032		.359[c]
		Einschätzung 1997 Dependent	.271	.068		.300[c]

a. Not assuming the null hypothesis.

b. Using the asymptotic standard error assuming the null hypothesis.

c. Based on chi-square approximation

Abb. L.27. SPSS-Output zu Aufgabe 4.3

Der entsprechende SPSS-Output ist in Abbildung L.27 gegeben. Wir sehen, dass die Vorhersage für die Einschätzung stets höher ist als die Vorhersage für die Unternehmensart. Dies wird auch deutlich, wenn wir die Kontingenztafel betrachten. Bei gegebener Einschätzung gibt es keine modale

Unternehmensart, bei gegebener Unternehmensart liegt meist eine modale Einschätzung vor. Der Wert der λ- bzw. τ-Maße zeigt jedoch nur einen schwachen Zusammenhang.

Lösung zu Aufgabe 4.4: Die Angabe in der Kontingenztafel ist in 100, d. h., die Werte sind mit 100 zu multiplizieren. Dies ist bei der Berechnung des χ^2-Werts durch Multiplikation mit dem Faktor A zu berücksichtigen. Bei Verwendung von SPSS sind die Originalwerte zu verwenden.

a) Die Kontingenztafel der beobachteten und erwarteten Zellhäufigkeiten ist in Abbildung L.28 gegeben. Als Maßzahl für den Vergleich von Kontingenztafeln eignet sich das Kontingenzmaß von Cramer bzw. der korrigierte Kontingenzkoeffizient, da beide Maßzahlen sowohl vom Erhebungsumfang als auch von der Dimension der Kontingenztafel unabhängig sind. Wir berechnen zunächst den χ^2-Wert gemäß (4.6) und (4.7)

$$
\chi^2 =
$$
$$
= 100 \cdot 100 \left[\left(\frac{30^2}{40 \cdot 45} + \frac{10^2}{40 \cdot 55} + \frac{5^2}{20 \cdot 45} + \frac{15^2}{20 \cdot 55} + \frac{10^2}{40 \cdot 45} + \frac{30^2}{40 \cdot 55} - 1 \right) \right]
$$
$$
= 2\,424.24
$$

und mit Hilfe von (4.10) und (4.13) Cramers V und C_{korr}:

$$
V = \sqrt{\frac{2\,424.24}{10\,000(2 - 1)}} = 0.492
$$

$$
C = \sqrt{\frac{2\,424.24}{2\,424.24 + 10\,000}} = 0.442
$$

$$
C_{\mathrm{korr}} = \sqrt{\frac{2}{2 - 1}} \cdot C = 0.625
$$

| | | | | Bafoeg | | |
				ja	nein	Total
Studienfach	BWL		Count	3000	1000	4000
			Expected Count	1800.0	2200.0	4000.0
	VWL		Count	500	1500	2000
			Expected Count	900.0	1100.0	2000.0
	Naturwissenschaften		Count	1000	3000	4000
			Expected Count	1800.0	2200.0	4000.0
Total		.	Count	4500	5500	10000
			Expected Count	4500.0	5500.0	10000.0

Abb. L.28. Beobachtete und erwartete absolute Häufigkeiten

b) Wir erhalten nach Zusammenfassung folgende Kontingenztafel:

	Value	df	Asymp. Sig. (2-sided)
Pearson Chi-Square	2424.242[a]	2	.000
Likelihood Ratio	2516.073	2	.000
Linear-by-Linear Association	2020.000	1	.000
N of Valid Cases	10000		

a. 0 cells (.0%) have expected count less than 5. The minimum expected count is 900.00.

Symmetric Measures

		Value	Approx. Sig.
Nominal by Nominal	Phi	.492	.000
	Cramer's V	.492	.000
	Contingency Coefficient	.442	.000
N of Valid Cases		10000	

Abb. L.29. SPSS-Output zu Aufgabe 4.4 a)

	Bafög	kein Bafög
Wirtschaftswissenschaften	3500	2500
Naturwissenschaften	1000	3000

Wir berechnen wieder mit (4.13) den korrigierten Kontingenzkoeffizienten und zusätzlich mit (4.23) den Odds-Ratio:

$$\chi^2 = \frac{100(35 \cdot 30 - 25 \cdot 10)^2}{60 \cdot 40 \cdot 45 \cdot 55} = 1077.41$$

$$C = C_{\text{korr}} = \sqrt{\frac{2}{2-1}} \sqrt{\frac{1077.41}{1077.41 + 10000}} = 0.312$$

$$OR = \frac{35 \cdot 30}{25 \cdot 10} = 4.2$$

Die mit SPSS erzeugte Kontingenztafel findet man in Abbildung L.30. Abbildung L.31 enthält das SPSS-Listing.

c) Es besteht ein Zusammenhang zwischen dem Empfang von Bafög und dem Studienfach. Nach Zusammenfassung ist dieser Zusammenhang schwächer, was auf ein 'falsches' Zusammenfassen schließen lässt. Bei der zusammengefassten Tafel gilt: Naturwissenschaftler erhalten eher 'kein Bafög', Wirtschaftswissenschaftler erhalten eher 'Bafög'. Dies wird auch anhand der angegebenen relativen Risiken deutlich.

Lösung zu Aufgabe 4.5:

a) Die Angabe wurde in 1 000 gemacht, so dass wir eine Konstante $A = 1\,000$ haben. Wir können auch zur Rechenvereinfachung $A = 10\,000$ wählen und dies in der Kontingenztafel berücksichtigen:

			Bafoeg		
			ja	nein	Total
Studienfach	Wirtschaftswissensch aften	Count	3500	2500	6000
		Expected Count	2700.0	3300.0	6000.0
	Naturwissenschaften	Count	1000	3000	4000
		Expected Count	1800.0	2200.0	4000.0
Total		Count	4500	5500	10000
		Expected Count	4500.0	5500.0	10000.0

Abb. L.30. Beobachtete und erwartete absolute Häufigkeiten nach Zusammenfassung

	Value	df	Asymp. Sig. (2-sided)
Pearson Chi-Square	1077.441[b]	1	.000
Likelihood Ratio	1113.776	1	.000
Linear-by-Linear Association	1077.333	1	.000
N of Valid Cases	10000		

b. 0 cells (.0%) have expected count less than 5. The minimum expected count is 1800.00.

Symmetric Measures

		Value	Approx. Sig.
Nominal by Nominal	Contingency Coefficient	.312	.000
N of Valid Cases		10000	

Risk Estimate

		95% Confidence Interval	
	Value	Lower	Upper
Odds Ratio for Bafoeg (ja / nein)	4.200	3.846	4.587
For cohort Studienfach = Wirtschaftswissenschaften	1.711	1.656	1.768
For cohort Studienfach = Naturwissenschaften	.407	.384	.432
N of Valid Cases	10000		

Abb. L.31. SPSS-Output zu Aufgabe 4.4 b)

	Erwerbstätig	Erwerbslos	Nichterwerbspersonen
männlich	1 695	105	1 178
weiblich	1 080	110	2 020

Geeignete Zusammenhangsmaße sind wiederum Cramers V oder der korrigierte Kontingenzkoeffizient. Wir berechnen zunächst den χ^2-Wert mit (4.7) und (4.6) und anschließend den Kontingenzkoeffizienten mit (4.13):

$$\chi^2 = 10\,000 \cdot 6\,188 \left(\frac{1\,695^2}{2\,978 \cdot 2\,775} + \frac{105^2}{2\,978 \cdot 215} + \ldots + \frac{2\,020^2}{3\,210 \cdot 3\,198} - 1 \right)$$

$$= 349.897 \cdot 10\,000$$

$$C_{\text{korr}} = \sqrt{\frac{2}{2-1}} \sqrt{\frac{349.897 \cdot 10\,000}{349.897 \cdot 10\,000 + 6\,188 \cdot 10\,000}} = 0.327$$

Es liegt also ein schwacher Zusammenhang zwischen dem Geschlecht und der Erwerbstätigkeit vor.

b) Nach der Zusammenfassung erhalten wir folgende Tafel:

	Erwerbspersonen	Nichterwerbspersonen	$\sum$
männlich	1 800	1 178	2 978
weiblich	1 190	2 020	3 210
$\sum$	2 990	3 198	6 188

Wir berechnen analog zu Teilaufgabe a) den χ^2-Wert und daraus den korrigierten Kontingenzkoeffizienten, sowie mit (4.8) den Phi-Koeffizienten:

$$\chi^2 = 10\,000 \cdot \frac{6\,188(1\,800 \cdot 2\,020 - 1\,190 \cdot 1\,178)^2}{2\,978 \cdot 3\,210 \cdot 2\,990 \cdot 3\,198} = 337.915 \cdot 10000$$

$$C_{\text{korr}} = \sqrt{\frac{2}{2-1}} \sqrt{\frac{337.915 \cdot 10\,000}{337.915 \cdot 10\,000 + 6\,188 \cdot 10\,000}} = 0.322$$

$$\Phi = +\sqrt{\frac{337.915 \cdot 10\,000}{6\,188 \cdot 10\,000}} = 0.234$$

Nach Zusammenfassung wird der Zusammenhang schwächer, weiterhin gilt $ad > bc$. Der Zusammenhang ist also positiv, d. h., Frauen sind eher Nichterwerbspersonen, Männer eher Erwerbspersonen.

Lösung zu Aufgabe 4.6:

a) Die Merkmale 'Note in Statistik' und 'Note in Mathematik' sind ordinal. Geeignete Maßzahlen sind damit die γ- oder τ-Maße, die das ordinale Skalenniveau berücksichtigen. Wir berechnen zunächst die Anzahl der konkordanten und diskordanten Paare gemäß (4.24) und (4.25) und die Anzahl der Bindungen.

$$K = 5(6 + 9 + 40 + 10 + 10 + 10) + 5(40 + 10 + 10 + 10)$$
$$+ 4(9 + 40 + 10 + 10 + 10) + 6(40 + 10 + 10 + 10)$$
$$+ 1(10 + 10 + 10) + 9(10 + 10 + 10) + 40(10 + 10 + 10)$$
$$= 3\,011$$
$$D = 5 \cdot 4 + 5 \cdot 1 + 6 \cdot 1 + 10 \cdot 10 = 131$$
$$T_{\text{Statistik}} = 5 \cdot 5 + 4 \cdot 6 + 1(9 + 40) + 9 \cdot 40 + 10 \cdot 10 = 558$$
$$T_{\text{Mathematik}} = 5(4 + 1) + 1 \cdot 4 + 5(6 + 9) + 6 \cdot 9 + 10 \cdot 10 = 258$$

Mit (4.26), (4.27) und (4.28) erhalten wir

$$\gamma = \frac{3\,011 - 131}{3\,011 + 131} = 0.917$$

$$\tau_b = \frac{3\,011 - 131}{\sqrt{(3\,011 + 131 + 558)(3\,011 + 131 + 258)}} = 0.812$$

$$\tau_c = \frac{2 \cdot 5(3\,011 - 131)}{100^2 \cdot 4} = 0.72$$

Das entsprechende SPSS-Listing ist in Abbildung L.32 gegeben.
Hinweis: Die Abweichungen sind auf Rundungsfehler zurückzuführen.

Symmetric Measures

		Value	Asymp. Std. Error[a]	Approx. T[b]	Approx. Sig.
Ordinal by Ordinal	Kendall's tau-b	.812	.024	23.296	.000
	Kendall's tau-c	.720	.031	23.296	.000
	Gamma	.917	.024	23.296	.000
N of Valid Cases		100			

a. Not assuming the null hypothesis.

b. Using the asymptotic standard error assuming the null hypothesis.

Abb. L.32. SPSS-Listing zu Aufgabe 4.6 a)

b) Nach Zusammenfassung erhalten wir folgende Kontingenztafel:

		Ergebnis Mathematik	
		bestanden	nicht bestanden
Note	bestanden	70	10
Statistik	nicht bestanden	10	10

Wir erhalten analog zu Teilaufgabe a)

$$K = 70 \cdot 10 = 700$$

$$D = 10 \cdot 10 = 100$$

$$T_{\text{Statistik}} = 70 \cdot 10 + 10 \cdot 10 = 800$$

$$T_{\text{Mathematik}} = 70 \cdot 10 + 10 \cdot 10 = 800$$

und damit

$$\gamma = \frac{700 - 100}{700 + 100} = 0.75$$

$$\tau_b = \frac{700 - 100}{\sqrt{(700 + 100 + 800)(700 + 100 + 800)}} = 0.375$$

$$\tau_c = \frac{2 \cdot 2(700 - 100)}{100^2(2 - 1)} = 0.24$$

Das entsprechende SPSS-Listing ist in Abbildung L.33 gegeben.

Symmetric Measures

		Value	Asymp. Std. Error[a]	Approx. T[b]	Approx. Sig.
Ordinal by Ordinal	Kendall's tau-b	.375	.113	2.873	.004
	Kendall's tau-c	.240	.084	2.873	.004
	Gamma	.750	.123	2.873	.004
N of Valid Cases		100			

a. Not assuming the null hypothesis.

b. Using the asymptotic standard error assuming the null hypothesis.

Abb. L.33. SPSS-Listing zu Aufgabe 4.6b)

c) Der Zusammenhang ist in beiden Tafeln positiv. Die Tatsache, dass die τ-Maße stets kleiner sind als das γ-Maß deutet auf eine große Anzahl von Bindungen hin. Nach dem Zusammenfassen wird der Zusammenhang schwächer. Das heißt, Personen, die in Mathematik schlecht sind, sind auch in Statistik schlecht und umgekehrt. Betrachten wir nur das Merkmal Bestehen/Nichtbestehen, so ist dieser Zusammenhang nicht so stark, die Aussage der ordinalen Notenstruktur wird also abgeschwächt.

Lösung zu Aufgabe 4.7:

a) Geeignete Maßzahlen sind der korrigierte Kontingenzkoeffizient und der Odds-Ratio. Wir berechnen zunächst den χ^2-Wert gemäß (4.5):

$$\chi^2 = \frac{20(6 \cdot 8 - 4 \cdot 2)^2}{10 \cdot 10 \cdot 8 \cdot 12} = 3.33$$

und daraus

$$C_{\text{korr}} = \sqrt{\frac{2}{2-1}} \cdot C = \sqrt{\frac{2}{2-1}} \sqrt{\frac{3.33}{3.33+20}} = 0.535 \,.$$

Der Odds-Ratio berechnet sich zu

$$OR = \frac{6 \cdot 8}{4 \cdot 2} = 6 \,.$$

b) Wir erhalten nun die folgende Kontingenztafel

	fest	nicht fest
Hältimmer	18	12
Totalfest	2	8

Die Berechnungen analog zu Teilaufgabe a) ergeben:

$$\chi^2 = \frac{40(18 \cdot 8 - 12 \cdot 2)^2}{30 \cdot 10 \cdot 20 \cdot 20} = 4.8$$

$$C_{\text{korr}} = \sqrt{\frac{2}{2-1}}\sqrt{\frac{4.8}{4.8+40}} = 0.463$$

$$OR = \frac{18 \cdot 8}{12 \cdot 2} = 6$$

(Sind $n'_{ij}(f'_{ij})$ die neuen, $n_{ij}(f_{ij})$ die alten absoluten (relativen) Häufigkeiten, dann gilt also $n'_{11} = 3n_{11}$, $n'_{12} = 3n_{12}$, $n'_{21} = n_{21}$, $n'_{22} = n_{22}$, woraus $f'_{1j}/f'_{2j} = f_{1j}/f_{2j}$ für $j = 1, 2$ folgt.)

Lösung zu Aufgabe 4.8: Wir berechnen zunächst die Ränge der beiden Beobachtungsreihen sowie die Differenz in folgender Arbeitstabelle:

Metzgerei i	x_i	y_i	$R(x_i)$	$R(y_i)$	d_i^2
1	14	11	1	4	9
2	13	13	2	2.5	0.25
3	12	13	3	2.5	0.25
4	10	15	4	1	9
5	5	7	5	5	0

Da Bindungen vorliegen berechnen wir

$$\sum_{j=1}^{5} b_j(b_j^2 - 1) = 5 \cdot 1(1^2 - 1) = 0\,,$$

$$\sum_{k=1}^{5} c_k(c_k^2 - 1) = 1(1^2 - 1) + 2(2^2 - 1) + 3 \cdot 1(1^2 - 1) = 6\,.$$

Damit erhalten wir gemäß (4.30)

$$R_{\text{korr}} = \frac{5(25-1) - \frac{1}{2} \cdot 0 - \frac{1}{2} \cdot 6 - 6 \cdot 18.5}{\sqrt{5(25-1) - 0}\sqrt{5(25-1) - 6}}$$

$$= \frac{120 - 3 - 111}{\sqrt{120}\sqrt{114}} = \frac{6}{116.96} = 0.051\,.$$

Es liegt also kein Zusammenhang vor, d. h. die beiden Testesser beurteilen die Metzgereien völlig unterschiedlich. Den enstprechenden SPSS-Output findet man in Abbildung L.34.

Lösung zu Aufgabe 4.9:

a) Bezeichne X das Merkmal 'Verweildauer' und Y das Merkmal 'Reparaturzeit'. Zur Berechnung des Korrelationskoeffizienten benötigen wir zunächst die beiden arithmetischen Mittelwerte

$$\bar{x} = \frac{1}{6}(8 + 3 + 8 + 5 + 10 + 8) = 7$$

$$\bar{y} = \frac{1}{6}(1 + 2 + 2 + 0.5 + 1.5 + 2) = 1.5$$

			Testesser X	Testesser Y
Spearman's rho	Correlation Coefficient	Testesser X	1.000	.051
		Testesser Y	.051	1.000
	Sig. (2-tailed)	Testesser X	.	.935
		Testesser Y	.935	.
	N	Testesser X	5	5
		Testesser Y	5	5

Abb. L.34. SPSS-Output zu Aufgabe 4.8

und die Summen

$$\sum_{i=1}^{6} x_i y_i = 8 \cdot 1 + 3 \cdot 2 + 8 \cdot 2 + 5 \cdot 0.5 + 10 \cdot 1.5 + 8 \cdot 2$$

$$= 8 + 6 + 16 + 2.5 + 15 + 16 = 63.5$$

$$\sum_{i=1}^{6} x_i^2 = 8^2 + 3^2 + 8^2 + 5^2 + 10^2 + 8^2 = 326$$

$$\sum_{i=1}^{6} y_i^2 = 1^2 + 2^2 + 2^2 + 0.5^2 + 1.5^2 + 2^2 = 15.5$$

und erhalten damit gemäß (4.32)

$$r = \frac{63.5 - 6 \cdot 7 \cdot 1.5}{\sqrt{(326 - 6 \cdot 7^2)(15.5 - 6 \cdot 1.5^2)}} = \frac{63.5 - 63}{\sqrt{32 \cdot 2}}$$

$$= \frac{0.5}{\sqrt{64}} = \frac{0.5}{8} = 0.0625 \, .$$

Es besteht also kein linearer Zusammenhang.

			Verweildauer in Std.	Reparaturzeit in Std.
Pearson Correlation	Verweildauer in Std.		1.000	.062
	Reparaturzeit in Std.		.062	1.000
Sig. (2-tailed)	Verweildauer in Std.		.	.906
	Reparaturzeit in Std.		.906	.
N	Verweildauer in Std.		6	6
	Reparaturzeit in Std.		6	6

Abb. L.35. SPSS-Output zu Aufgabe 4.9 a)

b) Wir stellen zur Berechnung des Rangkorrelationskoeffizienten wiederum folgende Arbeitstabelle auf:

i	X	$R(x_i)$	Y	$R(y_i)$	d_i	d_i^2
1	8	4	1	2	2	4
2	3	1	2	5	-4	16
3	8	4	2	5	-1	1
4	5	2	0.5	1	1	1
5	10	6	1.5	3	3	9
6	8	4	2	5	-1	1
						32

In der X-Rangliste ist eine Bindung bei 4, in der Y-Rangliste ist eine Bindung bei 5. Damit ist

$$\sum_{j=1}^{6} b_j(b_j^2 - 1) = \sum_{k=1}^{6} c_k(c_k^2 - 1) = 3(3^2 - 1) = 24.$$

Wir berechnen damit den Rangkorrelationskoeffizienten unter Berücksichtigung der Bindungen gemäß (4.30):

$$R_{\text{korr}} = \frac{6 \cdot (6^2 - 1) - \frac{1}{2}\left[3 \cdot (3^2 - 1)\right] - \frac{1}{2}\left[3 \cdot (3^2 - 1)\right] - 6 \cdot 32}{\sqrt{6 \cdot (6^2 - 1) - 3 \cdot (3^2 - 1)}\sqrt{6 \cdot (6^2 - 1) - 3 \cdot (3^2 - 1)}}$$
$$= \frac{210 - 12 - 12 - 192}{\sqrt{210 - 24}\sqrt{210 - 24}} = \frac{-6}{186} = -0.032.$$

Das entsprechende SPSS-Listing finden wir in Abbildung L.36.

			Verweildauer in Std.	Reparaturzeit in Std.
Spearman's rho	Correlation Coefficient	Verweildauer in Std.	1.000	-.032
		Reparaturzeit in Std.	-.032	1.000
	Sig. (2-tailed)	Verweildauer in Std.	.	.952
		Reparaturzeit in Std.	.952	.
	N	Verweildauer in Std.	6	6
		Reparaturzeit in Std.	6	6

Abb. L.36. SPSS-Output zu Aufgabe 4.9 b)

c) Bei Umkehrung der Rangbildung erhalten wir folgende Arbeitstabelle

$R(x_i)$	$R(y_i)$	d_i	d_i^2
4	5	-1	1
1	2	-1	1
4	2	2	4
2	6	-4	16
6	4	2	4
4	2	2	4
			30

und damit

$$R^*_{\text{korr}} = \frac{210 - 12 - 12 - 180}{186} = \frac{6}{186} = 0.032 = -R_{\text{korr}} .$$

Lösung zu Aufgabe 4.10: Sei X das BSP und Y der PEV. Beide Merkmale sind quantitativ stetig. Daher verwenden wir den Korrelationskoeffizienten nach Bravais-Pearson. Hierfür berechnen wir zunächst

$$\sum_{i=1}^{10} x_i = 135 + 145 + 160 + 170 + \cdots + 270 = 1\,950$$

$$\sum_{i=1}^{10} y_i = 150 + 150 + 160 + 175 + \cdots + 220 = 1\,810$$

$$\sum_{i=1}^{10} x_i^2 = 135^2 + 145^2 + 160^2 + 170^2 + \cdots + 270^2 = 397\,750$$

$$\sum_{i=1}^{10} y_i^2 = 150^2 + 150^2 + 160^2 + 175^2 + \cdots + 220^2 = 332\,800$$

$$\sum_{i=1}^{10} x_i y_i = 135 \cdot 150 + 145 \cdot 150 + 160 \cdot 160 + \cdots + 270 \cdot 220 = 362\,150$$

und erhalten mit (4.32)

$$\begin{aligned}
r &= \frac{362\,150 - 10 \cdot 195 \cdot 181}{\sqrt{397\,750 - 10 \cdot 195^2}\sqrt{332\,800 - 10 \cdot 181^2}} \\
&= \frac{9\,200}{\sqrt{17\,500}\sqrt{5\,190}} \\
&= 0.97 .
\end{aligned}$$

Es besteht ein starker linearer Zusammenhang. Den SPSS-Output findet man in Abbildung L.37.

		BSP	PEV
Pearson Correlation	BSP	1.000	.965
	PEV	.965	1.000
Sig. (2-tailed)	BSP	.	.000
	PEV	.000	.
N	BSP	10	10
	PEV	10	10

Abb. L.37. SPSS-Output zu Aufgabe 4.10

Lösung zu Aufgabe 5.1:

a) Wir bezeichnen den PEV mit Y und das BSP mit X. Zur Berechnung der Schätzungen der Regressionskoeffizienten mittels (5.9) berechnen wir zunächst

$$\bar{x} = \frac{1}{10}(135 + 145 + \ldots + 270) = 195$$

$$\bar{y} = \frac{1}{10}(150 + 150 + \ldots + 220) = 181$$

$$\sum_{i=1}^{n} x_i y_i = (135 \cdot 150 + 145 \cdot 150 + \ldots + 270 \cdot 220) = 362\,150$$

$$\sum_{i=1}^{n} x_i^2 = (135^2 + 145^2 + \ldots + 270^2) = 397\,750.$$

Damit erhalten wir mit (5.9)

$$\hat{b} = \frac{362\,150 - 10 \cdot 195 \cdot 181}{397\,750 - 10 \cdot 195^2} = \frac{9200}{17500} = 0.53$$

$$\hat{a} = 181 - 0.53 \cdot 195 = 77.65.$$

Die Regressionsgerade lautet also

$$\hat{y}_i = 77.65 + 0.53\,x_i,$$

bei einer Erhöhung des BSP um 1 Mrd. DM steigt der PEV also um 0.53 Mrd. DM. (Hinweis: Durch die Rundung $\hat{b} = 0.53$ weicht $\hat{a} = 77.65$ vom SPSS-Wert 78.486 ab.)

b) Zur Berechnung des Bestimmtheitsmaßes (5.22) bestimmen wir zunächst zusätzlich zu den unter a) berechneten Größen noch

$$\sum_{i=1}^{n} y_i^2 = (150^2 + 150^2 + \ldots + 220^2) = 332\,800$$

und erhalten damit

$$R^2 = \frac{(362\,150 - 10 \cdot 195 \cdot 181)^2}{(397\,750 - 10 \cdot 195^2)(332\,800 - 10 \cdot 181^2)} = \frac{84\,640\,000}{90\,825\,000} = 0.932.$$

Das SPSS-Listung zu Teilaufgaben a) und b) findet man in Abbildung L.38, die grafische Darstellung in Abbildung L.39.

Lösung zu Aufgabe 5.2: Es gilt

$$r_{xy} = \frac{S_{xy}}{\sqrt{S_{xx}S_{yy}}} = \frac{\sum(x_i - \bar{x})(y_i - \bar{y})}{\sqrt{\sum(x_i - \bar{x})^2 \sum(y_i - \bar{y})^2}}$$

$$= \frac{n s_{xy}}{\sqrt{n s_x^2 n s_y^2}} = \frac{n s_{xy}}{n s_x s_y} = \frac{s_{xy}}{s_x s_y}.$$

Model Summary

Model	R	R Square	Adjusted R Square	Std. Error of the Estimate
1	.965[a]	.932	.923	6.65

a. Predictors: (Constant), BSP

Coefficients[a]

Model		Unstandardized Coefficients		Standardized Coefficients	t	Sig.
		B	Std. Error	Beta		
1	(Constant)	78.486	10.021		7.832	.000
	BSP	.526	.050	.965	10.463	.000

a. Dependent Variable: PEV

Abb. L.38. SPSS-Output zu Aufgabe 5.1

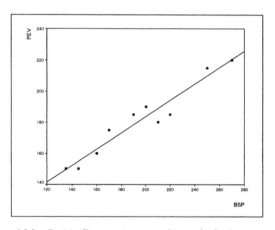

Abb. L.39. Regressionsgerade zu Aufgabe 5.1

Weiterhin gilt

$$n\, s_{xy}^{(\text{ges})} = S_{xy}^{(\text{ges})} = \sum_{i=1}^{20} x_i y_i - n \bar{x}_{\text{ges}} \bar{y}_{\text{ges}}$$

$$= \sum_{i=1}^{10} x_{1i} y_{1i} + \sum_{i=1}^{10} x_{2i} y_{2i} - n \bar{x}_{\text{ges}} \bar{y}_{\text{ges}}\,.$$

Für die Teilgesamtheit 1 gilt

$$\sum_{i=1}^{10} x_{1i} y_{1i} = \sum_{i=1}^{10} x_{1i} y_{1i} - \underbrace{n_1 \bar{x}_1 \bar{y}_1}_{=0,\ \text{da}\ \bar{x}_1 = 0} = n_1 s_{xy}^{(1)}\,.$$

Da $\bar{y}_2 = 0$ gilt für die Teilgesamtheit 2 analog

$$\sum_{i=1}^{10} x_{2i}y_{2i} = n_2 s_{xy}^{(2)}.$$

Wir berechnen

$$n_1 s_{xy}^{(1)} = n_1 r_{xy}^{(1)} s_x^{(1)} s_y^{(1)} = 180$$

$$n_2 s_{xy}^{(2)} = n_2 r_{xy}^{(2)} s_x^{(2)} s_y^{(2)} = 180$$

$$\bar{x}_{ges} = \frac{\bar{x}_1 + \bar{x}_2}{2} = 6$$

$$\bar{y}_{ges} = \frac{\bar{y}_1 + \bar{y}_2}{2} = 3$$

$$ns_{xy}^{(ges)} = \sum_{i=1}^{10} x_{1i}y_{1i} + \sum_{i=1}^{10} x_{2i}y_{2i} - n\bar{x}_{ges}\bar{y}_{ges} = n_1 s_{xy}^{(1)} + n_2 s_{xy}^{(2)} - n\bar{x}_{ges}\bar{y}_{ges}$$

$$= 180 + 180 - 360 = 0$$

$$r_{xy}^{(ges)} = 0.$$

Es liegt also ein linearer Zusammenhang in den Teilgesamtheiten vor, aber insgesamt gilt $r_{xy}^{(ges)} = 0$, d. h., es besteht kein linearer Zusammenhang in der Gesamtheit.

Lösung zu Aufgabe 5.3:

a) Bezeichne X das Merkmal 'Subvention' und Y das Merkmal 'Umsatz'. Wir verwenden folgende Arbeitstabelle zur Berechnung der Schätzungen der Regressionskoeffizienten

Subvention			Umsatz			
x_i	$x_i - \bar{x}$	$(x_i - \bar{x})^2$	y_i	$y_i - \bar{y}$	$(y_i - \bar{y})^2$	$(x_i - \bar{x})(y_i - \bar{y})$
8	-4	16	20	-10	100	40
6	-6	36	10	-20	400	120
8	-4	16	10	-20	400	80
12	0	0	30	0	0	0
16	4	16	40	10	100	40
22	10	100	70	40	1 600	400
72		184	180		2 600	680

Wir erhalten aus der Arbeitstabelle $\bar{x} = 12$, $\bar{y} = 30$, $S_{xx} = 184$, $S_{yy} = 2\,600$ $S_{xy} = 680$. Mit (5.9) berechnen wir

$$\hat{b} = 3.6957$$

$$\hat{a} = 30 - 3.6957 \cdot 12 = -14.348.$$

Die Regressionsgerade lautet also

$$\hat{y} = -14.348 + 3.6957\,x.$$

b) Das Bestimmtheitsmaß wird mit den Ergebnissen aus a) gemäß (5.23) berechnet

$$R^2 = r^2 = 0.98^2 = 0.967.$$

Der Anteil der durch die Regression erklärten Varianz an der Gesamtvarianz ist also nahezu 100%. Dies deutet auf einen linearen Zusammenhang zwischen Subventionen und Gewinn hin.

Die Ergebnisse der Berechnungen mit SPSS sind in Abbildung L.40 angegeben.

Coefficients[a]

Model		Unstandardized Coefficients		Standardized Coefficients		
		B	Std. Error	Beta	t	Sig.
1	(Constant)	-14,348	4,543		-3,158	,034
	SUBVENT	3,696	,344	,983	10,752	,000

a. Dependent Variable: UMSATZ

Model Summary

Model	R	R Square	Adjusted R Square	Std. Error of the Estimate
1	,983[a]	,967	,958	4,6625

a. Predictors: (Constant), SUBVENT

Abb. L.40. SPSS-Output zu Aufgabe 5.3

Lösung zu Aufgabe 5.4:

a) Die Merkmale 'Menge des Kraftfutters' und 'Milchertrag' sind metrisch. Die Beobachtungseinheiten sind die Bauernhöfe bzw. Ställe. Abbildung L.41 stellt die Werte anhand eines Scatterplots grafisch dar. Zusätzlich ist bei jedem Punkt die Stallbezeichnung angegeben.

Für die angegebenen Wertebereiche der beiden Merkmale, insbesondere des unabhängigen Merkmals X mit einem Wertebereich von 80 kg/Stall bis 400 kg/Stall kann ein annähernd linearer Zusammenhang zwischen X und Y angenommen werden.

b) Zur Berechnung der Regressionsgeraden benutzen wir folgende Arbeitstabelle:

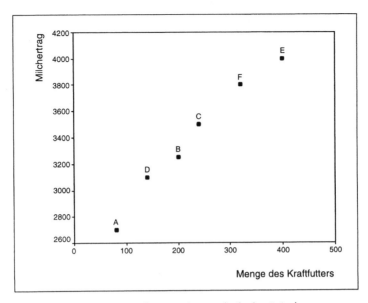

Abb. L.41. Scatterplot zu Aufgabe 5.4 a)

i	x_i	y_i	x_i^2	x_iy_i
1	80	2 700	6 400	216 000
2	200	3 250	40 000	650 000
3	240	3 500	57 600	840 000
4	140	3 100	19 600	434 000
5	400	4 000	160 000	1 600 000
6	320	3 800	102 400	1 216 000
$\sum$	1 380	20 350	386 000	4 956 000

Mit den Werten der Arbeitstabelle ergibt sich $\bar{y} = 3\,391.667$, $\bar{x} = 230$ und

$$s_{xy} = 826\,000 - 780\,083.41 = 45\,916.59$$
$$s_x^2 = 64\,333.333 - 52\,900 = 11\,433.333\,.$$

Damit sind die geschätzten Regressionskoeffizienten gemäß (5.9)

$$\hat{b} = \frac{45\,916.59}{11\,433.333} = 4.016$$
$$\hat{a} = 3\,391.667 - 4.016 \cdot 230 = 2\,467.987 = 2\,468\,.$$

Die Gleichung der Regressionsgeraden ist somit

$$\hat{y} = 2\,468 + 4.02\,x\,.$$

Der Wert $a = 2\,468\,l$/Stall gibt den mittleren Milchertrag an, der – bei den ausgewählten Ställen – auch ohne Zugabe von Kraftfutter erzielbar ist, wenn die lineare Beziehung auch im Bereich $0 \leq x < 80$ gültig ist. Der Regressionskoeffizient $b = 4.02$ bedeutet, dass $1\,\mathrm{kg}$ Kraftfutter im Durchschnitt (dieser linearen Beziehung) eine Milchertragssteigerung von $4.02\,\mathrm{l}$/Stall bewirkt.

c) Aus b) folgt, dass zusätzliche Kosten in Höhe von $0.80\,\mathrm{DM}$/Stall für $1\,\mathrm{kg}$ Kraftfutter je Stall im Mittel einen zusätzlichen Milchertrag von $\hat{b}\,\mathrm{l}$/Stall, d. h. von $4.02 \cdot 0.30 = 1.21\,\mathrm{DM}$/Stall bewirken. Somit ist – im Wertebereich des Merkmals X – der Kraftfuttereinsatz ökonomisch sinnvoll.

d) Bei „globaler Gültigkeit" der oben bestimmten Regressionsgeraden könnte man bei einem Kraftfuttereinsatz von $1\,500\,\mathrm{kg}$/Stall einen Stall-Ertrag von

$$\hat{y} = 2\,468 + 4.02 \cdot 1\,500 = 8\,498\,\mathrm{l}/\text{Stall}$$

erwarten. Dieses Ergebnis ist jedoch völlig unrealistisch, weil der Zusammenhang zwischen der Menge des Kraftfutters und dem Ertrag für höhere Kraftfuttergaben sicherlich nicht mehr linear ist. Dieser Zusammenhang wird wohl dem klassischen Ertragsgesetz unterliegen, wonach ab einer bestimmten Sättigungsgrenze der Grenzertrag abnimmt und bei extrem hohen Gaben negativ ist. Mit $\hat{y} = 8\,498\,\mathrm{l}$/Stall wird also der zu erwartende Ertrag erheblich überschätzt.

Lösung zu Aufgabe 5.5:

a) Die Datenlage wird mit einem Scatterplot dargestellt, der in Abbildung L.42 zu sehen ist.

b) Wie bereits in Aufgabe 4.9 berechnet, besteht kein linearer Zusammenhang zwischen der Reparaturzeit und der Verweildauer. Damit ist auch kein lineares Regressionsmodell gerechtfertigt. Dies wird auch am Scatterplot in Abbildung L.42 deutlich.

Lösung zu Aufgabe 5.6: Aus $SQ_{\text{Total}} = S_{yy} = \sum_{i=1}^{n}(y_i - \bar{y})^2 = 0$ folgt $y_i = \bar{y}$ für alle $i = 1, \ldots, n$, d. h. die y_i sind konstant. Die Punktwolke hat damit die Gestalt wie in Abbildung L.43 dargestellt.

Wegen $y_i = \bar{y}$ für $i = 1, \ldots, n$ folgt $y_i - \bar{y} = 0$ für $i = 1, \ldots, n$. Daraus folgt wiederum $S_{xy} = 0$ und damit $\hat{b} = 0$ und $\hat{a} = \bar{y}$. Die Regressionsgerade würde damit parallel zur x-Achse verlaufen. Alle Punkte liegen auf der Geraden. Ein Bestimmtheitsmaß ist jedoch nicht definiert, da R^2 den Anteil der erklärten Variabilität misst. Da $S_{yy} = 0$ ist, kann natürlich auch kein Anteil erklärt werden. Ein anderes Argument dafür ist die Tatsache, dass der Korrelationskoeffizient bei $S_{xx} = 0$ oder $S_{yy} = 0$ nicht definiert ist. Wegen $R^2 = r^2$ folgt wieder obige Argumentation, d. h. man kann weder von Nullanpassung noch von perfekter Anpassung sprechen.

Lösung zu Aufgabe 5.7: Da $s_e^2 = 0$ ist, gilt

$$s_e^2 = \frac{1}{n} \sum_{i=1}^{n} e_i^2 - n\bar{e}_i^2 = 0$$

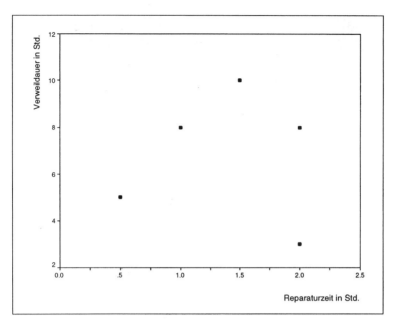

Abb. L.42. Scatterplot zu Aufgabe 5.5 a)

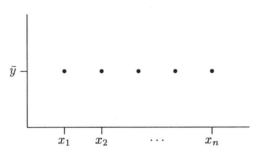

Abb. L.43. Punktwolke mit konstanten y_i

bzw. äquivalent dazu

$$\frac{1}{n}\sum_{i=1}^{n} e_i^2 - n\left(\frac{1}{n}\sum_{i=1}^{n} e_i\right)^2 = 0\,.$$

Daraus folgt mit $\sum_{i=1}^{n} e_i = 0$, dass

$$\frac{1}{n}\sum_{i=1}^{n} e_i^2 = 0\,,$$

d. h., für alle $i = 1, \ldots, n$ gilt $e_i = 0$. Alle Paare (x_i, y_i) liegen auf der Regressionsgeraden, es liegt also ein exakter linearer Zusammenhang vor. Damit ist

$r_{xy} = -1$. Alternativ hätten wir dies auch zeigen können wenn wir wie folgt argumentieren. Aus $s_e^2 = 0$ folgt, dass die e_i konstant sind. Da die Summe der e_i Null ergibt (s. o.) folgt $e_i = 0$ für $i = 1, \ldots, n$. Damit liegen alle Punkte auf der Regressionsgeraden.

Lösung zu Aufgabe 5.8:

a) X und Y sind standardisiert. Damit ist $\bar{x} = 0$, $s_x^2 = 1$, $\bar{y} = 0$ und $s_y^2 = 1$. Wir berechnen daraus mit $s_{xy} = -0.5$:

$$r_{xy} = \frac{s_{xy}}{s_x s_y} = \frac{-0.5}{1} = -0.5 \, .$$

b) Mit $S_{xx} = n s_x^2$, $S_{xy} = n s_{xy}$ und $S_{yy} = n s_y^2$ erhalten wir mit (5.9)

$$\hat{b} = \frac{-0.5}{1} = -0.5 \, ,$$

$$\hat{a} = \bar{y} - (-0.5)\bar{x} = 0 \, .$$

Die Regressionsgerade lautet damit

$$y = -0.5 \, x \, .$$

c) Bezeichnen wir mit s_{Residual}^2 die Varianz der Residualvariablen e:

$$s_{\text{Residual}}^2 = \frac{1}{n} \sum_{i=1}^{n} \left(y_i - (\hat{a} + \hat{b}x_i) \right)^2$$

$$= \frac{1}{n} \sum_{i=1}^{n} (y_i - \hat{y}_i)^2 = \frac{1}{n} SQ_{\text{Residual}} \, .$$

Aus

$$\frac{SQ_{\text{Regression}}}{SQ_{\text{Total}}} = R^2 = r^2 = \frac{s_{xy}^2}{s_x^2 s_y^2}$$

folgt mit $SQ_{\text{Total}} = n \cdot s_y^2$

$$SQ_{\text{Regression}} = \frac{s_{xy}^2}{s_x^2 s_y^2} n s_y^2$$

und mit $SQ_{\text{Total}} = SQ_{\text{Regression}} + SQ_{\text{Residual}}$

$$SQ_{\text{Residual}} = \left(s_y^2 - \frac{s_{xy}^2}{s_x^2} \right) n \, ,$$

womit sich

$$s_{\text{Residual}}^2 = \frac{1}{n} SQ_{\text{Residual}} = 1 - 0.25 = 0.75$$

ergibt.

Lösung zu Aufgabe 5.9: Wir logarithmieren die Funktion $Y = AL^\alpha K^{1-\alpha}$ und erhalten

$$\ln(Y) = \ln(A) + \alpha \ln(L) + (1 - \alpha) \ln(K)$$

$$\ln(Y) = \underbrace{\ln(A) + \ln(K)}_{\text{Konstante}} + \alpha \underbrace{\ln\left(\frac{L}{K}\right)}_{x}.$$

α ist hier der zu schätzende Parameter. Das Problem besteht darin, dass diese Funktion nur für konstantes K linear ist.

Lösung zu Aufgabe 5.10:

- $y = \alpha + \beta x^\gamma$ kann nicht geeignet transformiert werden, da γ auch im Exponenten erscheint.
- Logarithmieren von $y = \alpha e^{\beta x}$ führt zur linearen Regression

$$\ln(y) = \ln(\alpha) + \beta x.$$

- Die Funktion $y = \alpha + \beta x_1 + \gamma x_2^2$ kann durch $\tilde{x}_2 = x_2^2$ in eine lineare Regression $y = \alpha + \beta x_1 + \gamma \tilde{x}_2$ transformiert werden.
- $y = k/(1 + \alpha e^{-\beta x})$ kann nicht linearisiert werden.

Lösung zu Aufgabe 5.11: Wir müssen festlegen in welchem Währungsbereich wir den Vergleich durchführen wollen. Wir wählen den DM-Bereich. Der Umrechnungskurs sei $1\$ = 0.65$ DM. Die US-Werte sind dann wie folgt zu transformieren:

$$\tilde{y}_{i(\text{USA})} = (y_i - \bar{y})_{\text{USA}} 0.65, \quad \tilde{x}_{i(\text{USA})} = (x_i - \bar{x})_{\text{USA}} 0.65.$$

Die deutschen Werte sind durch Standardisierung zu transformieren.

$$\tilde{y}_{i(\text{D})} = (y_i - \bar{y})_{\text{D}}, \quad \tilde{x}_{i(\text{D})} = (x_i - \bar{x})_{\text{D}}.$$

Nach Berechnung der jeweiligen Regressiongeraden erhält man z. B. folgendes Bild:

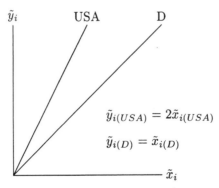

Werbung hat also in den US-Filialen einen größeren Einfluss auf die Umsatzsteigerung als in den deutschen Filialen.

Lösung zu Aufgabe 6.3: Beim gleitenden 3er-Durchschnitt ist $k = 1$. Mit (6.2) berechnen wir z. B.

$$y_2^* = \frac{1}{3}(y_1 + y_2 + y_3) = \frac{1}{3}(5 + 7 + 6) = 6.$$

Wir erhalten

t	1	2	3	4	5	6	7	8	9	10	11
y_t	5	7	6	8	9	9	10	11	9	12	14
y_t^*	–	6.00	7.00	7.67	8.67	9.33	10.00	10.00	10.67	11.67	–

Beim gleitenden 4er-Durchschnitt ist $k = 2$ und mit (6.3) berechnen wir z. B.

$$y_3^* = \frac{1}{4}\left(\frac{1}{2}y_1 + (y_2 + y_3 + y_4) + \frac{1}{2}y_5\right) = \frac{1}{4}(2.5 + 7 + 6 + 8 + 4.5) = 7.$$

Wir erhalten

t	1	2	3	4	5	6	7	8	9	10	11
y_t	5	7	6	8	9	9	10	11	9	12	14
y_t^*	–	–	7.00	7.75	8.50	9.375	9.75	10.125	11.00	–	–

Lösung zu Aufgabe 6.4: Wir kodieren zunächst die Jahreszahlen 1952 bis 1961 in $t = 1, \ldots, 10$ um. Damit ist

$$\bar{t} = \frac{10 + 1}{2} = 5.5.$$

Wir berechnen weiter

$$\sum_{t=1}^{10}(t - \bar{t})^2 = (1 - 5.5)^2 + (2 - 5.5)^2 + \ldots + (10 - 5.5)^2 = 82.5,$$

$$\bar{y} = \frac{1}{10}(150 + \ldots + 210) = 180,$$

$$\sum_{t=1}^{10}(t - \bar{t})(y_i - \bar{y}) = 570.$$

Mit (6.9) und (6.10) erhalten wir

$$\hat{b} = \frac{570}{82.5} = 6.91,$$
$$\hat{a} = 180 - 6.91 \cdot 5.5 = 142.$$

Das lineare Trendmodell lautet also $\hat{y} = 142 + 6.91t$.

Lösung zu Aufgabe 6.5:

a) Wir kodieren die Quartals- und Jahresangaben um und erhalten folgende Arbeitstabelle

t	$t - \bar{t}$	y_t	$y_t - \bar{y}$	$(t - \bar{t})(y_t - \bar{y})$
1	−5.5	740	80	−440
2	−4.5	550	−110	495
3	−3.5	850	190	−665
4	−2.5	600	−60	150
5	−1.5	680	20	−30
6	−0.5	500	−160	80
7	0.5	850	190	95
8	1.5	580	−80	−120
9	2.5	640	−20	−50
10	3.5	510	−150	−525
11	4.5	840	180	810
12	5.5	580	−80	−440
$\sum$	0	7 920	0	−640

Wir berechnen $\bar{y} = 660$, $\sum_{i=1}^{12}(t - \bar{t})^2 = 143$ und erhalten

$$\hat{b} = \frac{-640}{143} = -4.48\,,$$
$$\hat{a} = 660 - (-4.48)\cdot 6.5 = 689.09\,.$$

b) Bei dieser Datenlage ist ein saisonaler Effekt der Periode $p = 4$ zu vermuten. Wir führen also eine Glättung mit Durchschnitten 4. Ordnung durch und erhalten die geglättete Reihe y_t^*:

t	1	2	3	4	5	6	7	8	9	10	11	12
y_t	740	550	850	600	680	500	850	580	640	510	840	580
y_t^*	−	−	677.5	663.75	657.5	655	647.5	643.75	643.75	642.5	−	−

Im Gegensatz zu Teilaufgabe a) liegen die Paare (t, y_t^*) nur noch für 8 Zeitpunkte vor. Es dürfen auch nur diese Werte für das Trendmodell herangezogen werden. Mit $\bar{y} = 653.9$ und $\sum_{i=3}^{10}(t - \bar{t})^2 = 42$ erhalten wir

$$\hat{b} = \frac{-196.88}{42} = -4.69\,,$$
$$\hat{a} = 653.9 + 4.69 \cdot 6.5 = 684.37\,.$$

c) Die Trendgerade der geglätteten Werte entspricht – bis auf die Verschiebung – im Prinzip der ursprünglichen Trendgeraden. Während wir ohne Saisonbereinigung ein lineares Modell als nicht passend eingestuft hätten ($R^2 = 0.015$), so erkennen wir nach Saisonbereinigung, dass das lineare Modell durchaus passend ist ($R^2 = 0.883$). Liegt eine Saisonfigur vor, so sollte stets vor einer Modellbildung eine Bereinigung um die Saison durchgeführt werden.

Lösung zu Aufgabe 7.1: Mit (7.1) gilt

$$P_{81,t} = \frac{P_t}{P_{81}}$$

$$P_{85,t} = \frac{P_t}{P_{85}} = \frac{P_{81,t}}{P_{81,85}}$$

Damit berechen wir z. B.

$$P_{85,81} = \frac{1.00}{1.02} = 0.98$$

$$P_{85,82} = \frac{0.99}{1.02} = 0.97$$

und erhalten

Jahr	'81	'82	'83	'84	'85	'86	'87	'88	'89	'90
$P_{81,t}$	1.00	0.99	0.93	1.01	1.02	0.44	0.40	0.34	0.43	0.47
$P_{85,t}$	0.98	0.97	0,91	0.99	1.00	0.43	0.39	0.33	0.42	0.46

Lösung zu Aufgabe 7.2: Gegeben sind die Umsatzanteile (in Prozent) für das Jahr 1980, d. h. $\frac{p_0(i) \cdot q_0(i)}{\sum p_0(i) \cdot q_0(i)} \cdot 100\%$. Weiterhin sind die Preismesszahlen $\frac{p_t(i)}{p_0(i)} \cdot 100\%$ gegeben. Formen wir (7.9) um, so erhalten wir

$$P_{0t}^L = \frac{\sum_{i=1}^n p_t(i) \cdot q_0(i)}{\sum_{i=1}^n p_0(i) \cdot q_0(i)} = \frac{\sum_{i=1}^n \frac{p_t(i)}{p_0(i)} \cdot q_0(i) \cdot p_0(i)}{\sum_{i=1}^n p_0(i) \cdot q_0(i)}$$
$$= 1.2 \cdot 0.1 + 1.3 \cdot 0.3 + 1.5 \cdot 0.6 = 1.41 \,.$$

Lösung zu Aufgabe 7.3: Der Gesamtpreisindex nach Laspeyres lässt sich als gewichtetes Mittel der Teilindizes darstellen, wobei die Ausgabenanteile die Gewichte sind:

$$P_{0t}^L = P_{0t}^L(\mathrm{M}) \cdot w^{\mathrm{M}} + P_{0t}^L(\mathrm{E}) \cdot w^{\mathrm{E}} \,.$$

Gegeben sind $P_{0t}^L = 109.7$, $P_{0t}^L(\mathrm{M}) = 117.3$, $w^{\mathrm{M}} = 0.71$ und $w^{\mathrm{E}} = 1 - w^{\mathrm{M}} = 0.29$. Daraus berechnen wir

$$P_{0t}^L(\mathrm{E}) = \frac{P_{0t}^L - P_{0t}^L(\mathrm{M}) \cdot w^{\mathrm{M}}}{w^{\mathrm{E}}} = \frac{109.7 - 117.3 \cdot 0.71}{0.29} = 91.09\% \,.$$

Würde der Ausgabenanteil für Wohnungsmiete nur 50% betragen, so ist $w^{\mathrm{M}} = w^{\mathrm{E}} = 0.5$. Damit wäre

$$P_{0t}^L = 117.3 \cdot 0.5 + 91.09 \cdot 0.5 = 104.195\% \,.$$

Lösung zu Aufgabe 7.4:

a) Gegeben sind die Umsatzanteile für 1985, d. h. $p_{85}(\mathrm{S}) \cdot q_{85}(\mathrm{S}) = 0.8$ und $p_{85}(\mathrm{B}) \cdot q_{85}(\mathrm{B}) = 0.2$. Weiterhin sind die Preismesszahlen für 1988 gegeben, d. h. $\frac{p_{88}(\mathrm{S})}{p_{85}(\mathrm{S})} = 1.05$ und $\frac{p_{88}(\mathrm{B})}{p_{85}(\mathrm{B})} = 1.1$. Damit kann nur der Preisindex nach

Laspeyres berechnet werden (für den Preisindex nach Paasche benötigt man auch die Umsatzanteile für 1988). Es ist

$$P_{85,88}^L = P_{85,88}^L(S) \cdot w^S + P_{85,88}^L(B) \cdot w^B$$
$$= \frac{p_{88}(S)}{p_{85}(S)} \cdot w^S + \frac{p_{88}(B)}{p_{85}(B)} \cdot w^B$$
$$= 1.05 \cdot 0.8 + 1.1 \cdot 0.2 = 1.06 \, .$$

b) Bei der Substitution von Schallplatte durch CD sind für den Preisindex nach Laspeyres die veränderten Preismesszahlen zu berechnen:

$$p_{89}(S - CD) = 21\frac{24}{28} = 18 \, ,$$
$$p_{90}(S - CD) = 21\frac{32}{28} = 24 \, .$$

Weiterhin benötigen wir den Basispreis für Schallplatten

$$p_{85}(S) = p_{88}(S) \left(\frac{p_{88}(S)}{p_{85}(S)} \right)^{-1} = \frac{21}{1.05} = 20 \, .$$

Damit ist

$$P_{85,89}^L = \frac{18}{20} \cdot 0.8 + 1.1 \cdot 0.2 = 0.94 \, ,$$
$$P_{85,90}^L = \frac{24}{20} \cdot 0.8 + 1.1 \cdot 0.2 = 1.18 \, .$$

Lösung zu Aufgabe 7.5:

a) Mit (7.12) erhalten wir

$$Q_{12}^L = \frac{49 \cdot 3 + 79 \cdot 3}{49 \cdot 2 + 79 \cdot 6} = \frac{384}{572} = \frac{96}{143} = 0.671 \, ,$$
$$Q_{13}^L = \frac{49 \cdot 4 + 79 \cdot 5}{49 \cdot 2 + 79 \cdot 6} = \frac{591}{572} = 1.033 \, .$$

b) Nein, weil bei Paasche im Vergleich zu Laspeyres zwar die Preise der Berichtsperiode herangezogen werden, die Preise aber konstant bleiben.

c) Da die Preise konstant sind und für die Mengen entweder die Berichtsperiode (Paasche) oder die Basisperiode (Laspeyres) verwendet wird, sind beide Indizes gleich 1.

Lösung zu Aufgabe 7.6:

a) Aufgrund der Angaben kann nur der Preisindex nach Laspeyres berechnet werden:

$$P_{65,75}^L = \frac{\sum p_{75}q_{65}}{\sum p_{65}q_{65}} = \frac{8.30 \cdot 22 + 2.0 \cdot 66 + 3.30 \cdot \frac{120}{5}}{6.5 \cdot 22 + 1.0 \cdot 66 + 1.85 \cdot \frac{120}{5}} = \frac{393.8}{253.4} = 1.55 \, .$$

b) Rindfleisch wird durch Schweineschnitzel substituiert. Wir berechnen zunächst den angepassten Preis

$$p_{85}(\text{Fleisch}) = 8.30\frac{30}{25} = 9.96$$

und damit den veränderten Preisindex

$$P^L_{65,85} = \frac{9.96 \cdot 22 + 3.0 \cdot 66 + 4.5 \cdot \frac{120}{5}}{253.4} = \frac{525.12}{253.4} = 2.07\,.$$

c) Sind die Mengen der Berichtsperiode gegeben, so ist der Preisindex nach Paasche passend. Zugleich ist die Substitution von Rindfleisch durch Schweinefleisch zu berücksichtigen. Wir berechnen zunächst den Preis für 1 kg Schnitzel 1965. Von 1965 nach 1975 liegt eine Preisveränderung bei Rindfleisch von $\frac{8.30}{6.50} = 1.28$ vor. Von 1975 zu 1985 beträgt die Preisänderung $\frac{30}{25} = 1.2$. Damit erhalten wir

$$p_{65}(\text{Fleisch}) = \frac{30}{1.2 \cdot 1.28} = 19.53$$

und berechnen

$$P^P_{65,85} = \frac{\sum p_{85}q_{85}}{\sum p_{65}q_{85}} = \frac{30 \cdot 20 + 4.5 \cdot \frac{90}{5} + 3.0 \cdot 58}{19.53 \cdot 20 + 1.85 \cdot \frac{90}{5} + 1 \cdot 58} = \frac{855}{481.9} = 1.77\,.$$

Auf Grund veränderter Verbrauchergewohnheiten verändert sich der Index. Es gilt Index von Paasche < Index von Laspeyres.

Lösung zu Aufgabe 7.7: Wir berechnen $Q_t = q_t/q_0$ für $t = 1, 2, 3$:

t	0	1	2	3	4	5
q_t	100	150	300	400	440	396
Q_t	1	1.5	3	4	4.4	3.96

Zum Zeitpunkt 4 liegt eine 10 %ige Steigerung von Q_4 gegenüber Q_3 vor, also ist $Q_4 = 4.40$. Zum Zeitpunkt 5 liegt eine 10 %ige Senkung von Q_5 gegenüber Q_4 vor, also ist $Q_5 = 3.96$ und $q_5 = 396$. Der alte Zustand zum Zeitpunkt 3 ist also nicht wiederhergestellt.

Lösung zu Aufgabe 7.8: Es sollen ein Preis- und ein Mengenvergleich (1992–1997) ausgewählter Güter auf der Grundlage der Mengen- bzw. Preisstrukturen von 1997 durchgeführt werden. Dafür geeignete Maßzahlen sind der Preis- bzw. Mengenindex nach Paasche, weil die Strukturen von 1997 verwendet werden sollen.

a) Der Preisindex nach Paasche $P^P_{92,97}$ berechnet sich als

$$\frac{580 \cdot 1 + 1.1 \cdot 200 + 1.6 \cdot 46 + 5.0 \cdot 16 + 3.2 \cdot 4 + 15.8 \cdot 5 + 2.4 \cdot 9 + 5.0 \cdot 10}{560 \cdot 1 + 1.4 \cdot 200 + 1.3 \cdot 46 + 8 \cdot 16 + 1.8 \cdot 4 + 13.8 \cdot 5 + 1.7 \cdot 9 + 4.0 \cdot 10}$$

$$= \frac{1\,117.0}{1\,159.3} = 0.964\,.$$

Die Preise für den aktuellen Warenkorb im Zeitraum von 1992 bis 1997 sind um durchschnittlich 3.6 % gesunken.

b) Beim Mengenindex $Q^P_{92,97}$ verändert sich im Vergleich zum Preisindex nur der Nenner:

$$\frac{1\,117.0}{1\cdot580+120\cdot1.1+32\cdot1.6+10\cdot5.0+8\cdot3.2+7\cdot15.8+14\cdot2.4+30\cdot5.0}$$

$$=\frac{1\,117.0}{1\,133.0}=0.986$$

Der Verbrauch an (bestimmten) Gütern des täglichen Bedarfs hat also – gemessen mit dem Mengenindex nach Paasche – um durchschnittlich 1.5 % abgenommen.

Lösung zu Aufgabe 7.9:

a) Zunächst sind die Kosten des Urlaubswarenkorbs der Familie Prollmann in allen drei Regionen zu bestimmen:

$$W_{\text{It}} = 22\,000\cdot28 + 2\,000\cdot56 + 800\cdot12 + 90\,000\cdot1 + 2\,000\,000\cdot1$$
$$= 2\,827\,600\,(\text{Lit})\,,$$
$$W_{\text{Fr}} = 55\cdot28 + 5\cdot56 + 3.5\cdot12 + 500\cdot1 + 8\,500\cdot1$$
$$= 10\,862\,(\text{FF})\,,$$
$$W_{\text{D}} = 10\cdot28 + 0.7\cdot56 + 1.1\cdot12 + 100\cdot1 + 2\,700\cdot1$$
$$= 3\,132.40\,(\text{DM})\,.$$

Setzt man die Wertgrößen paarweise in Beziehung, erhält man Kaufkraftparitäten vom Typ Lowe für jeweils 2 Regionen, bei der der durchschnittliche Warenkorb durch den Urlaubswarenkorb der Familie Prollmann ersetzt wurde:

$$\text{LOWE}^{\text{KP}}_{\text{It,Fr}} = \tfrac{10\,862}{2\,827\,600} = 0.003841\ \left(\tfrac{\text{FF}}{\text{Lit}}\right)$$
$$\text{LOWE}^{\text{KP}}_{\text{Fr,It}} = \tfrac{2\,827\,600}{10\,862} = 260.3\ \left(\tfrac{\text{Lit}}{\text{FF}}\right)$$
$$\text{LOWE}^{\text{KP}}_{\text{It,D}} = \tfrac{3\,132.4}{2\,827\,600} = 0.001108\ \left(\tfrac{\text{DM}}{\text{Lit}}\right)$$
$$\text{LOWE}^{\text{KP}}_{\text{D,It}} = \tfrac{2\,827\,600}{3\,134.4} = 902.7\ \left(\tfrac{\text{Lit}}{\text{DM}}\right)$$
$$\text{LOWE}^{\text{KP}}_{\text{Fr,D}} = \tfrac{3\,132.4}{10\,862} = 0.2884\ \left(\tfrac{\text{DM}}{\text{FF}}\right)$$
$$\text{LOWE}^{\text{KP}}_{\text{D,Fr}} = \tfrac{10\,862}{3\,132.4} = 3.468\ \left(\tfrac{\text{FF}}{\text{DM}}\right)$$

Von besonderer Bedeutung sind die Kaufkraftparitäten, bei denen ein Vergleich zwischen den Kosten am Heimatort und in einer der beiden Urlaubsregionen angestellt werden. Beispielsweise gibt $\text{LOWE}^{\text{KP}}_{\text{D,Fr}} = 3.392\ \left(\tfrac{\text{FF}}{\text{DM}}\right)$ an, dass der Warenkorb in Frankreich in FF das 3.392fache des Betrags in DM in der Heimatregion kostet, d. h., Urlaubskosten in Höhe von 100 DM entsprechen einem Betrag von 339.20 FF in Frankreich.

b) Für die Entscheidung ist der Vergleich zwischen Kaufkraftparitäten und Wechselkurs entscheidend. Wenn 1 000 italienische Lire 1.40 DM kosten, dann erhält Familie Prollmann für 100 DM $\tfrac{1\,000}{1.4}\cdot100 = 71\,428.57$ Lit. Für Urlaubsgüter und -dienstleistungen in einem Wert von 100 DM müßte sie jedoch 90 269.44 Lit. zahlen, d. h., die Kaufkraft beträgt in Italien für die

Urlaubsgüter und -dienstleistungen nur $\frac{71\,428.57}{90\,269.44} = 0.791$ der Kaufkraft in ihrem Heimatort.

Für 100 DM erhält man $\frac{100}{33.0} \cdot 100 = 303.03$ französische Francs. Für Urlaubsgüter und -dienstleistungen im Wert von 100 DM müsste sie 346.76 FF zahlen. Die Kaufkraft beträgt in Frankreich für die Urlaubsgüter und -dienstleistungen der Familie nur $\frac{303.03}{346.76} = 0.874$, d. h., nach Berücksichtigung des Wechselkurses besteht bei einem Urlaub in Frankreich ein Kaufkraftverlust von 12.6 %.

Familie Prollmann wird in Frankreich Urlaub machen, da hier die Kaufkraft höher ist als in Italien.

Literatur

Ackermann-Liebrich, U., Gutzwiller, F., Keil, U., Kunze, M. und Toutenburg, S. (1986). *Epidemiologie*, Meducation Foundation, Wien.

Ferschl, F. (1985). *Deskriptive Statistik*, 3 edn, Physica, Würzburg.

Gilchrist, W. (1976). *Statistical Forecasting*, Wiley, London.

Goodman, L. A. und Kruskal, W. H. (1954). Measures of association for cross classifications., *Journal of the American Statistical Association* **49**: 732–764.

Guttman, L. (1988). Eta, disco, odisco, and *f*, *Psychometrika* **53**: 393–405.

Hartung, J., Elpelt, B. und Klösener, K.-H. (1982). *Statistik: Lehr- und Handbuch der angewandten Statistik*, Oldenbourg, München.

Norusis, M. J. (1995). *SPSS 6.1 - Guide to Data Analysis*, New Jersey.

Polasek, W. (1994). *EDA Explorative Datenanalyse*, 2 edn, Springer–Verlag, Berlin.

Rosenblatt, M. (1956). Remarks on some nonparametric estimates of a density function, *Annals of Mathematical Statistics* **27**: 832–837.

Schnell, D., Hill, P. B. und Esser, E. (1992). *Methoden der empirischen Sozialforschung*, Oldenbourg, München.

SPSS Inc. (1993a). *SPSS for Windows - Advanced Statistics, Release 6.0.*

SPSS Inc. (1993b). *SPSS for Windows - Professional Statistics, Release 6.0.*

SPSS Inc. (1993c). *SPSS for Windows - Tables, Release 5.*

SPSS Inc. (1993d). *SPSS for Windows - Trends, Release 6.0.*

SPSS Inc. (1997). *SPSS Base 7.5 for Windows - User's Guide.*

Statistisches Bundesamt (1995). *Statistisches Jahrbuch 1995 für die Bundesrepublik Deutschland*, Metzler-Poeschel, Stuttgart.

Stenger, H. (1986). *Stichproben*, Physica, Heidelberg.

Toutenburg, H. (1992a). *Lineare Modelle*, Physica, Heidelberg.

Toutenburg, H. (1992b). *Moderne nichtparametrische Verfahren der Risikoanalyse*, Physica, Heidelberg.

Toutenburg, H. (1994). *Versuchsplanung und Modellwahl*, Physica, Heidelberg.

Toutenburg, H. (2000). *Induktive Statistik*, 2 edn, Springer–Verlag, Heidelberg.

Toutenburg, H. (2002a). *Lineare Modelle*, 2 edn, Physica, Heidelberg.

Toutenburg, H. (2002b). *Statistical Analysis of Designed Experiments*, 2 edn, Springer–Verlag, New York.

Toutenburg, H., Gössl, R. und Kunert, J. (1997). *Quality Engineering - Eine Einführung in Taguchi-Methoden*, Prentice Hall, München.

Tukey, J. W. (1977). *Exploratory Data Analysis*, Addison-Wesley, Reading, Massachusetts.

Woolson, R. F. (1987). *Statistical Methods for the Analysis of Biomedical Data*, Wiley, New York.

Sachverzeichnis

Neue Lehrbücher
von Springer